国家级工程训练示范中心"十二五"规划教材

工程训练与创新实践

曾海泉 刘建春 主编

吴新良 郑运鸿 洪汉池 副主编

清华大学出版社

北京

内 容 简 介

本书共包括18章,简要介绍了工程概述、工程教育、工程伦理、工程训练教学等概念性内容,工程材料及量具使用等工程训练基础知识,铸造、锻压、焊接等热加工工艺,钳工、车削、铣削、磨削、镗削及齿轮加工等冷加工工艺,数控车削、数控铣削及柔性制造等数控加工方面的内容,特种加工工艺、电工电子基本工艺、计算机组装与维护及3D打印的基本知识;书中最后介绍了大学生方程式赛车的设计制作、无碳小车创新实践等方面的内容。

本书适用于大学工程训练教学、大学生科技创新制作,也可供相关领域工程技术人员参考。

图书在版编目(CIP)数据

工程训练与创新实践/曾海泉,刘建春主编. —北京:清华大学出版社,2021(2024.1重印)
国家级工程训练示范中心"十二五"规划教材
ISBN 978-7-302-40392-0

Ⅰ. ①工… Ⅱ. ①曾… ②刘… Ⅲ. ①机械制造工艺-高等学校-教材 Ⅳ. ①TH16

中国版本图书馆 CIP 数据核字(2015)第 123251 号

责任编辑:赵 斌 赵从棉
封面设计:常雪影
责任校对:赵丽敏
责任印制:沈 露

出版发行:清华大学出版社
　　　　网　　　址:https://www.tup.com.cn,https://www.wqxuetang.com
　　　　地　　　址:北京清华大学学研大厦 A 座　　　　　　邮　　编:100084
　　　　社 总 机:010-83470000　　　　　　　　　　　　邮　　购:010-62786544
　　　　投稿与读者服务:010-62776969,c-service@tup.tsinghua.edu.cn
　　　　质量反馈:010-62772015,zhiliang@tup.tsinghua.edu.cn
印 装 者:三河市天利华印刷装订有限公司
经　　销:全国新华书店
开　　本:185mm×260mm　　　印　张:18.5　　　字　数:449 千字
版　　次:2015 年 9 月第 1 版　　　　　　　　印　次:2024 年 1 月第 11 次印刷
定　　价:55.00 元

产品编号:064717-04

前　言

FOREWORD

实践能力和创新能力,是当今大学生必须具备的两种基本能力,两者均与实践教学密切相关。近年来,随着素质教育理念被广泛接受,各高校都非常重视实践教学。一方面,作为理工科学生最重要实践教学环节的工程训练越来越受到重视,新建实训场所,购置实训设备,扩充师资队伍……另一方面,反映大学生课余创新活动的各类科技竞赛也蓬勃开展,组建创新团队,进行创新制作,参加各类竞赛……然而,相关的教材建设却相对滞后,尤其是在科技创新制作方面,往往还停留在口头传授、手把手教、上下届学生之间相互帮带的层面上,离开老师,离开学长,很多学生就表现出不知所措,无从下手,亟需一本工程训练和创新制作方面的综合指导书。

本书在认真总结多年来在工程训练和大学生科技竞赛经验的基础上,根据精简基础理论,注重实践能力培养,兼顾传统与现代制造工艺的原则,精心选择内容。在编排上,尽量做到深入浅出,循序渐进,便于读者的阅读和自学。在本书的绪论部分,编排了少量工程教育与工程伦理方面的内容,这些内容我们一直用于实习动员,效果很好,呈现出来与大家分享。本书的后两章,介绍了大学生方程式赛车和无碳小车制作方面的内容,毫无保留介绍了我校师生在设计、制作、安装与调试时取得的成功经验和心得。

工程训练和创新制作本来就密不可分,工程训练是创新制作的基础,创新制作某种程度上是工程训练的后续延伸。我们希望本书除了服务大学生的工程训练教学外,还能服务他们后期的科技创新制作,真正实现工程训练四年不断线。同时,本书介绍的工艺知识,也完全可以供相关领域的工程技术人员参考。

本教材由厦门理工学院现代工程训练中心组织编写,由曾海泉(第1、2、4、7、8、9、10章)、刘建春(第11、12、13、14章)担任主编,由吴新良(第3、5、6、18章)、郑运鸿(第15、16章)、洪汉池(第17章)担任副主编。参加编写的有李全城(第8、9、10、14章)、张猛持(第2、3、4、5章)、张灿育(第2、7、17章)、彭晓雷(第13、16章)、马傲玲(第3章)、江平(第6章)、黄艺铭(第11章)、易吉祥(第12章)、陈胜发(第13章)、李斌(第11章)、张建章(第7章)、郑朝阳(第11章)、洪清心(第15章)、杨玉燕(第15章)、陈顺义(第16章)、陈志军(第17章)、王远森(第17章)及许炳跃(第3章)。全书由曾海泉统稿,傅水根教授担任主审。

在本教材的编写过程中,得到了厦门理工学院有关部门的领导和教师的支持,也得到了厦门理工学院教材建设基金的资助,在此一并表示感谢!

由于编者水平有限,书中难免有不妥和错误之处,恳请读者批评指正。

编　者
2015 年 4 月

目 录

CONTENTS

第1章

绪　　论

1.1　工　程　概　述

工程是运用科学原理、技术手段、经管理论、人文艺术、实践经验来改造和利用自然,开发、生产对人类社会有用产品的实践活动的总称,其核心任务是设计和实施尚未存在的目标对象,直接或间接地服务人类社会。工程起源于人类的生存需要,包括最基本的衣食住行的需求,源于人类对器物、工具、居所、环境等日常生活物品的渴望。制作、建造这些有用物品的活动,就是人类的工程活动。这一活动从人类诞生到今天,经历了漫长的历史过程。

随着科技的发展,社会的进步,人类的工程活动范围不断地加大,复杂程度不断地加深,技术含量不断地加大。工程的学科门类也从传统的土木工程、机械工程、材料工程、电气工程等传统范围,发展到现代的通信工程、航天工程、生物工程、核能工程等高科技领域,但是,不管人类的工程活动如何变化,学科门类如何发展,工程具有的基本属性没有改变,即创新、实践、质量、成本、社会、安全等。

1.2　工　程　教　育

人类的发展进步需要大量的工程人才,工程的属性决定了对工程人才的素质要求。一般认为,现代工程师应具有如下素质:具备一定的数学、物理等工程科学基础知识;了解设计-制造流程;具有基本的实践动手能力;具备基本的工程管理知识;具有较高的人际沟通能力;具有较高的道德水准;具有批判的、创新的思维能力;善于独立思考,又能博采众长;具有较强的心理素质和环境适应能力;具有强烈的求知欲和终身学习的愿望与态度;具有团队精神和团队工作能力。由此可见,现代工程对工程人才的用人标准,不仅局限于工程专业知识和技能,而且在身心、思维、管理、协作、道德等各方面提出了全面的要求。

优秀工程人才培养的核心目标应该适应现代企业对工程师们提出的要求,注重学生实践能力的提高和工程技术知识、经验的积累,培养学生的工程意识,锻炼学生健康向上的人格和品性。实践是其中的核心,老一辈工程训练专家傅水根教授指出"实践是内容最丰富的教科书,实践是贯彻素质教育最好的课堂,实践是实现创新最重要的源泉,实践是心理自我调理的一剂良药,实践是完成简单到综合、知识到能力、聪明到智慧转化的催化剂。"但长期以来,中国的工程教育环境与工程实际相距较远,工程教育实践性的特征难以充分体现,应试教育贯穿始终,工程教育基本上是"学而致考"而不是"学而致用",这种情况亟待改变。

工程人才的培养,除了根据上述培养目标来制定培养计划、制定教学方案外,想方设法营造与工程环境相一致的教学环境也非常重要。身临其境的真实感受,潜移默化的氛围感染,常常让人茅塞顿开,终身难忘,比单纯空洞无味的说教效果好得多。很多工程师需要的技能、经验在课堂上、在图书馆里是无法获取的,只能从实践中摸索、感悟来得到。在当今完全工厂化的实践教学环境难以实现的条件下,各高校的工程训练中心是不错的选择。在这里,学生亲自动手,学习工艺知识,了解工业过程,体验工程文化,通过"感视、感触、感悟"组成的"三感"过程,获得工程能力的提高。

1.3　工程伦理

工程伦理(学)英语有 engineering ethics 和 ethics in engineering 两种表述,在美国这两个术语之间不存在任何有意义的差别,主要涉及工程技术人员的职业道德。爱因斯坦曾经说过:"只用专业知识教育人是不够的。通过专业教育,他可以成为一种有用的机器,但是不能成为一个和谐发展的人。要使学生对价值有所理解并且获得对美和道德上的辨别力,伦理和道德方面的教育非常必要。否则,他——连同他的专业知识——就更像一只受过很好训练的狗,而不像一个和谐发展的人。"所以,对一个工程师来说,工程伦理与专业技能同等重要。

工程伦理的演变过程也非常曲折。当"工程"一词 18 世纪前在欧洲出现时,是专指军事目的的工作,因此,早期工程师的基本义务都是对权威的忠诚。18 世纪下半叶之后,英美等国出现了运河工程、道路工程、城市上卜水系统等土木工程,同时,随着工业化的迅速发展,一些大公司的成立,工程师开始成为受雇于公司的雇员。这阶段,由于工程师相对公司而言处于劣势地位,使得他们仍然把对公司的忠诚看得最为重要。例如,1914 年美国土木工程师学会所提出来的伦理准则,规定工程师的主要义务是做雇用他们的公司的"忠实代理人或受托者"。

魁北克大桥灾难,使得工程伦理受到了极大地重视。

1903 年,魁北克铁路桥梁公司邀请了当时最有名的桥梁建筑师——美国人 Theodore Cooper 来设计建造魁北克大桥。该桥采用了比较新颖的悬臂构造,这样的结构在当时非常流行。但魁北克大桥却存在设计问题,自重过大而桥身无法承担。1907 年 8 月 29 日,魁北克大桥的南悬臂和一些中央钢结构像冰柱融化一样坍塌并掉进了圣劳伦斯河中。发生事故时桥上一共有 86 个工人,死了 75 个。

经过事故原因调查及整改,政府接手了施工工作。1913 年,这座大桥的建设重新开始,新桥主要受压构件的截面积比原设计增加了一倍以上。可是,在 1916 年 9 月 11 日,在吊装预制的桥梁中央段时,大桥再次倒塌,这次事故中死了 11 人。至此,魁北克大桥已经先后断了两次,一共死了 86 人。

1922 年,在魁北克大桥竣工后不久,加拿大的七大工程学院(即后来的"The Corporation of the Seven Wardens")一起出钱将建桥过程中倒塌的残骸全部买下,并决定把这些亲临过事故的钢材打造成一枚枚戒指,发给每年从工程系毕业的学生。于是,这一枚枚戒指就成为后来在工程界闻名的工程师之戒(Iron Ring)。这枚戒指要戴在常用手的小指上,作为对每个工程师的一种警惕。多年以来,许多国外大学的工程伦理课程都将其作为反面案例分析的最佳教材,让学生们引以为戒。它们时刻提醒工程师们,要具有高度的责任感去设计安全、牢固和有用的结构。

事故发生后,美国土木工程师学会(American Society of Civil Engineers,ASCE)、美国电机工程师学会(American Institute of Electrical Engineers,AIEE)、美国机械工程师学会(American Society of Mechanical Engineers,ASME)等三个职业工程师学会均发展出自己的伦理守则,要求会员发誓坚持伦理行为,并且佩戴象征性戒指来警醒他们承诺保持最高伦理标准与专业态度。

此后,美国国家职业工程师学会(National Society of Professional Engineers)于 1946 年发表了它的"工程师伦理准则",又于 1957 年采用了"专业行为规则"(Rules of Professional Conduct)为附录。1964 年正式采用实行至今的伦理守则也是演化自这本文献。1974 年,美国职业发展工程理事会(Engineering Council on Professional Development,ECPD)采用了一项新的伦理章程,该章程认为,工程师的最高义务是公众的健康、福祉与安全。现在,几乎所有的章程都把这一观点视为工程师的首要义务,而不是工程师对客户和雇主所承担的义务。现在,美国国家职业工程师学会制定的工程师伦理规范分为基本准则、实施细则和专业职责三部分,其中,基本准则规定工程师在从业过程中应该做到:

(1) 工程师在达成其专业任务时,应将公众安全、健康、福祉放在至高无上的位置,优先考虑,并作为执行任务时牢记在心的准绳。

(2) 应只限于在足以胜任的领域中从事工作。

(3) 应以客观、诚实的态度发表口头或书面意见。

(4) 应在专业工作上扮演雇主、业主的忠实代理人或信托人。

(5) 杜绝一切欺骗行为。

(6) 体面、负责、道德、合法地从事工程专业活动,提高专业的声誉与实效。

随着科学技术的高速发展,科学技术力量日益强大,科学技术对社会的影响日益深远。工程项目日益大型化、复杂化,工程对环境和人类未来的影响越来越大,不确定性增加,世界置身于巨大的风险之中,工程伦理问题越来越多地显现出来,如工程质量、公共安全、工程与环境、工程与生态、工程师的科学态度和职业精神等问题,已经成为社会广为关注的伦理问题。

在美国大学中,工程伦理是一门工程专业普遍要开设的课程。一所院校的工程学学科要想通过美国工程技术认证委员会(Accreditation Board for Engineering and Technology,ABET)的认证,它就必须将工程伦理纳入整个工程学教育规划中。在美国职业工程师执照的考试中就包含了工程伦理内容。很遗憾的是,中国工程伦理方面的教育尚未大规模展开。在当今大学生中普遍存在着自由散漫、怕苦怕累、责任缺失、拜金主义等现象的情况下,对他们开展工程伦理的教育很有必要,我们以往的经验也表明,效果非常好。

1.4　工程训练

工程训练是一门重要的实践性的技术基础课,是高等学校各工科专业必修的实践教学环节。针对多年来高等学校重理论、轻实践,培养的学生实践能力不强、不能适应市场需求、就业率低的状况,2013年4月,国家正式成立了"工程训练"教学指导委员会;同年6月,中国应用技术大学联盟成立;2014年2月,国务院发文,提出五项任务措施加快发展现代职业教育,指出要引导一批普通本科高校向应用技术型高校转型。这一系列组合举措充分反映了国家层面对工程训练的空前重视,同时,也为工程训练教学指明了发展方向,工程训练迎来了巨大的发展机遇。

1.4.1　工程训练的内容

工程训练课程的主要教学内容,除了传统金工实习中的车、铣、刨、磨、钳等冷加工工艺和铸造、锻压、焊接和热处理等热加工工艺之外,还添加了数控加工、特种加工、电工电子、3D打印等新工艺、新技术。本课程将在简要讲授这些制造工艺的基本知识的基础上,重点培养学生针对上述各工艺设备的实际动手操作能力,通过工训作品的制作,让学生掌握一些关键设备的独立操作技能,通过动员、实践、讲授、示范、展示等方式,落实教学内容,达到本教学环节的教学目标。

1.4.2　工程训练的目的

通过工程训练,增加学生对工程技术的感性认知。在训练中,学生将学习一些工业生产的基础工艺,了解一些工业生产的基本设备,感受工业生产的基本过程。通过对各种工艺过程的亲自体验,通过对各类工具、量具和夹具的实际使用,通过对各类机械设备的实际操作,培养学生的工程实践能力。通过接近工厂化的实际体验,帮助学生建立起质量意识、成本意识、安全意识、合作意识、创新意识等基本的工程意识。通过工训作品的亲手实际制作,培养学生的创新能力、分析问题和解决问题的能力,增强学生的工程素养和创新精神。通过集中、统一的工程训练集体教学,培养吃苦耐劳的精神,增强组织纪律性,增强团队意识,增强伦理意识,增强责任意识,培养学生踏实严谨的工作、生活态度。通过训练场馆的实际感受,通过一些陈列、展示,让学生体验工程文化。

1.4.3　工程训练的要求

对工程训练的总体要求是:安全第一,勤于动手,深入实践,掌握技能,感受工程,体验文化,善于思考。具体应达到的教学要求如下:

(1)全面了解各工程训练科目的基础知识和工程术语。

(2)了解各科目所使用设备的基本结构、工作原理、适用范围及操作方法,熟悉各科目制造工艺、图纸文件和安全技术,能正确使用所涉及的各种工具、量具等。

(3)能独立操作主要科目涉及的机器设备,完成简单工训作品的制造过程。

(4)感受工业制造过程,初步了解制造过程的组织、管理、协作、质量保证、成本控制、安全防护等基本知识。

(5)通过现场感受、陈列、展示,体验工程文化。

1.4.4　工程训练学习方法

老一辈工程训练专家傅水根教授强调:工程训练的核心是动手,是实践,是训练,在动手、实践和训练的过程中获得动手能力。而动手能力,是使创新思维和创新设计得以实现的核心功底。他认为,学生实践能力或动手能力的培养是通过工程训练中"三感"的逐渐积累来实现的。

(1)感视。通过人们眼睛的视觉来观察客观存在的各种事物与现象,观察我们在训练中使用的各种设备和工具,观察在不同训练过程中出现的不同物理现象,观察诸现象中出现的细微乃至难以觉察的差异等。

(2)感触。借助我们双手的触觉,通过直接接触所操作设备中的各种手柄和加工工具,来感知不同加工过程中的振动、力度和温度等。

(3)感悟。通过人的大脑,对眼睛感视到的信息、双手感触到的信息进行处理,经过分析、推理、归纳,将浅层次的感性认识上升为深层次的理性认识。在实践过程的"三感"中,感悟是极为重要的。

在工程训练中,感视、感触和感悟均很重要。只有做到"三感"结合,多观察,多动手,勤思考,才能使我们的工程实践能力得到真正的提高。

1.4.5 工程训练的教学考核

工程训练的最后成绩将由各科目实训成绩和实训报告质量来确定。

每个工种都会给每个同学一个实训的成绩,各工种的成绩按实习时间的长短作为权重进行累计,得到实习部分的总成绩。各工种的实训主要考虑以下因素:

(1)平时表现,考核学生的实训态度、出勤情况、组织纪律和实训单元作业的完成情况。

(2)操作能力,考核学生各工种的独立操作技能水平及作品完成质量。

(3)理论考试,考核学生一些基本理论知识和安全知识。

每天必须完成实训日记,对当天实训内容的感受、观察、体会进行记录。完成每个实习工种后,根据实习日记分析整理出该工种的实习报告,并在总的实习结束后整理出总的实习报告。实习报告质量在最后成绩中占较大比例。

1.4.6 训练守则及安全注意事项

(1)训练前必须按时参加训练动员大会,明确训练目的,了解训练内容、时间安排和纪律要求,接受一级安全教育。对未到会者,不论原因,必须补上这一环节,否则,不能参加工程训练。

(2)遵守实训纪律,不迟到,不早退,不串车间,不随地而坐,不擅离实习岗位,更不能自行到车间外玩耍,严格遵守训练基地的各项具体规定。

(3)严格执行安全制度。训练时,必须按要求穿着统一工程训练服装,扣好扣子;女生长发要扎紧、盘起,戴好工作帽。禁止穿凉鞋、拖鞋、高跟鞋等参加训练。

(4)不准携带任何与训练无关的物品进入车间,不准在车间内抽烟,吃零食,随地吐痰,以及高声喧哗,严禁在车间内追逐、打闹。

(5)必须服从指导教师的管理,严格按照指定工种、指定岗位,使用指定设备、工具和材料进行训练,不许在训练区域之间或训练区域之内来回串岗。

(6)严格按照安全操作规程进行操作,严禁乱动车间内设备。对机床上面不了解其功能或不会使用的开关、手柄、旋钮、按钮等,必须请示指导教师并经允许后,方能操作;操作机床时不准戴手套,严禁身体、衣袖等与转动部件接触,时刻注意安全。

(7) 如操作过程中出现意外情况,应立即切断电源,保护好现场,并及时报告指导教师。

(8) 要爱护训练设备及工作服装,妥善保管使用工具、量具,珍惜训练材料,节约水电。

(9) 下班前要关掉电源,维护好机床,收好使用工具,认真打扫卫生,关闭窗户,并经指导教师检查合格后,方可离开。

第 2 章

工程训练基础

2.1 工程材料

材料是人类赖以生存和发展的物质基础。社会生产和人们的日常生活都离不开材料，材料的品种、数量和质量是衡量一个国家现代化程度的重要标志。材料、能源和信息技术已成为发展现代化社会生产的三大支柱，而材料又是能源和信息技术发展的物质基础。

工程上所使用的材料称为工程材料。工程材料种类繁多，主要分类如图 2-1 所示。其中，金属材料具有力学性能优良、可加工性能好等优点，是目前使用量最大、用途最广的机械工程材料。

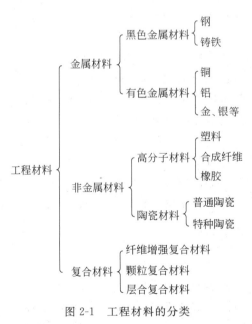

图 2-1 工程材料的分类

2.1.1 金属材料的分类

金属材料是指金属元素或以金属元素为主构成的具有金属特性的材料的统称，包括纯金属、合金、金属间化合物和特种金属材料等。人类文明的发展和社会的进步同金属材料关系十分密切。继石器时代之后出现的铜器时代、铁器时代,均以金属材料的应用为其时代的显著标志。现代,种类繁多的金属材料已成为人类社会发展的重要物质基础。

金属材料通常分为黑色金属和有色金属。

1．黑色金属

黑色金属又称钢铁材料,包括含铁 90% 以上的工业纯铁、含碳 2%～4% 的铸铁、含碳小于 2% 的碳钢,以及各种用途的结构钢、不锈钢、耐热钢、高温合金、精密合金等。广义的黑色金属还包括铬、锰及其合金。

2．有色金属

有色金属是指除铁、铬、锰以外的所有金属及其合金,通常分为轻金属、重金属、贵金属、半金属、稀有金属和稀土金属等。有色合金的强度和硬度一般比纯金属高,且电阻大、电阻温度系数小。

2.1.2　金属材料的性能

金属材料的性能一般分为使用性能和工艺性能。

1．材料的使用性能

衡量金属材料的使用性能的主要指标有强度、塑性、硬度、疲劳、冲击韧性等,这些指标是材料在各种形式的力的作用下所表现出来的特征,显示了金属材料抵抗外加载荷引起的变形和断裂的能力。

（1）强度。强度是指金属材料在静载荷作用下抵抗破坏的性能。由于载荷的作用形式不同分为抗拉强度、抗压强度、抗弯强度、抗剪强度等。

（2）塑性。塑性是指金属材料在载荷作用下,产生塑性变形而不破坏的能力。

（3）硬度。硬度是衡量金属材料软硬程度的指标,常用的有布氏硬度、洛氏硬度、维氏硬度。

（4）疲劳。前面所讨论的强度、塑性、硬度都是金属在静载荷作用下的机械性能指标,实际上,许多机器零件都是在循环载荷下工作的,在这种条件下零件会产生疲劳。

（5）冲击韧性。以很大的速度作用于机件上的载荷称为冲击载荷,金属在冲击载荷作用下抵抗破坏的能力叫冲击韧性。

2．材料的工艺性能

金属材料的工艺性能是指金属材料在加工制造成产品过程中的适应性,即能否或易于加工的性能,一般包括铸造性能、锻造性能、焊接性能、切削性能和热处理性能等。

（1）铸造性能。铸造性能好的金属材料具有良好的液态流动性和收缩性等,能够顺利充满铸型型腔,凝固后得到轮廓清晰、尺寸和机械性能合格、变形及缺陷符合要求的铸件。

（2）锻造性能。锻造性能好的金属材料具有良好的固态金属流动性,变形抗力小,可锻温度范围宽,容易得到高质量的锻件。

（3）焊接性能。焊接性能好的金属材料焊缝强度高,缺陷少,邻近部位应力及变形小。

（4）切削性能。切削加工性能好的金属材料易于切削，切屑易脱落，加工表面质量高。

（5）热处理性能。热处理性能好的金属材料经热处理后组织和性能易达到要求，变形和缺陷小。

2.1.3 常用钢铁材料的牌号及用途

钢铁材料是指以铁为基体材料，以碳为主要的合金元素形成的合金材料，包括碳素钢和铸铁。从理论上讲，钢中碳的质量分数为 $0.02\%\sim2.11\%$，碳的质量分数低于 0.02% 为纯铁，高于 2.11% 就是铸铁了。此外，在一般的钢铁材料中，都会含有少量的硅、锰、硫、磷，它们是因为钢铁冶炼而以杂质的形态存在于其中的。为了改善钢铁材料的性能而有意识地加入其他合金元素，则成为合金钢或合金铸铁。

钢的种类繁多，具体分类见图 2-2。

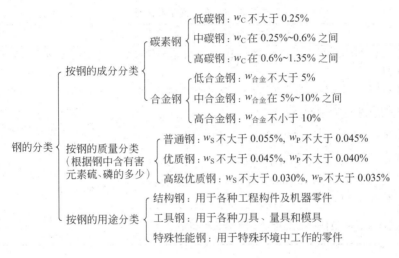

图 2-2　钢的分类

碳素钢、合金钢、铸铁的牌号及用途见表 2-1～表 2-3。

表 2-1　碳素钢的牌号及用途

名称	牌号表示方法	用途
碳素结构钢	由代表屈服点的字母（Q）、屈服点数值、质量等级符号（A、B、C、D）及脱氧方法符号（F、b、Z、TZ）等 4 部分组成。如 Q235-AF 表示屈服点为 235MPa，质量等级为 A 的沸腾钢	主要用于制造如开口销、螺栓、桥梁结构件等，用于不重要的机械零件
优质碳素结构钢	用两位数字表示，即表示钢中平均碳的质量分数（万分之几）。如 45 钢表示碳的质量分数约为 0.45% 的优质碳素钢	主要用于制造轴、齿轮、连杆等重要零件
碳素工具钢	由"T＋数字组成"，T 表示碳，数字表示平均碳的质量分数（千分之几）。如 T8 表示平均碳的质量分数为 0.8% 的碳素工具钢	主要用于制造低速切削刀具、量具、模具及其他工具

表 2-2　合金钢的牌号及用途

名称	牌号表示方法	用　途
合金结构钢	由"数字＋化学元素＋数字"组成,前面数字表示平均碳的质量分数(万分之几),后面数字表示合金元素的质量分数(百分之几)。若合金元素质量分数小于1.5%时,只标明元素,不标含量	用于制造弹簧、滚动轴承等,也适于制造截面尺寸较大的零件
合金工具钢	与合金结构钢类似但含碳量的表示方式不同,若平均碳的质量分数小于1%,则钢前用1位数字表示,如9SiCr(含碳量0.9%);若大于或接近1%则不必标,如 W18Cr4V	主要用于制造刃具、量具和工具
特殊性能合金钢	直接命名。特殊性能合金钢有不锈钢、耐热钢和耐磨钢等	根据工件要求使用

表 2-3　铸铁的牌号及用途

名称	牌号表示方法	用　途
灰口铸铁	HT＋表示最低抗拉强度(MPa)的数值组成,如HT100	主要用于制造机器设备的床身、底座、箱体、工作台等
球墨铸铁	QT＋表示最低抗拉强度(MPa)＋表示最小伸长率(%)的两组数组成,如 QT600-3	主要用于制造曲轴、凸轮轴、连杆、齿轮、气缸体等重要零件
蠕墨铸铁	RuT＋表示最低抗拉强度(MPa)数值组成	主要用于制造柴油机气缸套、气缸盖、阀体等
可锻铸铁	KT＋(黑心 H、白心 B、珠光体 Z)＋表示最低抗拉强度(MPa)＋表示最小伸长率(%)的两组数组成,如KTH300-06	主要用于制造管接头、低压阀门、活塞环、农具等
白口铸铁	BT＋表示最低抗拉强度的(MPa)数值组成	硬度极高,难以机械加工,可用于制造耐磨件

2.2　金属材料的热处理

2.2.1　热处理的概念及其用途

　　热处理是将金属材料(零件)在固态下进行不同的加热、保温和冷却,通过改变材料(零件)内部或表面的组织结构,从而改变材料的性能,更好地满足使用要求的一种处理工艺,与其他机械加工工艺不同,热处理的目的不是使零件最终成型,而是改善和提高材料(零件)的力学和使用性能,如强度、硬度、韧性、耐磨性及可切削加工性等。

　　热处理工艺有三大要素:①加热的最高温度;②保温时间;③冷却速度。图 2-3 所示为热处理工艺曲线。同种材料,由于采用不同的加热温度、保温时间、冷却速度,甚至不同的加热、冷却介质,工件所获得的组织和性能都有很大差别。对于不同材料、不同结构的零件,要根据具体的加工工艺性和力学性能要求,制定具体的热处理工艺,并可穿插于其他各种工艺之间进行。

　　根据热处理三大要素的变化,通常将热处理分为普通热处理、表面热处理和特殊热处理三大类,主要分类见图 2-4。

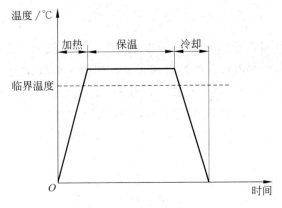

图 2-3　热处理工艺曲线

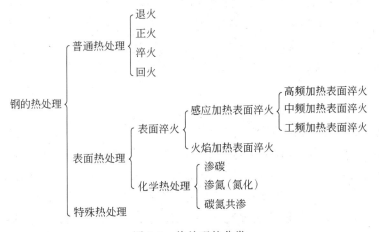

图 2-4　热处理的分类

2.2.2　钢的普通热处理

普通热处理是将金属材料(零件)进行整体加热、保温和冷却,以获得均匀组织和性能的一种工艺方法,包括退火、正火、淬火和回火四种。图 2-5 所示为"四把火"工艺曲线图。

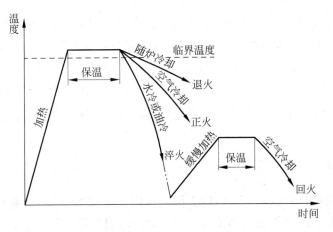

图 2-5　"四把火"工艺曲线

1. 退火

退火是将钢件加热到临界温度以上（或以下）某一温度，保温一定时间，最后随炉冷却或埋入导热性较差的介质中缓慢冷却的热处理工艺。根据工件要求退火的目的不同，一般分为完全退火（再结晶退火）、球化退火和去应力退火。退火的作用是：降低硬度，改善切削加工性；消除残余应力，稳定尺寸，减少形变与裂纹倾向；细化晶粒，调整组织，消除组织缺陷；均匀材料的组织和成分，改善材料性能或为以后热处理做组织准备。

2. 正火

正火是将钢件加热到一定温度，保温适当时间，出炉后在空气中空冷，或喷水、喷雾或吹风冷却的热处理工艺。正火与退火的不同点是正火冷却速度比退火冷却速度稍快，因而正火组织要比退火组织更细一些，其机械性能也有所提高。另外，正火炉外冷却不占用设备，生产率较高，因此生产中常采用正火来代替退火。正火的作用是：去除材料内应力；增加材料的硬度；使晶粒细化，碳化物分布均匀；替代退火工艺，提高效率，降低成本。对要求不高的工件，正火可作为最终热处理。

3. 淬火

淬火是将钢件加热到临界温度 A_{c3}（亚共析钢）或 A_{c1}（过共析钢）以上某一温度，保温一定时间，使之全部（或部分）奥氏体化，然后以大于临界冷却速度的冷却速度急剧冷却，以获得马氏体（或贝氏体）转变的热处理工艺。淬火由于冷却速度很快，得到的晶粒很细，可以大大提高工件的硬度，改善其耐磨度，但组织较脆，淬火后往往需要再做回火处理以获得一定韧性。淬火工艺中保证冷却速度是关键，过慢则淬不硬，过快又容易造成内应力过大引起开裂变形，正确选择冷却介质和操作方法很重要，一般碳钢用水，合金钢用油做冷却介质。淬火的作用是：配合不同温度的回火，以大幅提高工件的刚性、硬度、耐磨度、疲劳强度及韧性等，从而满足不同使用要求；亦可通过淬火满足某些特种钢材的铁磁性、耐蚀性等特殊性能。

4. 回火

将经过淬火的工件重新加热到低于下临界温度的适当温度，保温一段时间后在空气或水、油等介质中冷却的金属热处理工艺。或将淬火后的合金工件加热到适当温度，保温若干时间，然后缓慢或快速冷却。一般用于减小或消除淬火钢件中的内应力，或者降低其硬度和强度，以提高其延性或韧性。根据回火温度的不同，可分为低温回火、中温回火和高温回火。回火的作用是：去除淬火产生的残余应力；适当降低淬火件的硬度，降低脆性，提高材料的韧性，获得较好的机械综合性能。

2.2.3 钢的表面热处理

表面热处理是指仅对材料（零件）的表面进行热处理，改变表层的组织和性能，而不改变材料（零件）心部的组织和性能的热处理工艺。常用的表面热处理有表面淬火和表面化学热处理两种。

1．表面淬火

表面淬火是将钢件的表面层淬透到一定的深度,而心部仍保持未淬火状态的一种局部淬火的方法。表面淬火可获得高硬度、高耐磨性的表面,而心部仍然保持原有的良好韧性,常用于机床主轴、齿轮、发动机的曲轴等。表面淬火时通过快速加热,使钢件表面很快达到淬火的温度,在热量来不及传到工件心部就立即冷却,实现局部淬火。表面淬火采用的快速加热方法有很多种,如电感应、火焰、电接触、激光等,目前应用最广的是电感应加热法,如图 2-6 所示。

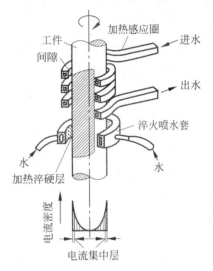

图 2-6　感应淬火示意图

感应加热表面淬火就是在一个感应线圈中通以一定频率的交流电(有高频、中频、工频三种),使感应圈周围产生频率相同的交变磁场,置于磁场中的工件就会产生与感应线圈频率相同、方向相反的感应电流,这个电流叫涡流。由于集肤效应,涡流主要集中在工件的表层。由涡流产生的电阻热使工件表层被迅速加热到淬火温度,随即向工件喷水,将工件表层淬硬。

2．表面化学热处理

化学热处理是利用化学反应、有时兼用物理方法改变钢件表层化学成分及组织结构,以便得到比均质材料更好的技术经济效益的金属热处理工艺。经化学热处理后的钢件,实质上可以认为是一种特殊复合材料:心部为原始成分的钢,表层则是渗入了合金元素的材料,心部与表层之间是紧密的晶体型结合。通过表面化学热处理得到的钢件比电镀等表面防护技术所获得的心、表部的结合要强得多。

2.2.4　操作训练

1．安全操作规范

(1) 操作人员应注意防火、防爆、防烫、防触电,会使用消防器材。

(2) 操作人员必须熟悉热处理工艺规程,热处理区域设置警示标识,非工作人员不得随便靠近,以免发生事故。

(3) 新设备、设备检修后或长期停用再次使用的电炉,要按"工艺规程"进行试运行,确认无误后方可进行现场操作。

(4) 热处理机最高使用温度不得超过额定温度,以免烧损电炉。

(5) 热处理机工作时操作人员不得擅自离开岗位。

(6) 停炉时,应先关控制柜电钮再拉闸。切断电源才能取样,取样、冷却时做好防护措施,注意周围环境,防止烫伤他人和自己。

(7) 坩埚钳必须擦拭干净,不得带油或带水伸入炉膛。

（8）必须等完全冷却才可以用手碰触试样，不得用嘴吹加热件的氧化皮。

（9）不得超规格使用硬度计，防止损坏设备。

（10）定期维护、保养热处理设备及其仪器、仪表，做好热处理场地的卫生工作。

2．45 钢的淬火

1）实验设备及材料

（1）箱式电阻炉及控温仪表；

（2）电动洛氏硬度计

（3）冷却介质：水、油（室温）；

（4）试样材料：45 钢。

2）淬火温度的选择

选定正确的加热温度是保证淬火质量的重要环节。淬火时的具体加热温度主要取决于钢的含碳量，可根据 Fe-Fe₃C 相图确定（见图 2-7）。对亚共析钢，其加热温度为 $A_{c3}+30\sim50℃$，若加热温度不足（低于 A_{c3}），则淬火组织中将出现铁素体而造成强度及硬度的降低。对过共析钢，加热温度为 $A_{c1}+30\sim50℃$，淬火后可得到细小的马氏体与粒状渗碳体，后者的存在可提高钢的硬度和耐磨性。

3）保温时间的确定

淬火加热时间是将试样加热到淬火温度所需的时间及在淬火温度停留保温所需时间的总和。加热时间与钢的成分、工件的形状尺寸、所需的加热介质及加热方法等因素有关，一般可按照经验公式来估算，碳钢在电炉中加热时间的计算见表 2-4。

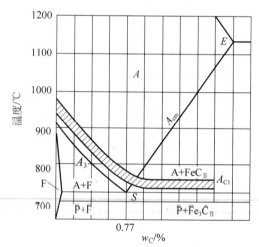

图 2-7　Fe-Fe₃C 相图

表 2-4　碳钢在箱式电炉中保温时间的确定

加热温度/℃	工件形状		
	圆柱形	方形	板形
	保温时间		
	分钟/毫米直径	分钟/毫米厚度	分钟/毫米厚度
700	1.5	2.2	3
800	1.0	1.5	2
900	0.8	1.2	1.6
1000	0.4	0.6	0.8

4）冷却速度的影响

冷却是淬火的关键工序，它直接影响到钢淬火后的组织和性能。冷却时应使冷却速度大于临界冷却速度,以保证获得马氏体组织;在此前提下又应尽量缓慢冷却,以减小钢中的内应力,防止变形和开裂。为此,可根据 C 曲线图(如图 2-8 所示),使淬火工作在过冷奥氏体最不稳定的温度范围(650～550℃)进行快冷(即与 C 曲线的"鼻尖"相切),而在较低温度(300～100℃)时冷却速度则尽可能小些。

根据淬火效果,选用合适的冷却方法(如双液淬火、分级淬火等)。不同的冷却介质在不同的温度范围内的冷却速度有所差别,各种冷却介质的特性见表 2-5。

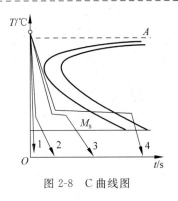

图 2-8 C 曲线图

表 2-5 几种常用淬火介质的冷却能力

冷 却 介 质	在下列温度范围内的冷却速度/(℃/s)	
	650～550℃	300～200℃
18℃的水	600	270
50℃的水	100	270
10%NaCl 水溶液(18℃)	1100	300
10%NaOH 水溶液(18℃)	1200	300
10%NaOH 水溶液(18℃)	800	270
蒸馏水(50℃)	250	200
硝酸盐(200℃)	350	10
菜籽油(50℃)	200	35
矿物机油(50℃)	150	30
变压器油(50℃)	120	25

5)实验内容及步骤

(1)按照 Fe-FeC$_3$ 相图确定淬火加热温度及保温时间,并在加热炉面板上完成对加热温度及时间的设定。将试样放入炉内,关上炉门,按下开关,开始加热。

(2)完成加热和保温之后取出试样,对试样进行冷却处理。

(3)对热处理后的试样磨制、抛光和腐蚀后,进行显微组织观察。

(4)将热处理前、后的试样表面用砂纸(或砂轮)磨平,并分别测出洛氏硬度值(HRC 或 HRB)。

(5)将实验数据填入下表。

材料	编号	淬火工艺			硬度		组织
		加热温度	保温时间	冷却方式	处理前(HR)	处理后(HR)	
45 钢	1						
	2						
	3						
	4						
	5						

2.3　常用量具及其使用

量具是机械制造中,对毛坯及其半成品、零部件进行质量检测不可或缺的工具,对保证零部件的加工质量和装配质量起着至关重要的作用。在日常的生产过程中,涉及的量具种类也十分多样,测量方法以及相应的测量精度也不尽相同。以下介绍几种日常教学及生产过程中常用到的几种量具。

2.3.1　金属直尺

金属直尺为由一组或多组有序的标尺标记及标尺数码所构成的钢制板状的测量器具,基本上为普通测量长度使用的简单量具。

金属直尺的样式如图 2-9 所示,测量范围有 0～150,0～300,0～500,0～600,0～1000,0～1500,0～2000mm 七种规格。常用的有 0～150,0～300,0～500,0～1000mm 四种。尺的两端中一端为半圆头,一端为方头。方头一侧为工作端,半圆头侧附带悬挂孔,可用于悬挂。金属直尺的刻线间距为 1mm,也有在起始 50mm 内加刻 0.5mm 的刻度线。金属直尺应当根据零件的大小以及形状灵活掌握使用方法。

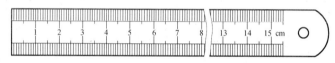

图 2-9　金属直尺

2.3.2　游标卡尺

游标卡尺是一种结构简单、测量精度相对较高的量具。游标卡尺使用简单,可以测出工件的外径及内径、深度与长度等尺寸值,在日常教学与生产中运用广泛。

游标卡尺的结构如图 2-10 所示,主要由尺身和游标组成。游标卡尺常见的精度有 0.1,

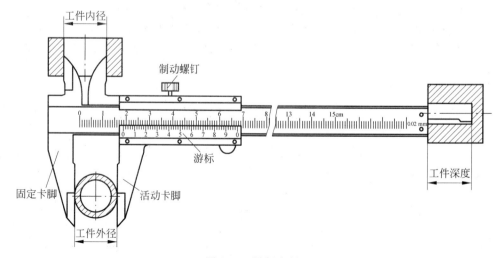

图 2-10　游标卡尺

0.05,0.02mm 三种,常用精度为 0.02mm 的游标卡尺。其测量范围有 0～125,0～150,0～200,0～300,0～500mm 等几种。下面以 0.02mm 精度的游标卡尺为例,说明其刻线原理、读数方法、使用方法及注意事项。

1. 刻线原理

如图 2-11 所示当尺身(主尺)与游标(副尺)的卡脚贴合时,在尺身与游标上刻一上、下对准的零线,尺身上每一小格为 1mm,取尺身 49mm 长度,在游标相对应的长度上 50 等分,即游标每格长度＝49mm/50＝0.98mm,尺身与游标每格之差＝1mm－0.98mm＝0.02mm。

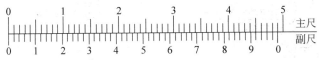

图 2-11　0.02mm 游标卡尺刻线原理

2. 读数方法

游标卡尺的读数方法可分以下三步:
(1) 根据游标零线以左的尺身上的最近刻度读出整数;
(2) 根据游标零线以右与尺身某一刻度线对准的刻度线乘以 0.02 读出小数;
(3) 将整数部分和小数部分相加,即为总尺寸。

图 2-12 所示读数,零刻度线在尺身刻度 18mm 以右,游标刻度线重合在第 28 条线上,即为 18＋0.02×28＝18.56(mm)。

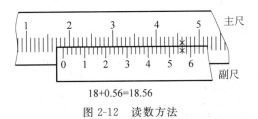

18+0.56=18.56

图 2-12　读数方法

3. 使用方法

游标卡尺的使用方法如图 2-13 所示。

4. 注意事项

使用游标卡尺应当注意以下事项:
(1) 使用前应擦干净卡脚,并合拢卡脚使之贴合,检查尺身与游标零线是否对齐。若未对齐,则应当在测量后根据原始误差修正读数。
(2) 测量时方法要准确;读数时,视线要垂直于尺面,否则测量值错误。
(3) 当卡脚与工件接触时,切不可用力过大,以免造成卡脚变形或磨损,降低测量精度。
(4) 不得用卡尺测量毛坯表面。用完后,须擦拭干净,放入盒中。

除了上述普通游标卡尺外,还有专门测量深度和高度的游标卡尺,如图 2-14 所示,图(a)为深度游标卡尺,图(b)为高度游标卡尺。

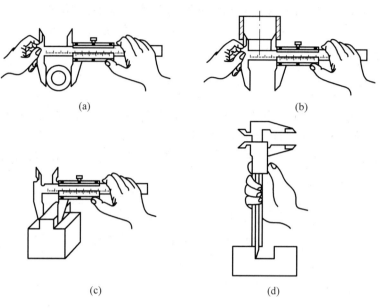

图 2-13　游标卡尺的使用方法

（a）外径测量；（b）内径测量；（c）宽度测量；（d）深度测量

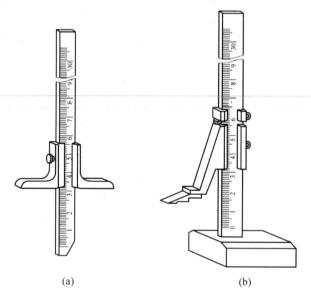

图 2-14　深度游标卡尺与高度游标卡尺

（a）深度游标卡尺；（b）高度游标卡尺

2.3.3　千分尺

千分尺是一种测量精度比游标卡尺高很多的量具，其精度为 0.01mm，对于加工精度要求较高的零件要用千分尺来测量。千分尺的种类多样，如图 2-15 所示，有外径千分尺、内径千分尺以及深度千分尺等。在日常的教学和生产中，外径千分尺较为常用。

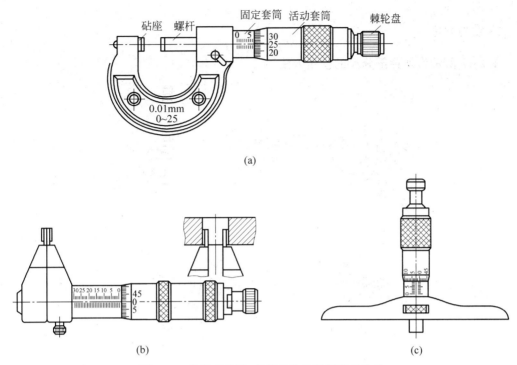

图 2-15　外径千分尺、内径千分尺及深度千分尺

（a）外径千分尺；（b）内径千分尺；（c）深度千分尺

下面将简单介绍外径千分尺的工作原理及使用方法。

1．刻线原理

外径千分尺的量程有 0～25,25～50,50～75,75～100mm 等四种常用规格。以下以 0～25mm 为例，介绍其工作原理。外径千分尺的读数机构由固定套筒及活动套筒组成。螺杆的螺距为 0.5mm,固定套筒上轴向中线上、下相错 0.5mm,各有一排刻度线，每小格为 1mm。活动套筒锥面边沿沿圆周方向有 50 等分的刻度线。当螺杆端面与砧座端面接触时，活动套筒上零线与固定套筒中线对齐，同时活动套筒边缘也应与固定套筒零线重合。

2．读数方法

测量时，先从固定套筒读出毫米数，若 0.5mm 线也露出来，且活动套筒零线在固定套筒中线下方，则加 0.5mm；从活动套筒读出小于 0.5mm 的小数，二者相加即为测量数值，如图 2-16 所示。

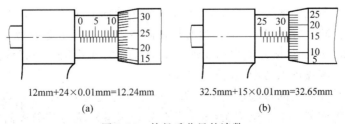

12mm+24×0.01mm=12.24mm　　32.5mm+15×0.01mm=32.65mm

（a）　　　　　　　　　　　　　（b）

图 2-16　外径千分尺的读数

（a）0～25mm 千分尺；（b）25～50mm 千分尺

3．使用方法

图 2-17 所示为外径千分尺的使用方法。

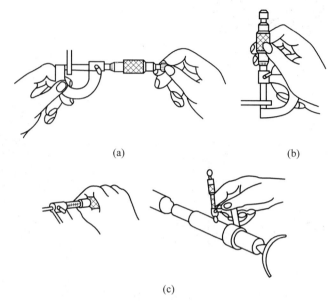

(a)   (b)

(c)

图 2-17 外径千分尺的使用方法

4．注意事项

（1）保持外径千分尺的洁净，尤其是砧座与螺杆的端面必须擦拭干净，使用前应校对零点，若零点未对齐，则可利用工具进行校正。

（2）当螺杆快接近工件时，必须拧动棘轮盘，当棘轮发出"咔咔"打滑声时，表示压力适中，停止拧动。严禁拧动活动套筒，以防用力过度致使测量偏差。

（3）测量不得在预先调节好尺寸锁紧螺杆后用力卡过工件，以防用力过大，尺寸发生偏差，且端面出现非正常磨损。

2.3.4 百分表

百分表是一种较为精密的比较量具，它只能测量相对数值，不能测出绝对值，主要用于测量形状误差及位置误差，也可用于机床上安装工件时的精密找正。百分表的精度为0.01mm。

百分表的结构原理如图 2-18 所示，当测量杆向下或向上移动 1mm 时，通过齿轮传动系统带动大指针转一圈，小指针转一格。刻度盘在圆周上有 100 格等分格，每小格 0.01mm，小指针每格 1mm。测量时指针读数的变动量即为尺寸的变化量。小指针的刻度范围就是百分表的量程。刻度盘可以转动，以便于归零校正。

百分表经常装在专用的百分表座上使用。百分表在表座上的位置可以上下、左右调整，表座应放置于平板或某一平整位置上，测量时百分表测量杆应与被测表面垂直。如图 2-19所示，百分表可检测回转体零件的径向跳动量、找正夹具和找正工件。

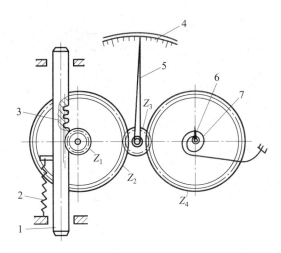

图 2-18 百分表的传动示意图

1—测量头；2—弹簧；3—测量杆；4—表盘；5—大指针；6—小指针；7—游丝

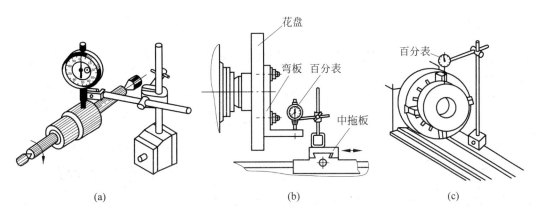

图 2-19 百分表测量与找正

（a）检测回转体零件的径向跳动量；（b）找正夹具；（c）找正工件

2.3.5 其他量具

1. 塞规与卡规

塞规与卡规是用于大批量生产的一种专用量具。

塞规用于孔径或槽宽等内表面尺寸的测量。卡规用于轴径、工件的宽度和厚度等外表面尺寸的测量。卡规和塞规测量准确、方便,其结构和测量方法如图 2-20 所示。

卡规与塞规均有过规和不过规。如果工件测量时能通过过规而不能通过不过规,则工件在公差范围内,工件合格;反之,不合格。塞规的过规等于工件的最小极限尺寸,不过规等于工件的最大极限尺寸。卡规的过规等于工件的最大极限尺寸,不过规等于工件的最小极限尺寸。

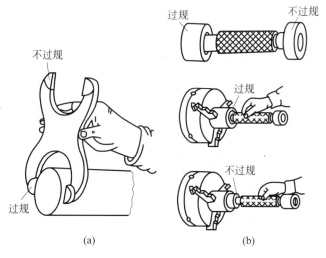

图 2-20　卡规与塞规

（a）卡规；（b）塞规

2. 塞尺

塞尺,又称厚薄尺,用于检查两贴合面间的间隙大小。它由一组厚薄不一的薄钢片组成,其厚度在 0.01～0.08mm 之间,如图 2-21 所示。测量时用塞尺直接塞进间隙里面,当一片或数片能塞进间隙时,则由每片上的数值累加可得出当前间隙值的数值。

3. 直角尺

直角尺是用于检查工件垂直度的非刻线量尺或划线用的导向工具。直角尺的两尺边的内、外侧均为准确的 90°。

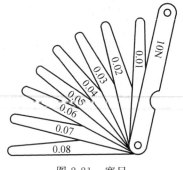

图 2-21　塞尺

测量工件时,直角尺宽边与基准面重合,以窄边靠近被测平面,可由透光缝隙的大小判断误差,也可配合塞尺检查缝隙大小,以确定垂直度误差,如图 2-22 所示。

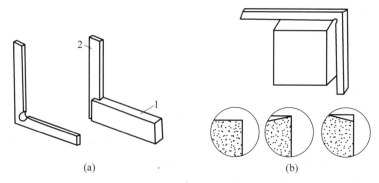

图 2-22　直角尺及其使用

（a）直角尺；（b）直角尺的作用

1—尺座；2—尺苗

作业与思考

1. 常用的工程材料有哪几类？
2. 金属材料有哪些性能？这些性能有什么意义？
3. 什么是热处理？热处理的三大要素是什么？
4. 请简述普通热处理的类别、定义及用途。
5. 普通热处理与表面热处理有什么区别？
6. 量具的种类有哪些？量具在加工制造中起什么样的作用？
7. 游标卡尺的精度是多少？测量范围是哪些？
8. 外径千分尺的精度是多少？操作方法是怎么样的？
9. 百分表的使用范围有哪些？
10. 塞规和卡规的应用场合在哪里？

第 3 章

铸　　造

3.1　概　　述

1. 铸造的定义

铸造,通常也称之为液态金属成型,它是指熔炼材料(包括金属、合金及复合材料等),制造铸型,将熔融的液体浇入铸型,待其凝固、冷却后,获得具有一定形状、尺寸和性能的金属零件或毛坯的成型方法,其过程如图 3-1 所示。

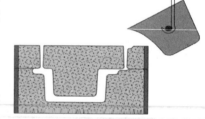

2. 铸造的发展与应用

中国的铸造冶炼历史已达 5000 多年,前 3000 多年为青铜器时代,后 2000 多年为铁器时代,铜器和铁器的制造是一个典型的熔化、凝固过程。经过不断发展,铸

图 3-1　铸造示意图

造工艺已成为机械制造工业中毛坯和零件的主要加工工艺,广泛应用于机床制造、动力机械、冶金机械、重型机械、航空航天等领域。铸件在一般机器中占总质量的 40%～80%,如内燃机占总质量的 70%～90%,机床、液压泵、阀等占总质量的 65%～80%。图 3-2、图 3-3所示分别为古代与现代工业铸造产品。

图 3-2　古代铸造产品

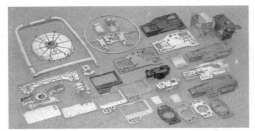

图 3-3　现代工业铸造产品

3．铸造的分类

铸造大致可分为普通砂型铸造和特种铸造,常用的特种铸造方法有熔模精密铸造、石膏型精密铸造、陶瓷型精密铸造、消失模铸造、金属型铸造、压力铸造、低压铸造、差压铸造、真空吸铸、挤压铸造、离心铸造、连续铸造、半连续铸造、壳型铸造、石墨型铸造、电渣熔铸等。

4．铸造的特点

(1) 适应性强:铸件大小、形状不受限制,特别适合加工有复杂内腔的箱体、床身、气缸体等,生产批量不受限制。

(2) 材料范围广:各种金属如铸铁、钢、有色金属及其合金、难熔合金均可。

(3) 成本低:常用材料来源广泛,废机件和切屑经过处理亦可拿来铸造。

(4) 得到的毛坯近乎成型,后续加工量小。

(5) 劳动条件差,生产率低。

(6) 铸件组织疏松,晶粒粗大,常伴有各种铸造缺陷,力学性能比较差,得到的大多为毛坯,需要后续处理。

3.2　砂型铸造

砂型铸造应用最为广泛,砂型铸件占铸件总产量的 80% 以上,其铸型(砂型和芯型)是由型砂制作的。以齿轮毛坯铸造为例,其生产过程的主要工序为制造模样、制备型(芯)砂、制造芯盒、造型、造芯、烘干、合型与浇注、铸件的清理与检查等,如图 3-4 所示。

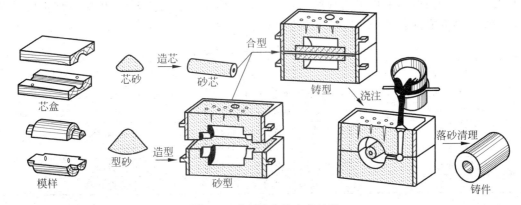

图 3-4　砂型铸造的生产过程

3.2.1　造型工具

砂型铸造常用到的造型工具,如图 3-5 所示。

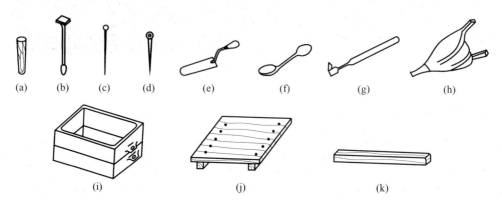

图 3-5　手工砂型铸造工具

(a) 浇口棒;(b) 春砂锤;(c) 通气针;(d) 起模针;(e) 镘刀;(f) 秋叶;

(g) 提钩;(h) 皮老虎;(i) 砂箱;(j) 模底板;(k) 刮砂板

3.2.2　造型方法

用造型混合料及模样等工艺装备制造铸型的过程称为造型。图 3-6 所示为典型铸型结构示意图。

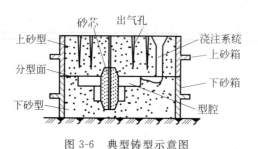

图 3-6　典型铸型示意图

造型是砂型铸造中最基本的工序,一般分为手工造型和机械造型两大类。手工造型主要是人工靠一些简单的工具来实现的,常见手工造型的方法见表 3-1。机械造型主要是通过造型机器来完成装砂、紧实、起模等主要操作。

表 3-1　几种常见的手工造型方法

造型方法	特点	举例
整模造型	整体模型,分型面为平面	齿轮坯、轴承压盖
分模造型	分开模型,分型面多是平面	圆柱体、管件、阀体、套筒
活块造型	将模样上妨碍取模的部分做成活动的	凸台、肋条
挖砂造型	造型时须挖去阻碍取模的型砂	手轮
刮砂造型	和铸件截面形状相适应的板状模样	飞轮、带轮
三箱造型	铸件两端截面尺寸较大,需要三个沙箱	三通管、带轮

1．整模造型

整模造型适用于生产形状简单、模型是一个整体、最大截面在一端且为平面，型腔只在一侧的构件。工艺流程如图 3-7 所示。

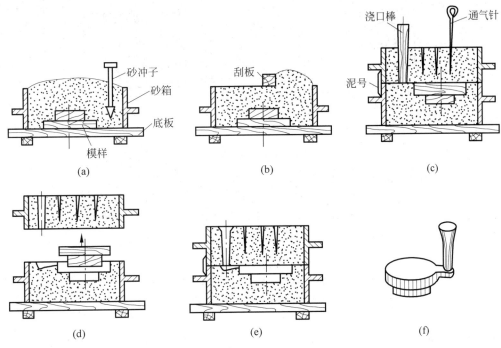

图 3-7　整模造型过程示意图
（a）造下型；（b）刮平；（c）造上型；（d）起模；（e）合型；（f）带浇口铸件

2．分模造型

分模造型适用于生产圆柱体、管件、阀体、套筒等最大截面在中间，需将模型从最大截面切开制成两半的铸件。工艺流程如图 3-8 所示。

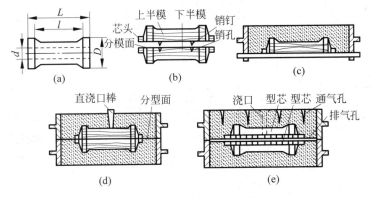

图 3-8　分模造型过程示意图
（a）零件图；（b）将模样分成两半；（c）用下半模造下型；（d）用上半模造上型；（e）起模、放型芯、合型

3. 活块造型

活块造型是将模样侧面妨碍起模的凸出部分做成活块,起模时,先将主体模样取出后再取出活块。其造型要求人工操作水平高,只适合单件小批生产。工艺流程如图 3-9 所示。

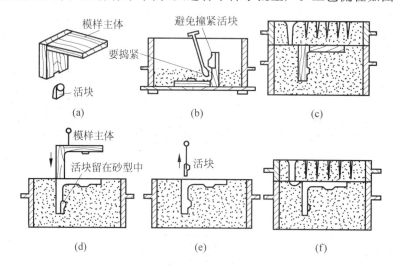

图 3-9　活块造型过程示意图

(a) 检查模样与活块配合是否过紧;(b) 造下型;(c) 造上型;(d) 起出模样主体部分;
(e) 用通气针起出活块;(f) 开浇注系统、合型

4. 挖砂造型

挖砂造型适用于模型最大截面不规则,且模型不易于制成两半的构件,需将妨碍取模的型砂挖掉。工艺流程如图 3-10 所示。

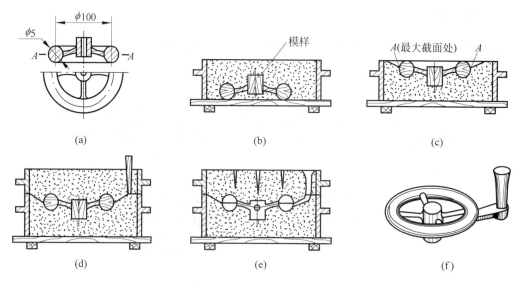

图 3-10　挖砂造型过程示意图

(a) 零件图;(b) 造下型;(c) 翻转下型,修挖分型面;(d) 造上型;(e) 起模、合型;(f) 带浇口杯的铸件

5．刮砂造型

刮砂造型是指采用与铸件截面形状相应的木板在砂型中刮出所需型腔的造型方法，适用于尺寸较大的旋转体，如飞轮、带轮的单件小批生产。工艺流程如图 3-11 所示。

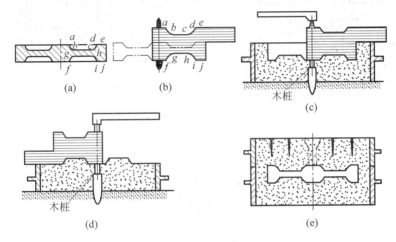

图 3-11　刮砂造型过程示意图

(a) 带轮铸件；(b) 刮板；(c) 刮制上砂型；(d) 刮制下砂型；(e) 合箱

6．三箱造型

三箱造型主要用于生产具有两个分型面的铸件。工艺流程如图 3-12 所示。

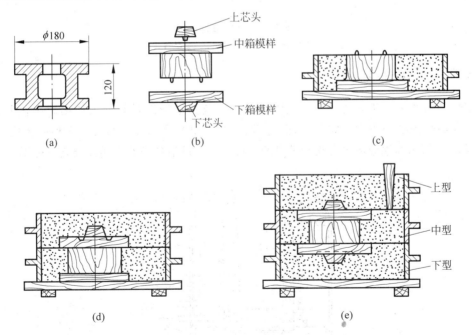

图 3-12　三箱造型过程示意图

(a) 铸件图；(b) 模样；(c) 造下型；(d) 翻箱、造中型；(e) 造上型；(f) 依次开箱、起模；(g) 下芯、合型

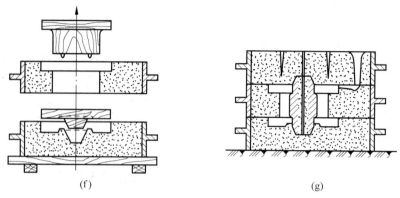

(f)　　　　　　　　　　　　(g)

图 3-12 （续）

3.2.3　制芯方法

用造芯混合料及芯盒等工艺装备制造芯的过程称为造芯。造芯是为了获得铸件的内腔、孔洞和凹坑等部分。手工制芯通常用芯盒进行,芯盒制芯方法如图 3-13 所示,分为对开式芯盒制芯、整体式芯盒制芯、可拆式芯盒制芯。

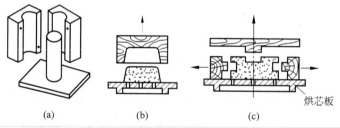

烘芯板

(a)　　　　　　　　(b)　　　　　　　　(c)

图 3-13　三种制芯方式

（a）对开式；（b）整体式；（c）可拆式

3.2.4　熔炼金属

熔炼是铸造生产工艺之一。它是将金属材料及其他辅助材料投入加热炉熔化并调质,炉料在高温炉内物料发生一定的物理、化学变化,产出粗金属或金属富集物和炉渣的冶金过程。图 3-14 所示的感应电炉是比较常见的熔炼炉。熔炼后的液态金属经调质就可用来浇注。

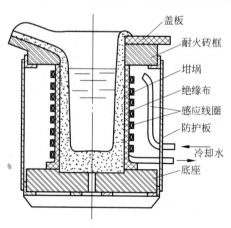

盖板
耐火砖框
坩埚
绝缘布
感应线圈
防护板
冷却水
底座

图 3-14　感应电炉结构示意图

3.2.5 浇注

利用浇包(见图 3-15)把熔融的金属液体浇入铸型的过程叫做浇注。浇注系统是为了把液态合金注入到型腔和冒口而开设于砂型中的一系列通道,其组成如图 3-16 所示。

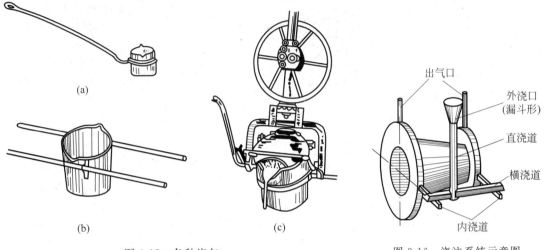

图 3-15　各种浇包

(a)端包;(b)抬包;(c)吊包

图 3-16　浇注系统示意图

3.2.6 铸件缺陷检验

常见的铸件缺陷产生的原因及其改善措施见表 3-2。

表 3-2　各种缺陷产生的原因及改善措施

缺陷名称	特征	图示	产生原因	改善措施
浇不足	铸件形状不完整		1. 浇注温度低,金属流动性差; 2. 浇注速度慢,浇注中有断流; 3. 铸件壁太薄; 4. 浇注时金属量不足	1. 适当提高浇注温度; 2. 适当加快浇注速度; 3. 合理设计铸件壁厚; 4. 增加直浇道的高度
冷隔	铸件有未融合的缝隙	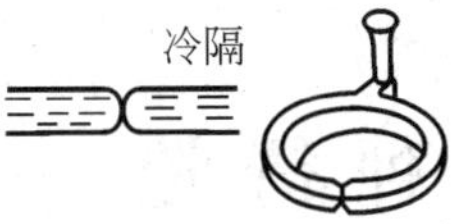		
缩孔	铸件厚截面处不规则的粗糙空洞	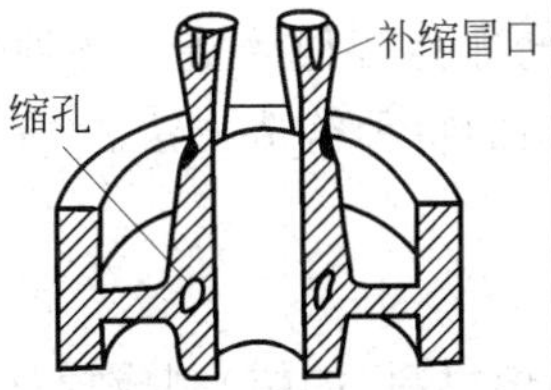	1. 铸件壁厚相差过大; 2. 冒口和冷铁设置不当; 3. 浇注温度过高	1. 合理设计铸件壁厚; 2. 正确设置冒口和安放冷铁,保证金属顺序凝固; 3. 适当降低浇注温度

续表

缺陷名称		特征	图示	产生原因	改善措施
开裂	冷裂	铸件开裂,开裂处有金属光泽	裂纹	1. 铸件壁厚差太大; 2. 浇口和冷铁设置不当	1. 铸件壁厚设计尽量均匀对称,加大壁连接处的过渡圆角; 2. 正确设置浇口和冷铁,保证不同壁厚同时凝固
	热裂	铸件开裂,开裂处金属表面氧化		1. 铸型和型芯退让性差; 2. 铸件开箱、落砂过早,冷却速度过快	1. 改善型砂的退让性; 2. 选择合适的开箱时间; 3. 控制钢铁中 S、P 的含量
气孔		铸件内部或表面有大小不等的光滑孔洞	气孔	1. 型砂含水过多,透气性差; 2. 起模和修型时刷水过多; 3. 砂芯烘干不良或砂芯通气孔堵塞; 4. 浇注温度过低或浇注速度太快等	1. 适当烘干铸型; 2. 增加铸型的排气能力; 3. 适当提高浇注温度; 4. 造型应注意不要舂得太紧,取模修型时不要刷水过多; 5. 合理设置浇注系统,使金属液流动平稳,气体易排出
错型		铸件沿分型面有相对位置错移	错箱	上、下箱或者上、下模样未对准	保证上、下箱及上、下模样对准
砂眼		铸件内部或表面有充满型砂的孔眼	砂眼	1. 型腔内部有浮砂; 2. 操作不当,冲坏砂型; 3. 型砂和型芯强度不够,涂料不良	1. 保持型腔内部清洁; 2. 适当降低浇注速度; 3. 合理配制型砂和芯砂,保证强度

3.3　特 种 铸 造

　　除普通砂型铸造以外的其他铸造方法统称为特种铸造。特种铸造方法很多,且各种新方法还在不断出现。下面列举的是几种常用的特种铸造方法。

1. 熔模铸造

　　熔模铸造又称熔模精密铸造,它是把易熔材料(如蜡)制成模样,并在模样表面包覆若干层耐火材料制成型壳,再将模样熔化排出型壳,从而获得无分型面的铸型,经高温焙烧后即可填砂浇注的铸造方案。其工艺过程如图 3-17 所示。

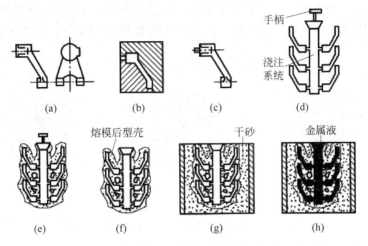

图 3-17　熔模铸造工艺流程图

(a)母模;(b)压型;(c)蜡模;(d)焊成蜡模组;(e)型壳;(f)熔模;(g)造型、熔烧;(h)浇注

2. 金属型铸造

金属型铸造的铸型为金属材料,又称硬模铸造,一副金属型可浇注几百次甚至上万次,因此又可称永久型铸造。图 3-18 为垂直分型式金属型的示意图。金属型由定型和动型两个半型组成,分型面位于垂直位置。浇注时两个半型合紧,凝固后将两个半型分开,取出铸件。

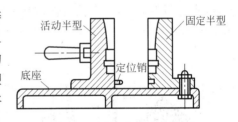

图 3-18　垂直分型式金属型

3. 离心铸造

离心铸造是将金属液体浇入旋转着的铸型中,在离心力的作用下凝固成型的铸造方法,其原理如图 3-19 所示。

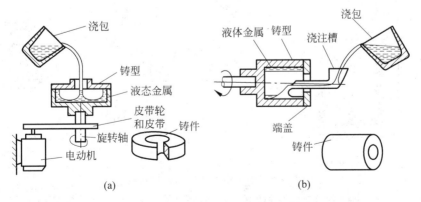

图 3-19　立式离心铸造和卧式离心铸造

(a)立式;(b)卧式

4. 压力铸造

压力铸造是将金属液在高压下高速充型,并在压力下冷却凝固后获得铸件的方法。铸型材料一般采用耐热合金钢。用于压力铸造的压铸机较多的是卧式冷室压铸机,其生产工艺过程如图 3-20 所示。

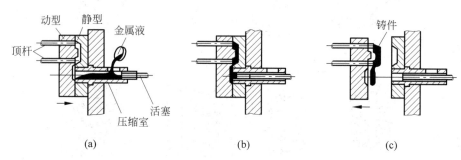

图 3-20　压铸工艺过程示意图

(a) 合型、浇入金属液;(b) 高压射入、凝固;(c) 开型、顶出铸件

5. 消失模铸造

消失模铸造是将高温金属液浇入包含泡沫塑料模样在内的铸型内,模样受热逐渐汽化燃烧,从铸型中消失,金属液逐渐取代模样所占型腔的位置,从而获得铸件的方法,也称为实型铸造。其生产工艺过程如图 3-21 所示。

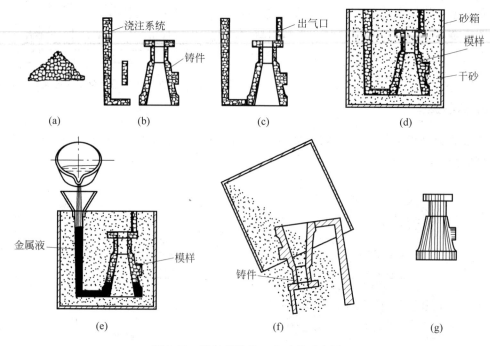

图 3-21　消失模铸造工艺过程示意图

(a) 制备 EPS 珠粒;(b) 制模样;(c) 黏合模样组,刷涂料;(d) 加干砂,振紧;

(e) 放浇口杯,浇注;(f) 落砂;(g) 铸件

3.4 操作训练

3.4.1 安全操作规范

(1) 实训操作时必须佩戴安全防护服饰。

(2) 造型时严格按照操作规程,不要用嘴吹分型砂,避免砂子到处飞扬。

(3) 不得将工具乱放置或用工具敲击砂箱及其他物件,不得用砂子相互打闹。

(4) 在炉间及造型场地内观察熔炼与浇注时,应站在一定距离外的安全位置,注意液体金属飞溅或碰坏砂型造成伤亡事故。

(5) 浇注后的铸件,未经允许不可触动,以免破坏铸件或者烫伤。

(6) 清理铸件时,要待温度冷却到常温,要注意周围环境,防止伤人。

(7) 操作完成后整理工具,清理现场,切断所有设备电源,擦拭、保养设备,做好交班工作。

3.4.2 台阶轴的砂型铸造

1. 训练目的

(1) 掌握砂型铸造的基本操作方法,进行手工整模、分模和挖砂造型的操作训练。

(2) 了解合金浇注方法。

(3) 对铸件进行初步的工艺分析。

(4) 对铸件进行清理和后续处理,对常见的铸造缺陷进行分析。

2. 训练内容及步骤

台阶轴砂型铸造的操作步骤见表 3-3。

表 3-3　整模造型操作步骤

序号	名称	工艺简图	操作要领
1	造下砂型		1. 将模型放置于底板中心位置,最大截面朝下; 2. 加砂填充紧实,每次加砂 50～70mm;春砂用尖头,按回字春砂;春实的砂型要均匀、有足够强度的同时还要有一定的透气性
			刮板紧靠箱框平移刮去多余的型砂,使其表面与砂箱四边齐平

续表

序号	名称	工艺简图	操作要领
2	造上砂型	浇口棒　通气针 泥号	1. 将下砂箱翻转180°,均匀地撒分型砂; 2. 合理设置浇道,放置浇口棒,填砂压实,填砂压实方式与下砂箱一致,刮去多余背砂; 3. 做泥号,利用滑石笔在砂箱侧面做记号,防止错位; 4. 用通气针在上砂型扎通气孔
3	开箱起模		1. 取出浇口棒,开挖浇口杯; 2. 翻转上砂箱180°,平放; 3. 起模时,起模针应钉在模样的重心上,并用小锤各个方向轻轻敲打起模针的下部,使模样和型砂铸件松动,然后将模样慢慢地向上垂直提起; 4. 挖内浇道
4	修型	—	清除分型面上的分型砂,修补损坏砂型
5	合箱、浇注		1. 对准合箱线合箱; 2. 将熔化好的金属液以一定温度和一定浇注速度浇注入型腔; 3. 浇注时挡渣
6	取出铸件、清理		1. 落砂时注意温度合理; 2. 用锉刀、打磨机整理毛刺和浇冒口痕迹

作业与思考

1. 铸造与其他金属加工方法相比有什么特点?
2. 什么是型砂铸造? 简述砂型铸造的特点和应用范围。
3. 铸型、模样和型砂起什么作用?
4. 整模造型和挖砂造型的主要工艺过程有哪些? 每个过程应注意些什么?

5. 浇注系统由哪几部分组成？各部分起什么作用？

6. 常见铸造缺陷有哪些？试述其产生的原因。

7. 感应电炉熔炼有何特点？应用范围如何？

8. 砂型铸造和压铸,它们在浇注金属液时各有什么特点？

9. 试述熔模铸造的工艺工程。

10. 简述消失模铸造的特点和应用范围。

第4章

CHAPTER 4

锻　压

4.1　锻　造

　　锻造是一种利用锻压机械对加热条件下的金属坯料施加压力,使其产生塑性变形以获得具有一定机械性能、一定形状和尺寸锻件的加工方法。通过锻造能消除金属在冶炼过程中产生的铸态疏松等缺陷,优化微观组织结构,同时由于保存了完整的金属流线,锻件的机械性能一般优于同样材料的铸件。相关机械中负载高、工作条件严峻的重要零件,除形状较简单的可用轧制的板材、型材或焊接件外,多采用锻件。

　　锻造的基本方法有自由锻和模锻两类,以及由二者结合而派生出来的胎模锻。自由锻还可以分为手工锻和机器锻。手工自由锻是传统的、原始的生产方式,主要的工具是大锤和铁砧,靠人力挥动大锤来击打加热好的坯料。因此,劳动强度大,生产效率低,在现实生产中已基本上被机器锻所取代。一般锻造生产的工艺过程如下:

下料→加热→锻造→冷却→热处理→清理→检验→锻件

4.1.1　锻造设备与工具

　　锻压生产常用设备大致分为加热设备、锻压成型设备和锻压生产辅助设备。

1. 加热炉

　　在锻造生产中,加热设备种类很多,按热源可分为火焰加热和电加热两种。电阻炉是利用电流通过加热元件时产生的电阻热加热坯料的,是常用的电加热设备。图 4-1 为箱式电阻丝加热炉示意图。电阻炉结构简单,炉温和炉内气氛容易控制,加热均匀。

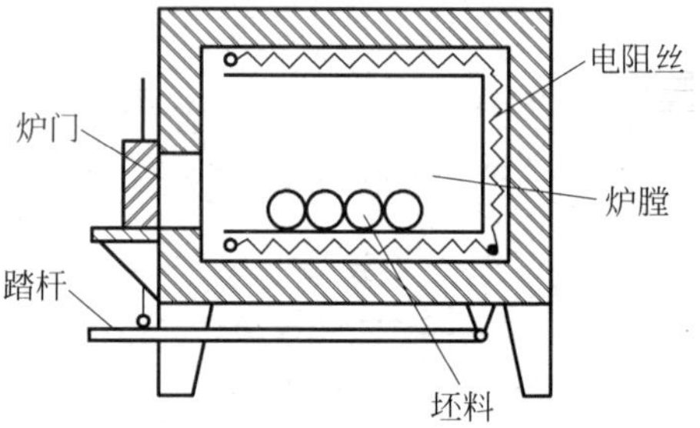

2. 空气锤

　　空气锤既可以进行自由锻造,又可以进行胎模锻造,适用于中小锻件的生产。它是由电动机直接驱动的,安装投资费用较低。如图 4-2所示,空气锤有工作缸和压缩缸,两缸之间由旋阀连通,其工作介质是压缩空气,它在压缩活

图 4-1　箱式电阻丝加热炉示意图

塞和工作活塞之间仅起柔性连接作用。电动机通过减速机构带动曲柄连杆机构旋转,驱动压缩活塞作上、下往复运动,使被压缩的空气经旋阀进入工作缸的上腔或下腔,驱使落下部分作上、下运动,进行打击或回程。

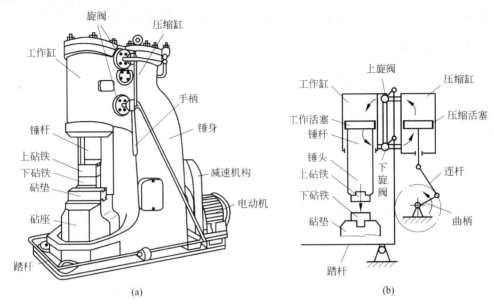

图 4-2　空气锤的结构和工作原理

（a）外形图；（b）传动示意图

3. 锻造工具

锻造所用工具形式很多,在锻造操作的各个工序中起着不同的作用,按其功能可分为支持工具、打击工具、成型工具、夹持工具和测量工具,如图 4-3 所示。

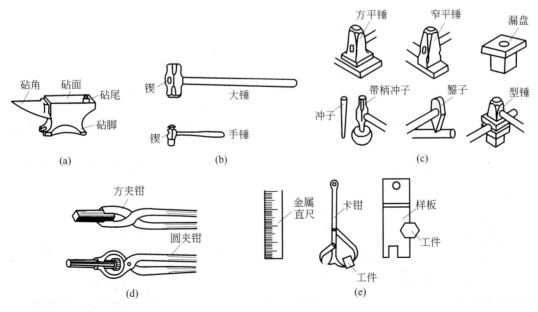

图 4-3　常用锻造工具

4.1.2 自由锻造

自由锻是利用冲击力或压力使金属在上、下两个砧板之间产生变形,从而获得所需形状及尺寸的锻件。自由锻生产所用工具简单,通用性较好,应用范围较为广泛。

1. 自由锻的特点

(1) 自由锻所使用的工具简单,不需要造价昂贵的模具。

(2) 可锻造各种质量的锻件,对大型锻件,它是唯一的生产方法。

(3) 由于自由锻的每次锻击坯料只产生局部变形,变形金属的流动阻力也小,故同质量的锻件,自由锻比模锻所需的设备吨位小。

(4) 锻件的形状和尺寸靠锻工的操作技术来保证,尺寸精度低,加工余量大,金属材料消耗多。

(5) 锻件形状比较简单,生产率低,劳动强度大,因此,自由锻只适用于单件或小批量生产。

2. 自由锻的工序

自由锻的工序包括基本工序、辅助工序和修正工序,基本工序见表 4-1。

表 4-1　自由锻基本工序

工序	图例	定义	操作要领	实例
镦粗		镦粗是使坯料高度减小、横截面积增大的锻造工序	1. 防止坯料镦弯、镦歪或镦偏; 2. 防止产生裂纹和夹层	圆盘、齿轮、叶轮、轴头等
拔长	(a) 左右进料90°翻转 (b) 螺旋线进料90°翻转　(c) 前后进料90°翻转	拔长是使坯料横截面积减少、长度增加的锻造工序	1. 应使坯料各面受压均匀、冷却均匀; 2. 横截面的宽厚比应≤2.5,以防产生弯曲	锻造光轴、阶梯轴、拉杆等轴类锻件

续表

工序	图例	定义	操作要领	实例
冲孔	(a) 放正冲子、试冲　　(b) 冲浅坑、撒煤粉　　(c) 冲至工件厚度的2/3深　　(d) 翻转工件在铁砧圆孔上冲透	冲孔是利用冲子在经过镦粗或镦平的饼坯上冲出通孔或盲孔的锻造工序	1. 坯料应加热至始锻温度,防止冲裂; 2. 冲深时应注意保持冲子与砧面垂直,防止冲歪	圆环、圆筒、齿圈、法兰、空心轴等
弯曲	芯棒　垫模	弯曲是采用一定的工具或模具,将毛坯完成规定外形的锻造工序	弯曲前应根据锻件的弯曲程度和要求适当增大补偿弯曲截面尺寸	弯杆、吊钩、轴瓦等
切割下料	剁刀　坯料　刻棍　下砧铁　(a) 单面切割　(b) 双面切割	切割是将坯料分割开或部分割裂的锻造工序	双面切割易产生毛刺,常用于截面较大的坯料及料头的切除	轴类、杆类零件及毛坯下料等

4.1.3　模型锻造

模锻是将加热好的坯料放在锻模模腔内,在锻压力的作用下迫使坯料变形而获得锻件的一种加工方法。坯料变形时,金属材料的流动受到模腔的限制和引导,从而获得与模腔形状一致的锻件。

1. 模锻的特点

(1) 由于有模腔引导金属的流动,锻件的形状可以比较复杂。

(2) 锻件内部的锻造流线比较完整,从而提高了零件的力学性能和使用寿命。

(3) 锻件表面光洁,尺寸精度高,节约材料和切削加工工时。

(4) 操作简单,易于实现机械化,生产率较高。

（5）模锻是整体成型，摩擦阻力大，故模锻所需设备吨位大，设备费用高。

（6）模锻加工工艺复杂，制造周期长，费用高，不能生产大型锻件。

2. 模锻操作

锻模由上、下模组成。上模和下模分别安装在锤头下端和模座的燕尾槽内，用楔铁紧固。上、下模合在一起，其中部形成完整的模膛。根据模膛功能不同，可分为模锻模膛和制坯模膛两大类。模锻模膛又分终锻模膛和预锻模膛两种。

锤上模锻的工作过程如图 4-4 所示，将加热好的坯料放在锻模下模的模膛内，上模随锤头一起作上、下往复运动，锤击放入模膛内的坯料，使坯料在模膛所限制的空间内产生塑性变形，填满模膛，多余的坯料则进入飞边槽，形成带有飞边的锻件，再将飞边切除即得到所需形状（由模膛形状决定）和尺寸的锻件。

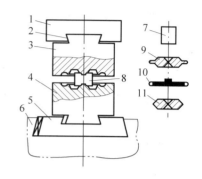

图 4-4　模锻过程示意图

1—锤头；2—楔铁；3—上模；4—下模；5—模座；6—砧铁；7—坯料；8—锻造中的坯料；9—带飞边和连皮的锻件；10—飞边和连皮；11—锻件

4.2　冲　　压

冲压加工是借助于常规或专用冲压设备的动力，使板料在模具里直接受到变形力并进行变形，从而获得一定形状、尺寸和性能的产品零件的生产技术。板料、模具和设备是冲压加工的三要素。按冲压加工温度可分为热冲压和冷冲压。前者适合变形抗力高、塑性较差的板料加工；后者则在室温下进行，是薄板常用的冲压方法。冲压是金属塑性加工（或压力加工）的主要方法之一，也隶属于材料成型工程技术。冲压件与铸件、锻件相比，具有薄、匀、轻、强的特点。冲压可制出其他方法难以制造的带有加强筋、肋、起伏或翻边的工件，以提高其刚性。

4.2.1　冲压设备

1. 冲床

冲床是冲压加工的基本设备。常用的冲床有开式双柱冲床，如图 4-5 所示。电动机通过一对皮带轮减速后带动带轮转动，踏下踏板后，离合器闭合并带动曲轴旋转，再经过连杆带动滑块沿导轨作上、下往复运动，进行冲压加工。

用来表示冲床性能的主要参数有以下三个：

（1）公称压力（N 或 t）：即冲床的吨位，是指滑块运行至最低位置时所能产生的最大压力。

（2）滑块行程（mm）：滑块从最高位置到最低位置所走过的距离，其数值等于曲柄回转半径的两倍。

（3）闭合高度（mm）：滑块在行至最低位置时，其下表面到工作台的距离，冲床的闭合

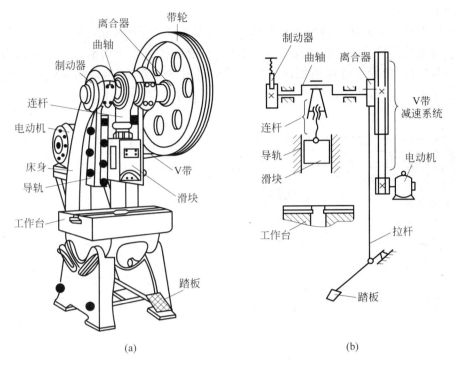

图 4-5　开式双柱冲床结构示意图

（a）外形图；（b）传动示意图

高度应与冲模的高度相适应。

冲模是使板料分离或成型的工具,典型的冲模结构如图 4-6 所示。简单模结构简单,制造方便,适于冲压件的小批量生产。

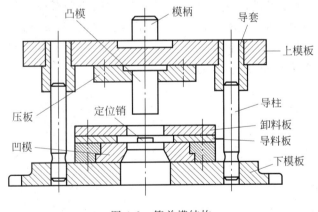

图 4-6　简单模结构

2. 剪板机

剪板机(见图 4-7)是用一个安装在设备上的刀片相对另一刀片作往复直线运动来剪切板材的机器,利用运动的上刀片和固定的下刀片,采用合理的刀片间隙,对各种厚度的金属板材施加剪切力,使板材按所需要的尺寸断裂分离。剪板机属于锻压机械中的一种,广泛应用于金属加工行业。

剪板机剪切后应能保证被剪板料剪切面的直线度和平行度要求,并尽量减少板材扭曲,以获得高质量的工件。工作台上安装有托料球,以便于板料在上面滑动时不被划伤。后挡料用于板料定位,位置由电动机进行调节。压料缸用于压紧板料,以防止板料在剪切时移动。护栏是安全装置,防止发生工伤事故。回程一般靠氮气,速度快,冲击小。

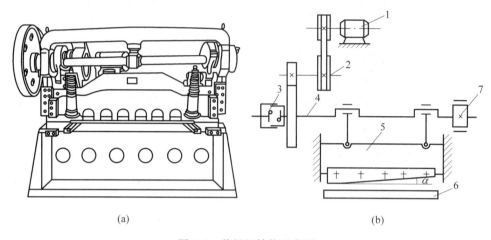

(a)　　　　　　　　　　　　　　　　　　　(b)

图 4-7　剪板机结构示意图

(a) 外形图;(b) 传动示意图

1—电动机;2—轴;3—牙嵌离合器;4—曲轴;5—滑块;6—工作台;7—制动器

3. 折板机

折板机是一种由液压电气联合控制,用来对板料进行弯曲成型的机床,板料折弯机使用简单的模具便可对金属板料进行各种角度的直线弯曲,以获得形状复杂的金属板材制件,其操作简单,模具通用性强,运行成本低,因此获得了广泛应用,工作示意图如图 4-8 所示。板料折弯机按其传动形式可分为机械折弯机和液压折弯机两类。最常用的折弯是"V 形"折弯,其他特殊形状折弯需要特制模具,如图 4-9 所示。

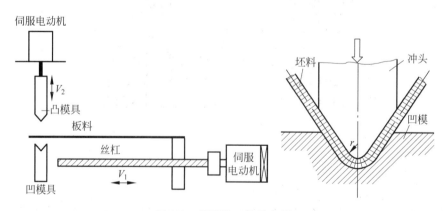

图 4-8　折板机工作示意图

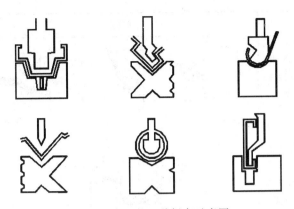

图 4-9 常见的几种折弯示意图

4.2.2 冲压的基本工序及操作

冲压的基本工序可分为分离工序和变形工序两类。分离工序是使坯料一部分与另一部分分离的工序,变形工序是使坯料发生塑性变形的工序,具体见表 4-2。

表 4-2 冲压的基本工序及操作

工序名称		定义	简图	应用举例
分离工序	剪裁	用剪床或冲模沿不封闭的曲线(或直线)切断		用于下料或加工形状简单的平板零件,如冲制变压器的矽钢片芯片
	落料	用冲模沿封闭轮廓曲线(或直线)将板料分离,冲下部分是成品,余下部分是废料		用于需进一步加工工件的下料,或直接冲制出工件,如平板型工具板头
	冲孔	用冲模沿封闭轮廓曲线(或直线)将板料分离,冲下部分是废料,余下部分是成品		用于需进一步加工工件的前工序,或冲制带孔零件,如冲制平垫圈孔

续表

工序名称		定义	简图	应用举例
变形工序	弯曲	用冲模或折弯机,将平直的板料弯成一定的形状	上模 坯料 下模　凸模 凹模	用于制作弯边、折角和冲制各种板料箱柜的边缘
	拉伸	用冲模将平板状的坯料加工成中空形状,壁厚基本不变或局部变薄	冲头 压板 坯料 凹模	用于冲制各种金属日用品(如碗、锅、盆、易拉罐身等)和汽车油箱等
	翻边	用冲模在带孔平板工件上用扩孔方法获得凸缘或把平板料的边缘按曲线或圆弧弯成竖直的边缘	冲头 工件 凹模 工件 上模 下模	用于增加冲制件的强度或美观
	卷边	用冲模或旋压法,将工件竖直的边缘翻卷	成型前 上模 坯料 下模 旋压滚轮 产品 型模 顶柱	用于增加冲制件的强度或美观,如做铰链

4.3　操作训练

4.3.1　安全操作规范

(1) 设备作业环境应清洁无杂物,设备接地良好。开机前,检查各电器部件是否松动。机床上的模具等强度应符合要求,刃磨锋利,安装稳固可靠,不允许带故障工作,如有部件损坏应及时通知老师。

(2) 作业时应先校对模具,不得超规格使用机床,不允许材料上有焊疤和较大毛刺,防止损坏模具。

(3) 加工过程中,禁止用手接触工作部件,禁止用湿手接触开关或机床其他导电部位。机床上的防护罩不得拆卸,启动后要等运转速度正常后才可开始工作,同时注意观察周围人员动态,防止伤人。

(4) 加工时,操作者不得离开现场或远距离操作。多人操作时,应由一人指挥,工件翻转或进退时,两侧操作人员应密切联系,动作一致。

(5) 加工结束,应将机床复位,并关闭电源,将工量具、附件等擦拭干净放回原处,并保持完整无损,将工作区域清扫干净,打扫好现场卫生。

4.3.2　简易盖板的制作

简易盖板的制作过程见表 4-3。

表 4-3　简易盖板的制作

序号	工步名称	简　图	操作要点
1	下料		1. 利用剪板机将板料剪切至适宜尺寸; 2. 板料厚度不得大于 6mm
2	折弯		1. 根据板料厚度,选取开口尺寸适宜的下模; 2. 设置挡尺位置及折弯角度
3	冲孔		根据所需膨胀螺栓的型号选取冲子,冲孔时套上镦粗漏盘,以防径向尺寸胀大,采用双面冲孔,冲孔时孔位要对正
4	休整	—	将毛刺稍作休整

作业与思考

1. 压力加工的实质是什么? 有什么特点?
2. 请简述压力加工的分类和用途。
3. 评价金属可锻性的指标是什么? 影响可锻性的因素是什么?
4. 举例说明适用于锻压生产的金属及零件(或毛坯)。
5. 钢经过锻造后为什么能改变其力学性能?
6. 请简述自由锻的原理及用途。
7. 请简述模锻的原理及用途。
8. 什么是冲压? 有什么特点?
9. 冲压工序的分类和模具的分类是什么?
10. 冲压对材料有哪些基本要求? 如何合理选用冲压材料?

第5章

焊 接

5.1 概 述

5.1.1 焊接的概念及其用途

焊接就是通过加热或加压,或者两者并用,并且用(或不用)填充材料,使工件达到结合的一种方法。焊接使得金属材料原子之间相互结合,实现不可拆卸的永久性连接。焊接与铆接或粘接相比,具有接头的密封性好、强度高、易于实现机械化和自动化生产等优点,采用焊接方法制造金属结构,可以节省材料,简化制造工艺,缩短生产周期,但焊接不当也会产生缺陷、应力、变形等。焊接在现代工业生产中具有十分重要的作用,在机械制造、石油化工、航空航天、车辆和电子等领域得到了广泛应用。

5.1.2 焊接的分类

根据实现金属原子间结合的方式不同,焊接方法可分为熔焊、钎焊和压焊三大类,具体分类如图 5-1 所示。

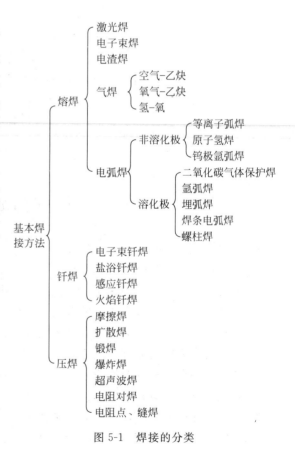

图 5-1 焊接的分类

5.2 手工电弧焊

5.2.1 手工电弧焊的原理

手工电弧焊是熔焊中最常见的一种工艺方法(见图5-2),它是由弧焊电源、焊接电缆、焊钳、焊条、焊接电弧和焊件构成一个焊接回路进行操作的。焊接前将焊件和焊条分别连接在弧焊机(电源)的两极,焊接时将焊条与工件瞬时接触,使焊接回路短路引弧,电弧热使焊件局部和焊条末端熔化,由于电弧的吹力作用,在被焊工件上形成熔池。焊条药皮受热熔化并发生分解反应,产生液态熔渣和大量气体包围在电弧和熔池周围,防止空气的侵蚀。手工电弧焊的设备简单,操作灵活,能适应各种条件下的焊接,是目前应用最广泛的手工焊接方法。

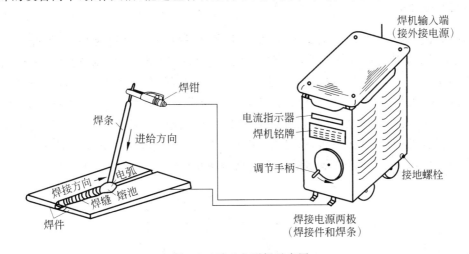

图 5-2 手工电弧焊示意图

5.2.2 手弧焊设备

手弧焊机是手弧焊的主要设备,根据输出电流类型不同可分为直流弧焊机和交流弧焊机两类。

1. 直流弧焊机

直流弧焊机(见图5-3)的输出工作电流为直流电,其电弧特性较平稳,电流相对交流焊机较小,较适合焊接薄件。直流焊机的输出端有正、负极之分,因此直流弧焊机输出端有两种接法(如图5-4所示)。当焊件接弧焊机的正极,焊条接负极,称为正接;当焊件接弧焊机的负极,焊条接正极,称为反接。焊接厚板时,一般采用直流正接,这是因为电弧正极的温度和热量比负极

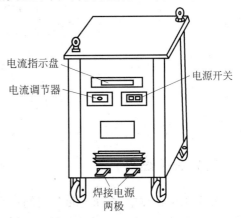

图 5-3 直流弧焊机

高,采用正接能获得较大的熔深。焊接薄板时,为了防止烧穿,常采用反接。但在使用碱性焊条时,均采用直流反接。

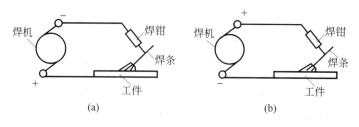

图 5-4 正接与反接
（a）正接；（b）反接

2. 交流弧焊机

交流弧焊机输出工作电流为交流电,相对于直流焊机,其电弧稳定性差,但能提供较大的焊接电流,适合焊接碳钢类厚件及铸件。交流弧焊机(如图 5-5 所示)内部主要使用弧焊变压器,能将 220V 或 380V 的电源电压降到 60～80V(即焊机的空载电压),以满足引弧的需要。焊接时,电压会自动下降到电弧的正常工作所需要的工作电压 20～30V,输出电流为从几十安到几百安的交流电,可根据焊接的需要调节电流的大小。BX1-200 型交流弧焊机是目前使用最广泛的一种弧焊机,型号中“B”表示弧焊变压器,“X”表示下降外特性,“1”表示系列品种序号,“200”表示弧焊机的额定电流为 200A。

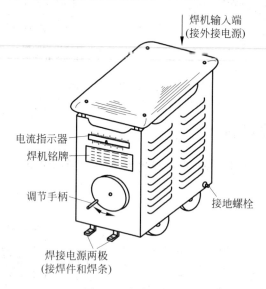

图 5-5 交流弧焊机

5.2.3 焊条

在手工电弧焊中,焊条与母材之间产生的焊接电弧,不仅提供熔焊所必需的热量,同时焊条又作为填充金属,以焊缝金属的主要成分加入到焊缝中去,因此,焊条的性质将会直接影响到焊缝金属的化学成分、力学性能和物理性能。另外,焊条对于焊接过程的稳定性、焊缝的外表和内在质量,以及焊接生产率等也有很大影响。

1. 焊芯

焊芯即焊条的金属芯,它的作用是与焊件之间产生电弧并熔化为焊缝的填充金属。图 5-6 所示是焊条的构造图,其中焊条及其夹持端的长度都与焊芯直径有关。焊条长度之所以与焊芯直径有关,主要是要控制通过焊芯的电流密度,避免焊条在焊接过程中过度发热,造成焊条药皮脱落等一系列不良影响。对于不同材料而言,由于材料性质不同,具有不同的物理性能,故有不同的焊芯直径与长度的关系。常用直径有 2.0,3.2,4.0,5.0mm 等几种,长度为 250～450mm。表 5-1 为部分焊条规格。

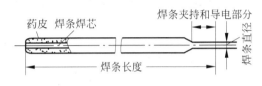

图 5-6　焊条构造图

表 5-1　焊条的直径和长度规格 　　　　　　　　　　　　　mm

焊 条 直 径	2.0	2.5	3.2	4.0	5.0	5.8
焊条长度	250 300	250 300	350 400	350 400 450	400 450	450 500

2. 药皮

药皮是压涂在焊芯表面的涂料层,它由矿石粉、铁合金、有机物和粘合剂按一定比例配置而成。为了适应各种工作条件下材料的焊接对不同的焊芯和焊缝的要求,必须要有一定特性的药皮。根据药皮材料中主要成分的不同,焊条药皮大致可分为氧化钛型、钛钙型、钛铁矿型、氧化铁型、纤维素型、低氢型、石墨型和盐基型 8 种类型。药皮的作用为:

(1) 机械保护作用:利用药皮在高温分解时释放出的气体和熔化后形成的熔渣起机械保护作用,防止空气中氧、氮等气体侵入焊接区域。

(2) 冶金处理作用:通过药皮在熔池中的冶金作用去除氧、氢、硫、磷等有害杂质,同时补充有益的合金元素,改善焊缝质量,提高焊缝金属的力学性能。

(3) 改善焊接工艺性:药皮使电弧容易引燃并保持电弧稳定燃烧,易脱渣,焊缝成型良好等。

5.2.4　手弧焊的工艺规范

1. 焊接位置

按焊缝在空间位置的不同,可分为平、横、立、仰 4 种形式,如图 5-7 所示。

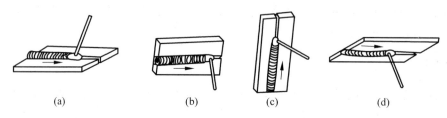

图 5-7　焊接位置

(a) 平焊缝；(b) 横焊缝；(c) 立焊缝；(d) 仰焊缝

2. 接头形式

焊接接头是指焊接方法连接的接头,在众多焊接接头中,最常用的有 4 种,如图 5-8 所示。

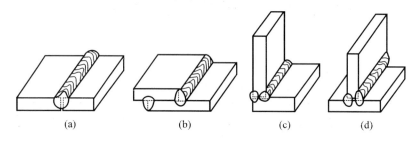

图 5-8　焊接接头的基本形式

(a) 对接接头；(b) 搭接接头；(c) 角接接头；(d) T 形接头

3. 坡口形式

坡口是根据设计或工艺需要、在焊件的待焊部位加工并装配成的带有一定几何形状的沟槽。在待焊部位开坡口的目的是利于焊透和易于焊接,使焊件间能达到完美的结合和连接。图 5-9 所示是常用的坡口形式及其适合的焊件厚度。

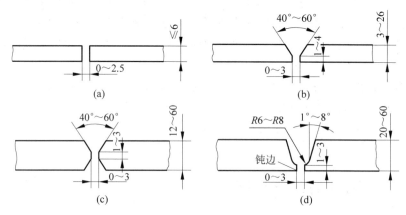

图 5-9　常用的坡口形式及适用的焊件厚度(单位:mm)

(a) I 型坡口；(b) Y 形坡口；(c) 双 Y 形坡口；(d) 带钝边 U 形坡口

4. 焊条直径

焊条直径根据焊件的厚度和焊接位置来选择,一般厚焊件用粗焊条,薄焊件用细焊条,立焊、横焊和仰焊的焊条应比平焊细。平焊对接时焊条直径的选择见表 5-2。

表 5-2　焊条直径的选择　　　　　　　　　　　　mm

工件厚度	<4	4~8	8~12	>12
焊条直径	≤板厚	3.2~4.0	4.0~5.0	4.0~6.0

5. 焊接电流

焊接电流的大小对焊件质量和生产效率有很大的影响。电流过大和过小会造成咬边、烧穿和未焊透、夹渣等缺陷。焊接电流一般根据焊条的直径选取,焊接电流 $I(A)$ 与焊条直径 $d(mm)$ 的经验关系为

$$I = (30 \sim 60)d$$

实际焊接时的焊接电流,除了考虑焊件的厚度之外,还应根据接头形式、焊缝位置和焊条的种类等因素灵活调整。为了提高生产效率,在保证焊接质量的前提下,尽可能采用较大的焊接电流。

6. 电弧电压

电弧电压是由电弧长度来决定的。电弧长,电弧电压高;电弧短,电弧电压低。在焊接过程中,电弧不宜过长,否则会出现电弧燃烧不稳定,增加熔化金属的飞溅,减小熔深以及产生咬边等缺陷,而且还易使焊缝产生气孔。因此,在焊接时尽可能使用短弧。

7. 焊接速度

焊接速度取决于焊条移动速度。焊接速度过快,焊缝的熔深较浅,焊缝宽度窄,易出现夹渣和未焊透等缺陷;焊接速度过慢,又容易烧穿焊件。所以,生产中在保证焊透和焊缝成型良好的前提下,尽量使用快的焊接速度。

8. 焊接层数

焊接层数视焊件厚度而定。中、厚板一般都采用多层焊,焊缝层数多些,有利于提高焊缝金属的塑性、韧性。对质量要求较高的焊缝,每层厚度最好不大于 4mm。多层多道焊的前一条焊道对后一条焊道起预热作用,而后一条焊道对前一条焊道起热处理作用,有利于提高焊接接头的塑性和韧性。

5.2.5　手弧焊操作

1. 焊前准备

焊接前要将焊件接头处的油污、铁锈、油漆等清除干净,以便于引弧、稳弧和保证焊缝质

量。根据需要开出相应的坡口,根据焊件结构和焊接工艺要求调整合适的焊接电流,准备引弧。

2. 引弧

手工电弧焊常用的引弧方法有敲击法和划擦法,如图 5-10 所示。

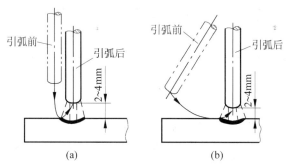

图 5-10　引弧示意图

（a）敲击法；（b）划擦法

（1）敲击法

先将焊条末端对准焊缝,然后将手腕放下,轻轻敲击焊件,随后将焊条提起 2～4mm,产生电弧后迅速将手腕放平,使弧长保持在与所用焊条的直径相适应的范围内。

（2）划擦法

动作似划火柴,先将焊条末端对准焊缝,然后将手腕扭转一下,使焊条在焊件表面上轻微划擦一下（划擦长度约为 20mm,并应落在焊缝范围内）,然后手腕扭平,并将焊条提起 2～4mm,电弧引燃后应立即使弧长保持在与所用焊条直径相适应的范围内。

3. 运条

电弧引燃后,焊条要有三个基本方向的运动才能使焊缝成型良好,如图 5-11 所示。

焊条的横向摆动主要是为了获得一定宽度的焊缝,焊缝摆动的范围与焊缝所要求的宽度、焊条直径有关。摆动的范围越宽,得到的焊缝宽度也就越大。在焊接生产实践中,根据不同的焊缝位置、不同的接头形式,以及考虑焊条直径、焊接电流、焊件厚度等各种因素,可采用不同的摆动手法,如图 5-12 所示。

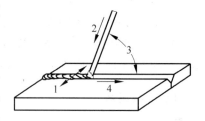

图 5-11　焊条的运动示意图

1—摆动；2—焊条送进；3—夹持角度；
4—焊条沿焊接方向移动

焊条朝着熔池方向作逐渐送进,主要是用来维持所要求的电弧长度。为了达到这个目的,焊条送进的速度应该与焊条熔化的速度相适应。如果焊条送进速度比焊条熔化的速度慢,则电弧的长度增加；如果焊条送进速度太快,则电弧长度迅速缩短,使焊条与焊件接触,造成短路。

焊条沿焊接方向逐渐移动,焊条的移动速度对焊缝质量也有很大的影响。焊条移动速度太快,电弧来不及熔化足够的焊条和母材,造成焊缝断面太小及形成未熔合等缺陷。移动速度太慢,则熔化金属堆积过多,加大了焊缝的断面,降低了焊缝强度。此外,焊条移动速度

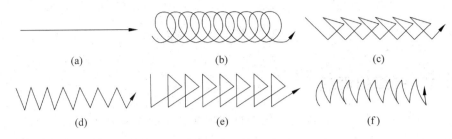

图 5-12　常用运条摆动手法

（a）直线运条法；（b）圆圈形运条法；（c）斜三角形运条法；（d）锯齿形运条法；（e）正三角形运条法；（f）月牙形运条法

慢，金属加热温度过高，还会使焊缝金属组织发生变化，在焊较薄的焊件时容易造成烧穿现象。所以焊条沿着焊接方向移动的速度，应根据电流大小、焊条直径、焊接厚度、装配间隙以及焊缝位置来适当掌握。

4.焊缝的起头、收尾和连接

（1）焊缝的起头

焊缝的起头是指刚开始焊接的部分。在一般情况下这部分焊缝略高些，这是因为焊件在未焊之前温度较低，而引弧后又不能迅速使这部分金属温度升高，所以起点部分的熔透程度较浅。为了减少这种现象的产生，应该在引弧后先将电弧稍微拉长，对焊缝端头进行必要的预热，然后适当缩短电弧长度进行正常的焊接。

（2）焊缝的收尾

在一条焊缝焊完时，应把收尾处的弧坑填满，如果收尾时立即拉断电弧，则会形成低于焊件表面的弧坑。过深的弧坑使焊缝收尾处强度减弱，并容易造成应力集中而产生裂纹。因此在焊缝收尾时不允许有较深的弧坑存在，焊缝的收尾动作不仅是熄弧，还要填满弧坑。常用的收尾动作有：画圈收尾法、反复断弧收尾法和回焊收尾法。

（3）焊缝的连接

由于受焊条长度的限制，不可能一根焊条焊完一条焊缝，因而出现了焊缝的接头问题。焊工应选择恰当的连接方式，使后焊的焊缝和先焊的焊缝均匀连接，避免产生接头过高、脱节和宽窄不一致的缺陷。焊缝的连接一般有四种情况，如图 5-13 所示。

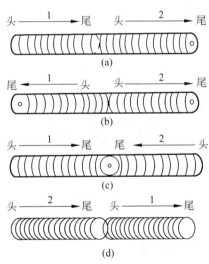

图 5-13　焊缝的连接方式

1—先焊焊缝；2—后焊焊缝

5.焊后清理和检查

焊完后用敲渣锤清除焊缝表面的焊渣，用钢丝刷刷干净焊缝表面，然后对焊缝进行检查。一般焊缝先进行目测检查，并用焊缝量尺测量焊角尺寸，焊缝的凹凸度应符合图纸要求；重要焊缝应作相应的无损伤检测或金相检查。良好的焊缝应与母材金属之间过渡圆滑、均匀、无裂纹、夹渣、气孔及未熔合等缺陷。

5.3 气　　焊

5.3.1　气焊的原理

气焊是利用气体火焰作热源来熔化母材和填充金属的焊接方法。最常用的是氧乙炔焊,即利用乙炔(可燃气体)和氧(助燃气体)混合燃烧时产生的氧乙炔焰来加热熔化工件与焊丝,冷凝后形成焊缝,如图 5-14 所示。与电弧焊相比,气焊火焰的温度低,热量分散,加热速度较缓慢,故生产效率低,工件变形严重,焊接的热影响区大,焊接接头质量不高。但气焊设备简单,操作灵活方便,火焰易于控制,不需要电源。所以气焊主要用于焊接厚度 3mm以下的低碳钢薄板,以及钢、铝等有色金属及其合金,还用于铸铁的焊补等,特别适用于没有电源的野外作业。

5.3.2　气焊设备

气焊所用的设备由氧气瓶、乙炔瓶、减压器、回火保险器、焊炬及管路系统等组成,如图 5-15 所示。

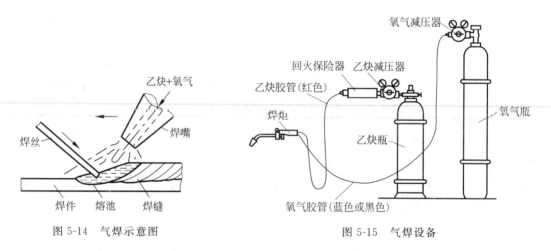

图 5-14　气焊示意图　　　　　　　　　图 5-15　气焊设备

1. 氧气瓶

氧气瓶是储存和运输氧气的高压容器,外表漆成天蓝色,并用黑漆标注"氧气"两字。通常将从空气中制取的氧气压入氧气瓶内。国内常用氧气瓶的充装压力为 15MPa,容积为40L。氧气是活泼的助燃气体,而气瓶内压又很高,应离开火源不小于 5m 的距离,避免撞击,严禁沾染油脂等。

2. 乙炔瓶

乙炔瓶是储存和运输乙炔的容器,外表漆成白色,并用红漆标注"乙炔"二字。由于乙炔不能以高压压入普通钢瓶内,所以乙炔瓶内装有浸满丙酮的多孔性填料,丙酮对乙炔有良好的溶解能力,可使乙炔稳定而安全地储存在瓶中。

3．减压器

减压器的作用是将高压气瓶中的高压气体减压至焊炬所需的工作压力(0.1～0.3MPa),同时减压器还有稳压作用,以保证火焰能稳定燃烧。

4．回火保险器

正常气焊时,火焰在焊炬的焊嘴外面燃烧。当气体供应不足、焊嘴阻塞、焊嘴太热或焊嘴离焊件太近时,火焰会沿着乙炔管路逆向燃烧,这种现象称为回火。如果火焰蔓延到乙炔瓶,可能引起爆炸。回火保险器的作用就是截留回火气体,保证安全。

5．焊炬

焊炬的作用是使可燃气体与助燃气体以一定的方式和比例混合起来,经引燃从而形成具有一定热能及不同性能的气体火焰。并可用焊炬来控制火焰的大小、火焰的喷射方向与角度,以此来实施气焊工艺所需要的操作。焊炬可分为射吸式和等压式两类。

5.3.3　焊丝与焊剂

气焊除了其热源需要氧气及可燃烧气体外,为了保证气焊焊缝的质量,就要有符合质量要求的填充金属焊丝及焊剂。

1．焊丝

焊丝是气焊时起填充作用的金属丝,焊丝的化学成分直接影响焊接质量和焊缝的力学性能。为了保证气焊焊缝具有不低于母材金属的力学性能,气焊丝应基本上与母材金属的化学成分相符合,熔点应与母材金属熔点相近,并在焊接过程中不会出现强烈的飞溅或蒸发。

气焊丝按用途分有焊接低碳钢、铸铁及焊接有色金属中的铝及铝合金、铜及铜合金等种类的焊丝。气焊丝的规格一般直径为 2～4mm,长度为 1m。常用的气焊丝牌号有 H08 和 H08A 等。焊丝的直径要根据焊件厚度来选择。

2．焊剂

气焊与所有熔焊一样,经气体火焰高温熔化的金属液体会与周围空气中的氧及气体火焰中的氧化合,生成氧化物,这不仅会使熔池金属中的有益元素烧毁,还会因此造成焊缝中的缺陷(如夹渣和气孔等)。为了防止金属的氧化并消除已形成的氧化物,在焊接铸铁、不锈钢及有色金属时,必须采用气焊熔剂。

气焊时焊剂的作用是:保护熔池,减少空气的侵入,去除气焊时熔池中形成的氧化杂质,增加熔池金属的流动性。焊剂可预先涂在焊件的待焊处或焊丝上,也可在气焊过程中将高温的焊丝端部在盛装焊剂的器具中定时地沾上焊丝,再添加到熔池。焊剂的主要成分有硼酸、硼砂和碳酸钠等。

5.3.4　气焊操作

1. 氧乙炔火焰的点燃、调节和熄灭

氧乙炔火焰是可燃气体(乙炔)和氧气混合燃烧形成的。按氧气和乙炔的不同比例，氧乙炔火焰可分为中性焰、碳化焰和氧化焰，如图 5-16 所示。

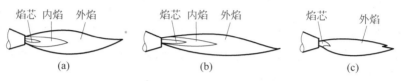

图 5-16　氧乙炔火焰形态

(a) 中性焰；(b) 碳化焰；(c) 氧化焰

点火时，先微开氧气阀门，再打开乙炔阀门，然后点燃火焰，这时的火焰为碳化焰。随后逐渐开大氧气阀门，将碳化焰调成中性焰，同时按需要把火焰大小调整合适。灭火时，应先关乙炔阀门，再关氧气阀门。氧化焰对熔池金属有氧化作用，焊接碳钢易产生气体，很少用于焊接。一般只在焊接黄铜、镀锌铁板时才采用轻微氧化焰。

2. 气焊操作

气焊法可以分为右焊法和左焊法。右焊法是指焊炬自左向右移动，左焊法则是指焊炬自右向左移动。如图 5-17 所示，焊接时，焊嘴轴线的投影与焊缝重合，起焊时为便于形成熔池，并利于对焊件进行预热，焊嘴倾角应大些，同时在气焊处应使火焰往复移动，保证在焊接处加热均匀。当起焊点处形成白亮而清晰的熔池时，即可填入焊丝，并向前移动焊炬进行正常焊接。在施焊时应正确掌握火焰的喷射方向，使得焊缝两侧的温度始终保持一致，以免熔池不在焊缝正中面偏向温度较高的一侧，凝固后使焊缝成型歪斜。焊接结束时，适当减小焊嘴倾角，以便更好地填满熔池和避免焊穿。

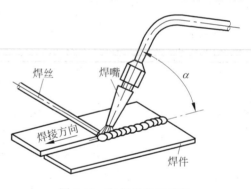

图 5-17　气焊操作示意图

5.4　操 作 训 练

5.4.1　安全操作规范

(1) 焊工的工作服、手套、绝缘鞋应保持干燥，每天工作前应检查护目镜是否夹紧和漏光。

(2) 工作前要认真检查焊接电缆是否完好，有无破损、裸露，无问题才能使用，不可将电缆放置在焊接电弧附近或炽热的金属上，避免高温烧坏绝缘层，同时，也应避免碰撞磨损。

(3) 焊钳应有可靠的绝缘，中断工作时，焊钳要放在安全的地方，防止焊钳与焊体间产生短路而烧坏弧焊机。

（4）更换焊条时，不仅应戴好手套，而且应避免身体与焊件接触。

（5）弧焊设备的初接接线、修理和检查应由电工进行，焊工不得私自随便拆修。

（6）弧焊设备的外壳必须接零或接地，且接线应牢靠，以免由于漏电而造成触电事故，接地线不得裸露。

（7）推拉电源闸刀时，应戴好干燥的手套，面部不要面对闸刀，以免推拉时，可能发生电弧花而灼伤脸部。

（8）在潮湿的地方工作时，应用干燥的木板或橡胶片等绝缘物作垫板。

（9）焊接区 10m 内不得堆放易燃、易爆物，不得在焊接车间喧哗打闹、抽烟等。

5.4.2　钢板对接平焊训练

钢板对接平焊训练的内容及操作要领见表 5-3。

表 5-3　钢板对接平焊过程和操作要领

序号	工步名称	简　图	操作要点
1	备料		用剪板机下料、平整
2	坡口准备	20~30　20~30　无油、锈	1. 采用 I 形坡口，坡口平直，缝隙均匀； 2. 清除坡口周围的铁锈和油污
3	确定焊接规范	—	1. 选择直径为 2.5mm 的焊条； 2. 焊接电流选择 80～110A
4	装配	10~15　30　300	1. 钢板保持 1～2mm 缝隙； 2. 对齐后进行点固； 3. 去除点固后的焊渣
5	焊接	送进　焊条前移　横向摆动	1. 先焊点固面的反面； 2. 引燃电弧； 3. 焊条要与焊件成 70°～80°夹角，不断向熔池送进，同时沿焊缝均匀向前移动； 4. 在焊缝结尾处，焊条停止向前移动，进行画圈，直到填满弧坑时，慢慢提起焊条熄弧； 5. 翻转，焊另一面
6	焊后清理	—	用敲渣锤和钢刷清理焊渣
7	检验	—	按图纸要求进行外观检验或无损探伤

5.4.3　创意铁艺焊接

创意铁艺焊接的内容及操作要领见表 5-4。

表 5-4　创意铁艺焊接过程和操作要领

序号	工步名称	简图	操作要点
1	备料	—	用老虎钳将钢丝按所需长度剪成段状
2	弯形	—	利用钳工工具将钢丝弯出所需形状
3	确定焊接规范	—	1. 选择直径为 2.5mm 的焊条； 2. 焊接电流选择 80～110A
4	装配		按图纸要求，将弯好的钢丝按相对位置摆出创意造型
5	焊接	—	1. 固定工件； 2. 引燃电弧； 3. 按照焊点位置，依次点固
6	焊后处理	—	1. 用敲渣锤和钢刷清理焊渣； 2. 打磨，上漆

作业与思考

1. 目前常用的焊接方法有几大类？
2. 请简述手工电弧焊的工作原理和用途。
3. 什么叫焊接电弧？
4. 手工电弧焊的工具有哪些？各有哪些使用要求？
5. 你知道焊条的组成与作用吗？
6. 焊条药皮由什么组成？各有什么作用？
7. 酸性焊条和碱性焊条在特点和应用上有何差别？
8. 气焊的原理是什么？
9. 焊机的分类和区别是什么？
10. 焊接时的防火措施是什么？

第6章

CHAPTER 6

钳 工

6.1 概 述

　　钳工是以采用手工操作为主的方法进行工件的加工、产品的装配及零部件的修理和维护的一类工种。钳工加工灵活、方便，能够加工形状复杂、质量要求较高的零件；钳工所需要的工具简单，制造刃磨方便，材料来源充足，成本低；但其劳动强度大，生产率低，对个人技术水平要求较高。钳工是现代机械制造、修理、装配和调试中的一个重要工艺方法和加工内容，被誉为万能工种。

1. 钳工的基本操作内容及应用范围

　　钳工的基本操作内容有：划线、锉削、錾削、锯削、钻孔、扩孔、锪孔、铰孔、攻螺纹、套螺纹、刮削、研磨、装配、调试和维修等。

　　钳工的加工应用范围有：完成加工前的准备工作，如清理毛坯、在工件上划线等；加工精密零件，如制作样板、刮削或研磨机器、量具的配合表面等；产品的组装、调试及设备的维修等；一些机械设备不能加工或者不宜用机械设备加工的零件也由钳工来完成。钳工按照工作内容可分为：装配钳工、修理钳工、模具钳工、划线钳工、普通钳工等。

2. 钳工工作台和台虎钳

　　钳工工作台和台虎钳是钳工常用的设备。钳工工作台如图 6-1 所示，工作台上一般有一个台虎钳，配备若干量具、锉刀、锯子等常用工具，同时为安全起见在台面正前方一般装有防护网。台虎钳如图 6-2 所示，主要用于装夹所加工工件。当转动丝杠时，活动钳口可向固定钳口方向移动实现松和紧，以便工件的加工。台虎钳在装夹工件时，应当注意尽可能地将工件夹在钳口中部，使钳口受力均匀。

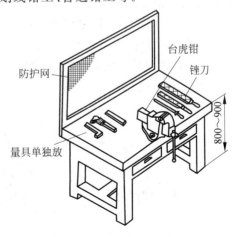

图 6-1　工作台

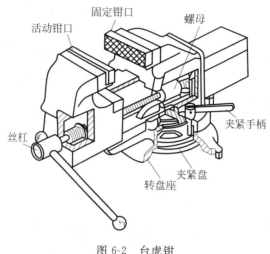

固定钳口　螺母

活动钳口

丝杠

夹紧手柄

夹紧盘

转盘座

图 6-2　台虎钳

6.2　划　　线

6.2.1　划线概述

划线是根据图样的尺寸要求,用划针工具在毛坯或半成品上划出待加工部位的轮廓线(或称加工界限)或划出作为基准的点、线的一种操作方法。划线的精度一般为 0.25～0.5mm。划线的主要作用为:

(1) 确定工件加工表面的加工余量和位置;

(2) 检查毛坯的形状、尺寸是否合乎图纸要求;

(3) 合理分配各加工面的余量;

(4) 在毛坯误差不太大时,可依靠划线的借料法予以补救,使零件加工表面仍符合要求,避免造成更大的浪费。

划线主要分类有平面划线和立体划线两种:

(1) 平面划线:在毛坯或工件的一个表面上划线的方法称为平面划线,如图 6-3(a)所示。

(2) 立体划线:在毛坯或工件的长、宽、高几个表面上划线的方法称为立体划线,如图 6-3(b)、(c)所示。

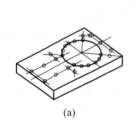

(a)

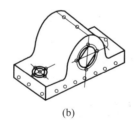

(b)

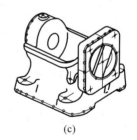

(c)

图 6-3　划线的种类

(a) 平面划线;(b)、(c) 立体划线

6.2.2 划线工具

1. 划线平台

划线平台如图 6-4 所示,其由高强度铸铁经热处理制成,整个平面是划线的基准平面,要求非常平直和光洁。平板安放应平稳牢固、上平面应保持水平;不准碰撞和敲击,以免使其精度降低;若长期不用时,应涂油防锈,并加盖保护罩。

2. 划线方箱

划线方箱是铸铁制成的空心立方体,各相邻的两个面均相互垂直,如图 6-5 所示。方箱用于夹持、支承尺寸较小而加工面较多的工件。通过翻转方箱,可在工件表面上划出相互垂直的线条。

3. 游标高度尺

游标高度尺是一种较精密的划线工具,与划线平台配合使用,用于测量零件的高度和精密划线。游标高度尺配合划线平台使用,如图 6-6 所示。

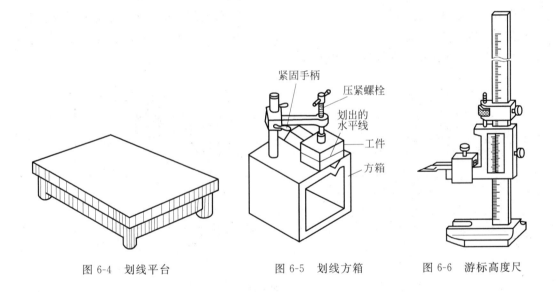

图 6-4　划线平台　　　　　　图 6-5　划线方箱　　　　　　图 6-6　游标高度尺

4. 划规

划规是平面划线工具,它与几何作图中的圆规相似,如图 6-7 所示。

5. 样冲

样冲用于在工件上打出样冲眼,如图 6-8 所示,以便划线模糊后能找到原线的位置,或可在要钻孔的中心处打样冲眼以便钻床钻孔。

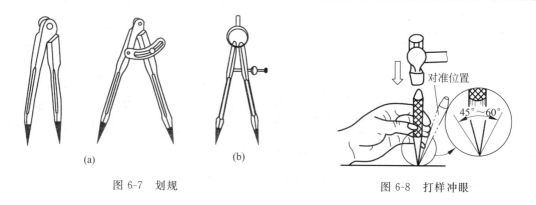

图 6-7　划规　　　　　　　　　　　　　　图 6-8　打样冲眼

6.2.3　划线操作方法

1. 划线基准的选择

划线时零件上用来确定其他点、线、面位置的点、线、面称为划线基准。划线时应选定某一基准作为依据，并以此来调节每次划针的高度。一般划线基准与设计基准应一致。常选用重要孔的中心线为划线基准(见图 6-9(a))，或零件上尺寸标注基准线为划线基准。若工件上个别平面已加工过，则以加工过的平面为划线基准(见图 6-9(b))。常见的划线基准有三种类型：以两个相互垂直的平面(或线)为基准；以一个平面与对称平面(和线)为基准；以两个互相垂直的中心平面(或线)为基准。

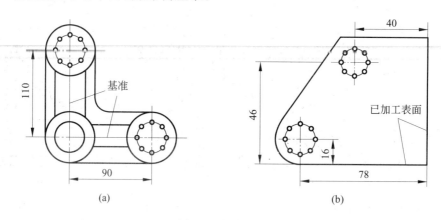

图 6-9　划线基准

2. 划线步骤

先研究图纸，确定划线基准。详细了解需要划线的部位，这些部位的作用和需求以及有关的加工工艺。然后检查毛坯，去除多余毛刺，选择平整表面，正确安放工件和选用划线工具进行划线。划线完毕后，详细检查划线的精度以及线条有无漏划。最后在线条上打样冲眼，以便在钻床上钻孔。

现对一轴承座毛坯划线以便钻孔，具体划线过程如图 6-10 所示。其中，图(a)为轴承座零件图；图(b)为根据孔中心及上平面，调节千斤顶，找正工件水平；图(c)为划出底面加工

线以及大孔的水平线；图(d)为翻转 90°，用直角尺找正工件，划大孔的中心线以及螺钉孔的
中心线；图(e)为再翻转 90°，用直角尺在两个方向盘上找正工件，划螺钉孔的另一中心线以
及大端面的加工线；图(f)为打样冲眼。

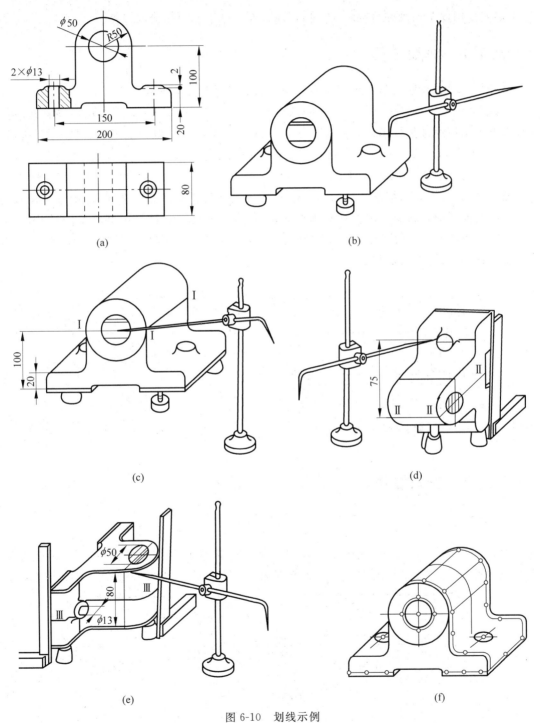

图 6-10　划线示例

(a) 轴承座零件图；(b) 根据孔中心及上平面，调节千斤顶，使工件水平；(c) 划底面加工线和孔中心水平线；(d) 转 90°，
用角尺找正，划螺钉孔中心线；(e) 再翻转 90°，用角尺在两个方向找正，划螺钉孔中心线及端面加工线；(f) 打样冲眼

6.3　锯　　削

锯削是用锯条切割开、锯断工件材料,或者在工件上切出沟槽的操作。

6.3.1　锯削工具

锯削主要用的是手锯,手锯由锯弓和锯条组成,如图 6-11 所示。

锯条是用来直接锯削型材(或工件)的刃具,锯削时起切削作用。一般用渗碳软钢冷轧而成,也可以用经过热处理淬硬的碳素工具钢或合金钢制作。锯齿的形状如图 6-12 所示,按锯条上每 25mm 长度所含的齿数的多少可将锯条分为粗锯条(14～16 齿,适用于软材料如铜、铝等的锯削或者比较厚的工件)、中锯条(18～22 齿,适用锯削中等硬度和厚度的材料,如普通钢、铸铁等)、细锯条(24～32 齿,适用锯削硬材料或者薄壁金属、薄壁管子及板料等)。应根据所加工材料的硬度和厚薄来选择锯条,一般锯削软材料或厚的工件时,因锯屑较多,宜选用粗锯条;锯削硬材料或薄的工件时,因材料较硬,锯齿不易切入,锯屑量较少,宜选用细齿锯条而不易折断。

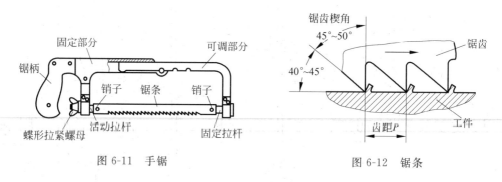

图 6-11　手锯　　　　　　　　　　图 6-12　锯条

6.3.2　锯削操作

1. 锯条的安装

如图 6-13(a)所示,锯弓两端的销钉朝向必须一致,锯弓上的销钉和销槽要扣合好,蝶形螺母的松紧要适当,锯条的锯齿方向要朝前,锯条安装松紧要适当,图 6-13(b)所示为错误安装。

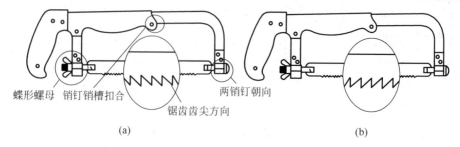

(a)　　　　　　　　　　　　　　　　(b)

图 6-13　锯条的安装
(a) 正确安装;(b) 错误安装

2. 起锯

锯条开始切入工件时称为起锯。为了使起锯的位置准确和平稳,可将锯条靠住左手拇指处锯以免锯条在工件上打滑,锯条垂直工件表面,右手稳推锯柄。起锯时压力要小,往返行程要短,速度要慢,这样可使起锯平稳,起锯角一般略小于 15°,待锯出锯口后,锯弓再逐渐改变至水平方向,如图 6-14 所示。

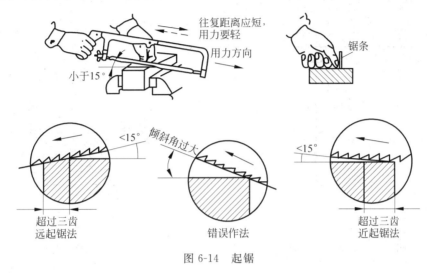

图 6-14 起锯

3. 锯削姿势

手锯握法为右手满握锯柄,左手呈虎口状,拇指压住锯梁背部,其他四指轻扶在锯弓前端,如图 6-15 所示。

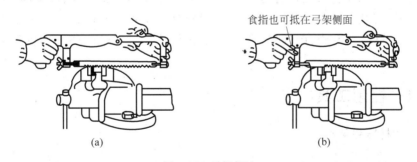

图 6-15 手锯握法

站立姿势为两腿自然站立,身体重心稍微偏于后脚,身体与虎钳中心线大致呈 45°角,且略向前倾;左脚跨前半步(左、右两脚后跟之间的距离为 250～300mm),脚掌与虎钳呈 30°角,膝盖处稍有弯曲,保持自然;右脚站稳伸直,不要过于用力,脚掌与虎钳呈 75°角;视线要落在工件的切削部位上,如图 6-16 所示。

4. 锯割动作

推锯时身体上部稍向前倾。手锯的握法为右手满握锯柄,提供主要推锯力;左手轻扶锯弓前端下压,引导推锯方向。锯条拉回不作切削,应将所给压力取消,以减少对锯齿的磨损。锯条应作直线往复运动,不应左右摆动,以免折断锯条,如图 6-17 所示。当工件快锯断时,应该减小锯条的往复速度、行程和压力,并将手锯后部抬起略向前倾,以防锯条折断造成事故。锯割时尽量利用锯条的有效长度,并应注意推拉频率:对软材料和有色金属材料,频率为每分钟往复 50～60 次;对普通钢材,频率为每分钟往复 30～40 次;对较硬材料锯削速度可慢一些,对较软材料速度则可高些。

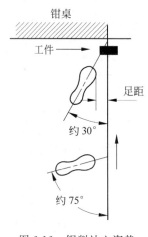

图 6-16　锯削站立姿势

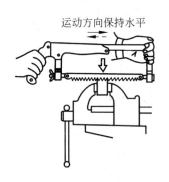

图 6-17　锯削动作

6.4　锉　　削

锉削是用锉刀对工件表面进行切削加工的操作,也是钳工基本操作之一。锉削加工简便,工件范围广,多用于錾削、锯削之后。锉削可以加工工件的平面、曲面、内孔、沟槽、复杂表面、配键、做样板、去毛刺、倒钝等,加工尺寸精度可达 0.01mm,表面粗糙度 Ra 值可达 0.8μm。

6.4.1　锉削工具

1. 锉刀的材质和种类

锉刀是锉削的主要工具,锉刀由碳素工具钢 T12 或 T13 经热处理制成。它由锉刀面、锉刀边、锉刀舌、锉刀尾、木柄等部分组成,如图 6-18 所示。

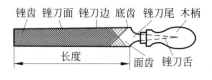

图 6-18　锉刀

2. 锉刀的种类

普通锉刀若按齿纹精细又可分为粗齿锉、中齿锉、细齿锉和油光锉,按其横截面形状可分为平锉、方锉、三角锉、半圆锉和圆锉等。方锉刀的规格以其长度来表示,圆锉刀的规格以其直径来表示,如图 6-19 所示。

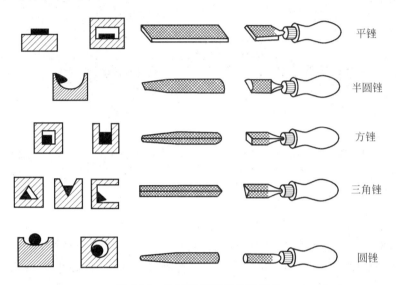

图 6-19　普通锉刀的种类及用途

整形锉(什锦锉)主要用于精细加工及修整工件上难以机加工的细小部位。它由若干把各种截面形状的锉刀组成一套,如图 6-20 所示。

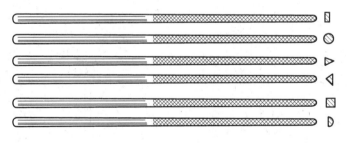

图 6-20　整形锉

6.4.2　锉削操作方法

1. 锉刀握法

锉刀大小不同,握法不一样。大锉刀的握法为:右手心抵着锉刀木柄的端头,大拇指放在锉刀木柄的上面,其余四指自然回握,配合大拇指捏住锉刀木柄,如图 6-21(a)所示;左手则根据锉刀大小和用力的轻重,有多种姿势,如图 6-21(b)所示。中锉刀的握法为:右手握法与大锉刀握法相同,左手用大拇指和食指捏住锉刀前端,如图 6-21(c)所示。小锉刀的握法为:只需右手拿锉刀,右手食指伸直,拇指放在锉刀木柄上面,食指靠在锉刀的刀边,如

图 6-21(d)所示。

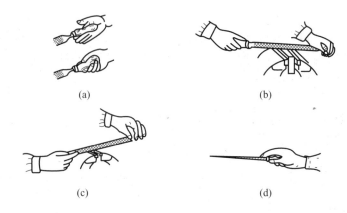

图 6-21 锉刀的握法

(a) 大锉刀的右手握法；(b) 大锉刀的握法；(c) 中锉刀的握法；(d) 小锉刀的握法

2. 锉削的姿势

锉削时,两脚站稳不动,靠左膝的屈伸使身体作往复运动,和锯削的站姿类似,手臂和身体的运动要互相配合,并要使锉刀的全长充分利用。开始锉削时身体要向前倾 10°左右,左肘弯曲,右肘向后,如图 6-22(a);锉刀推出 1/3 行程时,身体向前倾斜 15°左右,此时左腿稍直,右臂向前推,如图 6-22(b);推到 2/3 时,身体倾斜到 18°左右,如图 6-22(c);最后左腿继续弯曲,右肘渐直,右臂向前使锉刀继续推进至尽头,身体随锉刀的反作用方向回到 15°位置,如图 6-22(d)所示。

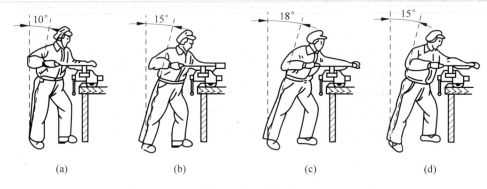

图 6-22 锉削的姿势

锉削力的正确运用是锉削的关键。锉削时有两个力,一个是水平推力,一个是垂直压力。其中,推力由右手控制,其大小必须大于切削阻力才能锉去切屑;压力由两手控制,其作用是使锉齿深入金属表面。而且在锉削中,要保证锉刀前后两端所受的力矩相等,即随着锉刀的推进,左手所加的压力由大变小,右手的压力由小变大,到中间的时候两手压力相等,如图 6-23 所示。锉削速度一般为每分钟 30~60 次,太快,操作者容易疲劳,且锉齿易磨钝;太慢,切削效率低。

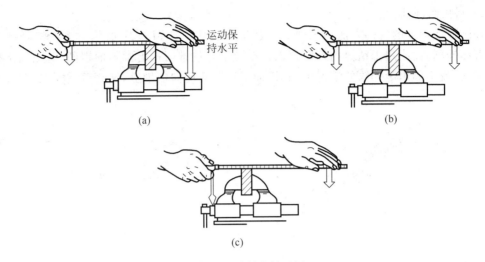

图 6-23 锉削力的运用
(a) 开始位置；(b) 中间位置；(c) 终了位置

3. 锉削方法

1) 平面锉削

平面锉削是最基本的锉削,常用的方法有三种,即顺向锉法、交叉锉法及推锉法。

(1) 顺向锉法

顺向锉法如图 6-24 所示,锉刀沿着工件表面横向或纵向移动,锉刀的运动方向和工件的装夹方向一致。顺向锉削平面可得到正直的锉痕,比较整齐美观,但也容易产生中凸的现象,适用于锉削中小平面和最后修光工件。

(2) 交叉锉法

如图 6-25 所示,交叉锉法是以交叉的两方向顺序对工件进行锉削,锉刀的方向与工件夹持的方向呈 30°～40°的夹角。交叉锉削较平稳,去屑较快,适用于加工余量较大的平面的粗锉。交叉锉可以消除中凸现象,但容易产生倾斜面。

(3) 推锉法

如图 6-26 所示,推锉适用于较窄平面的加工且已经锉平、加工余量很小的情况下,来修正尺寸和减小表面的粗糙度。这种锉法能够得到平直的锉痕,但容易产生中凹现象。

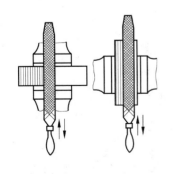

图 6-24 顺向锉

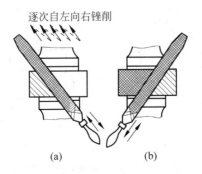

逐次自左向右锉削

图 6-25 交叉锉
(a) 第一锉向；(b) 第二锉向

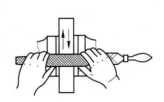

图 6-26 推锉

2）圆弧面（曲面）的锉削

外圆弧面锉削的常用方法有两种：滚锉法、横锉法，如图 6-27 所示。滚锉法是锉刀顺着圆弧面锉削，此法用于精锉内外圆弧面。横锉法是使锉刀横着圆弧面锉削，此法用于粗锉外圆弧面，或不能用滚锉法的情况下，其锉面平行圆弧面向前推进，又绕着圆弧中心转动。

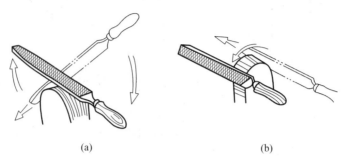

(a)　　　　　　　　　　　(b)

图 6-27　滚锉法和横锉法
（a）滚锉；（b）横锉

内圆弧面锉削时，锉刀要同时完成三个运动：锉刀的前推运动、锉刀的左右移动和锉刀自身的转动，如图 6-28 所示。

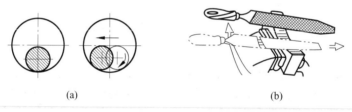

(a)　　　　　　　　　　　(b)

图 6-28　内圆弧锉削
（a）圆锉刀锉削内圆弧；（b）普通锉刀锉削内圆弧

4. 锉削质量及质量检查

在锉削平面时，要经常检查工件的锉削表面是否平整，一般用刀口角尺或直角尺通过透光法检查工件表面的相互垂直度和平面度，如图 6-29 和图 6-30 所示，将尺紧贴加工面，沿纵向、横向、两对角线方向多处检查。首先选择基准面，然后对其他各面进行检查。

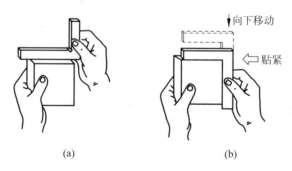

(a)　　　　　　　　　　　(b)

图 6-29　直线度和垂直度的检查
（a）直线度检查；（b）垂直度检查

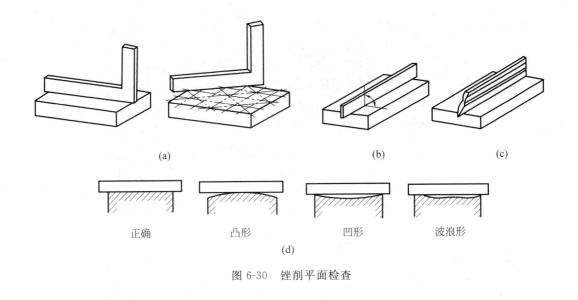

(a) 　　　　　(b) 　　　　　(c)

正确　　　凸形　　　凹形　　　波浪形

(d)

图 6-30　锉削平面检查

6.5　钻　　孔

用钻头在实心工件上加工孔叫钻孔。钻孔的加工精度一般在 IT11 级以下,表面粗糙度为 $Ra50\sim63\mu m$。钻孔只能进行孔的粗加工。

6.5.1　钻孔工具

1. 钻床

常用的钻床有台式钻床、立式钻床、摇臂钻床三种,如图 6-31 所示。其中台式钻床是一种放在桌面上使用的小型钻床,钻孔直径一般在 12mm 以内,立式钻床主要用于加工中小型工件上的中小孔,对于较大工件的孔加工可在摇臂钻床上进行。

2. 麻花钻

钻孔最常用的刀具是麻花钻,图 6-32 所示的是柱柄和锥柄麻花钻,它们都有螺旋槽和刃带。螺旋槽可把钻削过程中形成的铁屑从孔中排出并向孔内送切削液,刃带可以引导钻头并减小孔壁的摩擦。

麻花钻通常要用钻夹头来进行安装,钻夹头的结构及其使用如图 6-33 所示。

6.5.2　钻孔操作方法

（1）钻孔前应当对工件上钻孔处中心位置划线找正并打样冲眼,钻头的尖头必须对准样冲眼,以便导引钻头。

（2）打好样冲眼后,正确安装工件。一般工件的安装直接用平口虎钳或辅助压板来装夹。对于一些特殊的工件,可借用其他辅助工具进行安装。常见的工件安装方法如图 6-34 所示。

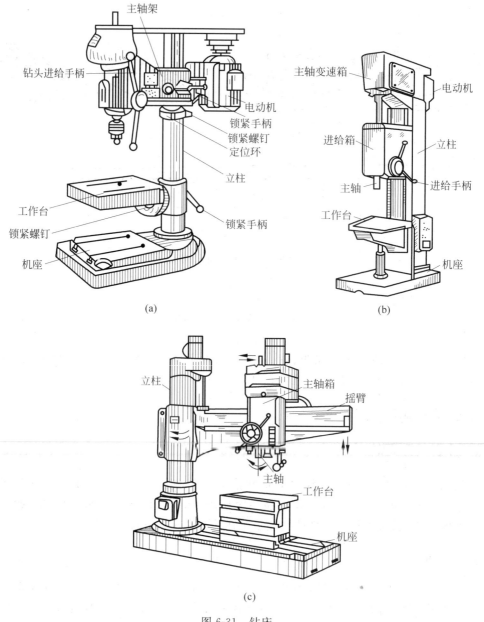

图 6-31　钻床
(a) 台式钻床；(b) 立式钻床；(c) 摇臂钻床

（3）钻孔时，选择转速和进给量的方法为：用小钻头钻孔时，转速可快些，进给量要小些；用大钻头钻孔时，转速要慢些，进给量适当大些。钻硬材料时，转速要慢些，进给量要小些；钻软材料时，转速要快些，进给量要大些；用小钻头钻硬材料时可以适当地减慢速度。

（4）起钻时，钻头易在工件表面上晃动，此时须稍大用力往下压钻床的进给手柄。待快钻透时，麻花钻的下压力要逐渐减小。若钻较深的孔时，要经常把钻头上提以便排屑或冷却，可延长钻头的使用寿命。

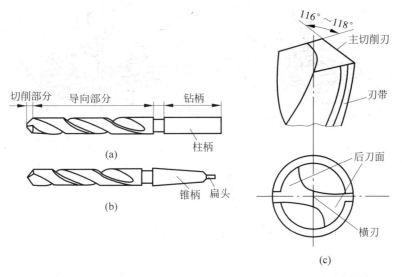

图 6-32　麻花钻

（a）柱柄钻；（b）锥柄钻；（c）钻头

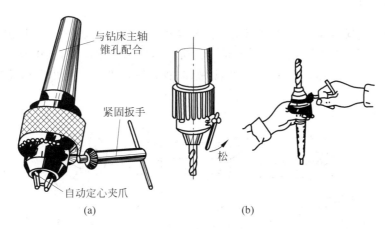

图 6-33　钻夹头

（a）结构；（b）使用方法

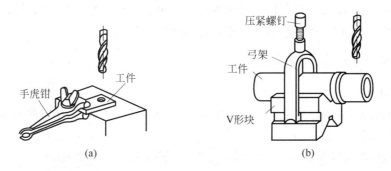

图 6-34　钻孔工件的安装

（a）用手虎钳装夹；（b）用 V 形块装夹；（c）用平口钳装夹；（d）用压板、螺钉装夹

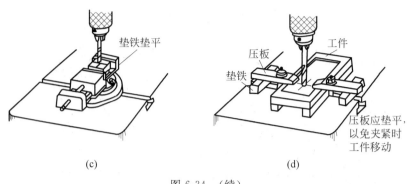

(c) (d)

图 6-34 （续）

6.6 螺 纹 加 工

6.6.1 攻螺纹

1. 攻螺纹常用工具

用丝锥加工内螺纹的方法叫攻螺纹。攻螺纹所用刀具为丝锥,每个丝锥由切削部分、校准部分和柄部组成,如图 6-35 所示。丝锥分为机用丝锥和手用丝锥,机用丝锥一般为一支,手用丝锥可分为三个一组或两个一组,即头锥、二锥、三锥,两个一组的丝锥常用,使用时先用头锥,后用二锥。

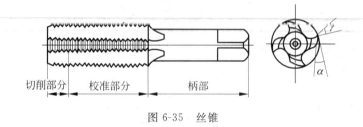

切削部分　校准部分　柄部

图 6-35 丝锥

铰杠是用来夹持丝锥的工具,如图 6-36 所示。常用的是可调式铰杠,旋动右边手柄,即可调节方孔的大小,以便夹持不同尺寸的丝锥。铰杠长度应根据丝锥尺寸大小进行选择,以便控制攻螺纹时的施力(扭矩),防止丝锥因施力不当而折断。

2. 攻螺纹操作

1) 尺寸计算

攻螺纹前要先钻底孔,底孔直径 D_0(即钻底孔所用钻头的直径)的计算可采用查相关手册的方法或采用经验公式计算:

(1) 对钢料及韧性金属, $D_0 = D - P$,式中 D 为螺纹大径, P 为螺距;

(2) 对铸铁及脆性金属, $D_0 = D - (1.05 \sim 1.1)P$,式中 D、P 含义同上式。

攻盲孔(不通孔)的螺纹时,因丝锥不能攻到底,所以孔的深度要大于螺纹长度,可取底孔深度 $L = l + 0.7D$,式中 l 为螺纹有效长度, D 为螺纹大径。

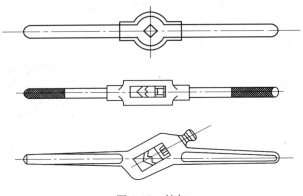

图 6-36　铰杠

钻完底孔后,须对底孔口进行倒角;若是通孔,则孔的两端都应倒角,这样有利于攻螺纹丝锥的切入。倒角尺寸一般可取 $(1.05\sim1.1)P\times45°$。

2）攻螺纹的操作方法

先用头锥攻螺纹。开始必须将头锥垂直放在工件底孔内,可用目测或直角尺从两个方向检查是否垂直。起攻时一手垂直加压,另一手转动手柄,如图 6-37(a)所示,待丝锥进入工件时检查垂直度,如图 6-37(b)所示。若丝锥没有偏转,进行攻螺纹操作。攻螺纹操作时当丝锥开始切削时,可平行转动手柄,不再加压,这时每转动 1~2 圈,要反转 1/4 圈,以便使切屑断落,防止切屑挤坏螺纹,如图 6-38 所示。另外攻螺纹时可适当加润滑液。当攻通孔螺纹时,可用头锥一次攻透即可,二锥不再使用;如不是通孔,二锥必须使用。

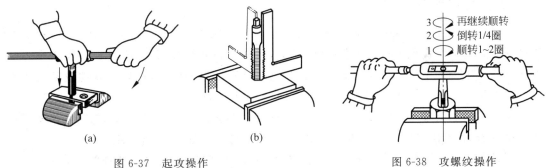

图 6-37　起攻操作　　　　　　　　　图 6-38　攻螺纹操作
（a）起扣；（b）检查垂直度

6.6.2　套螺纹

用板牙加工外螺纹的方法称为套螺纹(俗称套丝),如图 6-39 所示。板牙是加工外螺纹的刀具,由合金工具钢制成并经热处理淬硬。其外形像一个圆螺母,上面钻有几个排屑孔,并形成刀刃。板牙架是用来夹持板牙、传递扭矩的工具。工具厂按板牙外径规格制造了各种配套的板牙架供选用,装了板牙的板牙架结构如图 6-40 所示。

套螺纹前首先应检查圆杆直径。圆杆外径太大,板牙难以套入;太小,套出的螺纹牙形不完整。因此,圆杆直径应稍小于螺纹公称尺寸。计算圆杆直径的经验公式为:圆杆直径 $\approx$ 螺纹外径 $-0.2P$（螺距）。其次所加工的圆杆必须先倒角,以便板牙顺利工作。套螺纹的操作方法如图 6-39 所示,板牙端面应与圆杆垂直,操作时用力要均匀。开始转动板牙时,要稍加压力；套入 3～4 扣后，可只转动不加压，并经常反转，以便断屑。图 6-39 中实线圈为正转，虚线圈为反转。

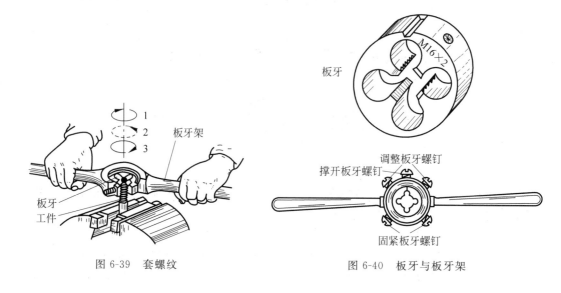

图 6-39 套螺纹

图 6-40 板牙与板牙架

6.7　錾　　削

6.7.1　錾削工具

錾削是用手锤敲击錾子对工件进行切削加工的一种方法。錾削主要用于不便于机械加工的场合。它的工作范围包括去除凸缘、毛边，分割材料和錾油槽等，有时也用作较小表面的粗加工。錾削加工具有很大的灵活性，它不受设备、场地的限制，可以在其他设备无法完成加工的情况下进行操作。錾削的主要工具是錾子和手锤。

錾子一般由碳素工具钢 T7 或 T8 经过锻造后，再进行刃磨和热处理而制成，其硬度要求切削部分为 HRC 52～57，头部为 HRC 32～42。錾子有扁錾、窄錾，如图 6-41 所示。

手锤由锤头和锤柄组成。锤头一般由碳素工具钢制成，并经过热处理淬硬，如图 6-42 所示。锤柄一般由坚硬的木材制成，且粗细和强度应该适当，应和锤头的大小相称。

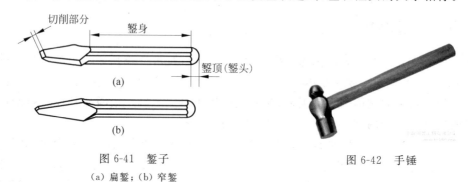

图 6-41　錾子

（a）扁錾；（b）窄錾

图 6-42　手锤

6.7.2　錾削操作方法

錾削时,操作者的步位和姿势应便于用力。身体的重心偏于右腿,挥锤要自然,眼睛要正视錾刃而不是看錾子的头部,正确姿势如图 6-43 所示。

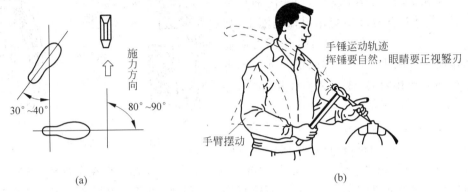

施力方向

30°~40°　80°~90°

手锤运动轨迹
挥锤要自然,眼睛要正视錾刃

手臂摆动

(a)　　　　　　　　　　(b)

图 6-43　錾削站姿

(a) 步位;(b) 站姿

錾削时的锤击要稳、准、狠,动作要一下一下有节奏地进行,一般在肘挥时约 40 次/分,腕挥时约 50 次/分。挥锤时肘收臂提,举锤过肩,手腕后弓,三指微松,锤面朝天,稍停瞬间;锤击时目视錾刃,臂肘下,手腕加劲,锤錾一线,锤走弧形,左脚着力,右腿伸直。

切断薄板料,可将工件夹在台虎钳上錾切。錾切时,将板料按划线夹成与钳口平齐,用錾子沿着钳口并斜对着板料约成 55°角,从右向左錾切,如图 6-44 所示。

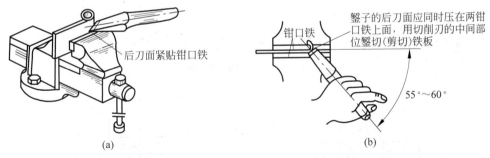

后刀面紧贴钳口铁

錾子的后刀面应同时压在两钳口铁上面,用切削刃的中间部位錾切(剪切)铁板

钳口铁

55°~60°

(a)　　　　　　　　　　(b)

图 6-44　台虎钳上錾削板料

6.8　典型连接件装配

任何一台机器都是由一个个零件组成。按装配工艺过程,将零件组装成一部件,部件再与其他的零部件再装配,经过调整、试验便可以组成一台机器,这一过程称为装配。装配一般可分为组件装配、部件装配和总装配。

组件装配是指将两个及两个以上零件装配一起的过程,例如减速器中将齿轮、键和轴等装配在一起成主动轴的过程;部件装配是指将组件和零件装配成独立部件的过程,如车床中,进给箱或尾架的装配;总装配是指将各个部件、组件、零件都装配在一起的过程。

6.8.1 滚动轴承装配

滚动轴承一般由外圈、内圈、滚动体和保持架组成,如图 6-45 所示。

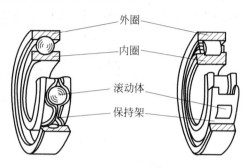

图 6-45 滚动轴承的组成

轴承的装配多数为较小的过盈配合。装配方法有直接敲入法、压入法和热套法。轴承装在轴上时,作用力应通过垫套作用在内圈上,如图 6-46(a)所示;装在轴承孔里时,作用力应通过垫套作用在外圈上,如图 6-46(b)所示;轴承同时装在轴上和孔内时,作用力应作用在内、外圈上,如图 6-46(c)所示。

轴承的拆卸一般可使用轴承拉拔器,如图 6-47 所示,或用压力机进行(拉出或压入),如图 6-48 所示。在无条件的情况下,最常用的方法是将轴承垂直夹牢在台虎钳上进行击卸,用专用打头或者平冲抵紧轴承内圈上(不能直接敲击轴承,以免变形损坏),用手锤在对称位置依次交替使内圈四周受到均匀的打击力,要防止歪斜,使轴承平稳地渐渐退下。

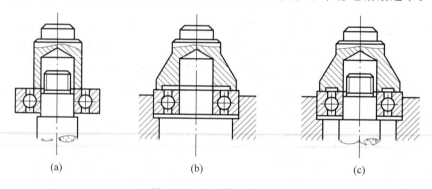

(a) (b) (c)

图 6-46 滚动轴承的装配

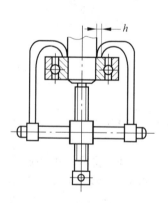

图 6-47 拉拔器拆卸轴承

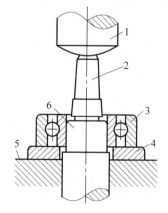

图 6-48 压力机压出

1—压力机头;2—芯棒;3—滚动轴承;
4—衬垫;5—架子;6—轴

6.8.2　螺钉、螺母装配

螺纹连接具有装配简单、调整更换方便和连接可靠等优点,是现代机械制造中应用得最广泛的一种连接形式。螺纹连接常用的有螺钉、螺母、双头螺栓及各种专用螺纹等,如图 6-49 所示。

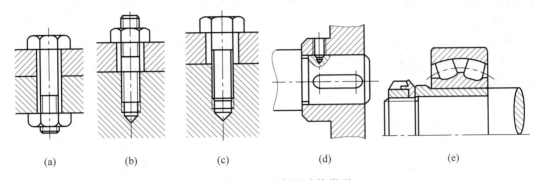

图 6-49　常见的螺纹连接类型

(a)螺栓连接;(b)双头螺栓连接;(c)螺钉连接;(d)螺钉固定;(e)圆螺母固定

内、外螺纹配合时应做到用手自由旋入,过紧会咬坏螺纹,过松螺纹易断裂;螺帽、螺母端面应与螺纹轴线垂直以便受力均匀;零件与螺帽、螺母的贴面应平整光洁,否则螺纹容易松动,为了提高贴合质量可加垫圈;装配成组螺钉、螺母时,为了保证零件贴合面受力均匀,应按一定顺序来旋紧,并且不要一次旋紧,要分成两次或三次完成,如图 6-50 所示。

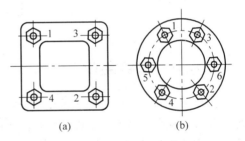

图 6-50　拧紧成组螺母的顺序

6.8.3　齿轮装配

齿轮装配主要的要求是保证齿轮传动的准确性、平稳性,轮齿表面接触斑点和齿侧间隙达到合适要求。轮齿表面接触斑点可用涂色法检验,先在主动轮的工作齿面上涂上红丹,使相啮合的齿轮在轻微制动下运转,然后看从动轮啮合齿面上接触斑点的位置和大小,如图 6-51 所示。齿侧间隙的大小可用塞尺插入齿侧间隙中检测。

图 6-51　齿面接触检验

(a)接触性良好;(b)中心距太大;(c)中心距太小;(d)中心线歪斜

6.8.4　键连接装配

在传动轴上,往往需要装上齿轮、带轮、蜗轮等零件,并需要用键来传递扭矩。一般常用的是平键连接和楔键连接。

（1）平键连接

平键连接时要先清理键以及键槽上的毛刺，选取合适的键长，将键配入到键槽内，再装上轮毂。装配后，键底面应与键槽底部接触，键两侧应有一定过盈，而键顶面与轮毂须是间隙配合，如图 6-52（a）所示。

（2）楔键连接

楔键在上平面的长度方向上带有 1∶100 的斜度（轮毂的键槽也有同样的斜度），一端有钩头，以便于装卸。楔键装配后，应使顶面和底面分别与轮毂键槽、轴上键槽紧贴，而键的两侧面与键槽有一定的间隙，如图 6-52（b）所示。

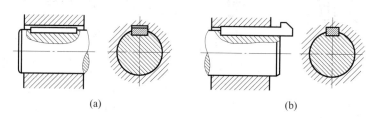

（a）　　　　　　　　　　　　　　　　　　　　（b）

图 6-52　键的装配

（a）平键装配；（b）楔键装配

6.8.5　销钉装配

常用的销钉有圆柱销和圆锥销，在机器中多用于定位和连接，如图 6-53 所示。圆柱销一般采用过盈配合。被连接工件的两孔应配钻、配铰，装配时，销钉表面可涂机油，用铜棒轻轻敲入。圆锥销装配时，两连接件的销孔也应一起钻和铰。铰孔时用试装法控制孔径，以圆锥销能自由插入 80%～85% 为宜，最后用手锤敲入。销钉大头可稍微露出或与被连接件表面平齐。

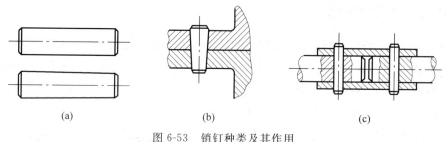

（a）　　　　　　　　　（b）　　　　　　　　　（c）

图 6-53　销钉种类及其作用

（a）圆柱销和圆锥销；（b）定位作用；（c）连接作用

6.9　操 作 训 练

6.9.1　安全操作规范

（1）工作前必须穿戴好防护用品，工作服袖口、衣边应符合要求，长发要挽入工作帽内。

（2）工作前检查工具、量具（如手锤、钳子、锉刀、游标卡尺等）是否齐全，检查带手柄工具的手柄是否牢固完整,如不牢固完整不应使用。

（3）实训室严禁吸烟,不应在实训室打闹,禁止擅自动用不熟悉的设备。

（4）加工过程中禁止用手直接触摸工件,不能用嘴吹工件上的铁屑,防止铁屑划伤手指或飞入眼睛。

（5）操作手锤前要注意前后是否有人,抢锤的方向应该避开旁人,操作时不能戴手套以防手锤滑脱,飞出伤人。

（6）不允许把扳手或锉刀等工具当作手锤来使用,要正确使用相应的工具。

（7）在使用台虎钳装夹工件的时候要注意夹牢,不应在虎钳上加套管子扳紧或使用手锤敲击虎钳的手柄,以免损坏虎钳或者工件。

（8）操作钻床时要注意工件和钻头都要夹紧,不准戴手套,钻床运转时不能随意变换转速,禁止用手触摸工件和钻头,操作时只允许一人操作。

（9）砂轮机的使用比较危险,一定要按照相应的安全操作规程进行。

（10）完成操作后,工件、工具和量具必须按要求摆放整齐,要擦净设备,清扫铁屑,完成工作场地的清洁,最后关闭电源。

（11）如发生事故一定要马上切断电源,及时向相关人员报告。

6.9.2 L 形零件加工

L 形零件加工工件,所用设备、工量具及加工步骤、注意事项,见表 6-1。

表 6-1 L 形零件加工

工　件　图	所用设备、工具	量　　具
	钳工工作台 台虎钳 钻床 划线平台、方箱 样冲、手锤 手锯 锉刀 $\phi3$、$\phi6.8$、$\phi7.8$ 钻头 $\phi8$ 铰刀 M8 丝锥	游标高度尺 游标卡尺 刀口角尺 直角尺 万能角度尺

续表

工 件 图	所用设备、工具	量 具
工作步骤	毛坯尺寸：75×60×10mm	
(1) 确定加工基准,锉削相互垂直的两个基准面至图纸加工要求;	清理、保养用具：毛刷、钢丝刷、机油	
(2) 根据图纸要求划出相应的加工线;	注意事项	
(3) 锯、锉 45mm 及 60mm 加工线至图纸要求;	(1) 学习加工、制作过程,要注意安全严格遵守操作规程; (2) 审图要认真仔细; (3) 要时时对工件进行测量,做好粗、精加工的准确性; (4) 合理选择工量具,提高工作效率和工件质量	
(4) 选择钻头,加工钻削 M8 底孔、$\phi 8$ 孔、$\phi 3$ 工艺孔;		
(5) 攻制 M8 螺纹孔,铰削 $\phi 8$ 孔;		
(6) 锯、锉两条 16mm 加工线至图纸要求;		
(7) 锯、锉 45°角加工线;		
(8) 锉削 R6 圆弧加工线;		
(9) 工件轮廓完成,去除工件的多余毛刺,锉削工件表面粗糙度;		
(10) 在工件表面打上学号		

6.9.3　创意启瓶器加工

启瓶器的加工内容、工作步骤等,见表 6-2。

表 6-2　启瓶器的加工

启瓶器工件图	所用设备、工具	量 具
	钳工工作台 台虎钳 钻床、各直径钻头 手锯 普通锉刀、什锦锉 錾子 手锤 铁砧 砂纸、喷漆	游标卡尺 直角尺
工作步骤	材料尺寸：100mm×80mm 薄铁板	
(1) 确定图样,在毛坯上划出外形轮廓;	注意事项	
(2) 使用钻床除去多余部分、钻出图样上的孔;	(1) 注意遵守安全操作规程; (2) 外轮廓必须清晰,尺寸设计合理; (3) 制作时要经常测量尺寸; (4) 合理选择工量具,提高工作效率和工件质量	
(3) 锯削出大致外形轮廓;		
(4) 锉削外轮廓并对外缘和表面进行去毛刺修整;		
(5) 使用砂纸打磨工件表面,然后喷漆		

作业与思考

1. 钳工担负着哪些主要任务？
2. 划线的作用是什么？什么叫划线基准？如何选择划线基准？
3. 如何选择锯条？如何正确安装锯条？
4. 锉削的方法有哪些？平面锉削的方法各有何优缺点？
5. 锉刀的选用原则是什么？
6. 锉削平面不平的形式和原因有哪些？
7. 钻孔时的转速和进给量如何选择？
8. 如何确定攻螺纹前的底孔直径？套螺纹前的圆杆直径的大小如何确定？
9. 简述錾削时的操作方法。

第 7 章

车削加工

7.1 概　　述

7.1.1 车削加工概念

图 7-1 所示为车削运动示意图,工件的旋转为主运动,刀具的平面直线或曲线的运动为进给运动,完成机械零件切削加工的过程,称为车削加工。它是机械加工中最基本、最常用的加工方法。在金属切削机床中,车床所占比例最大,占金属刀削机床总台数的 20%～35%,所以它在机械加工中占有重要的位置。

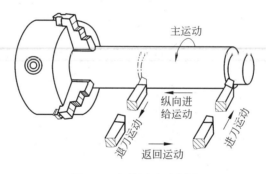

图 7-1　车削运动示意图

7.1.2 车削的加工范围及特点

车削主要用于加工各种零件上的回转表面,可加工内外圆柱面、内外圆锥面、端面、沟槽、螺纹、成型面以及滚花等,此外,还可在车床上进行钻孔、铰孔和镗孔,如图 7-2 所示。车削加工的尺寸公差等级可达 IT8～IT7,表面粗糙度 Ra 值可达 $1.6\mu m$。

车削加工与其他加工方法相比有以下特点:

(1) 对于轴、盘、套类等零件各表面之间的位置精度要求容易达到,例如零件各表面之间的同轴度要求、零件端面与其轴线的垂直度要求以及各端面之间的平行度要求等。

(2) 一般的情况下,切削过程比较平稳,可以采用较大的切削用量以提高生产效率。

(3) 刀具简单,所以制造、刃磨和使用都较方便,容易满足加工对刀具几何形状的要求,

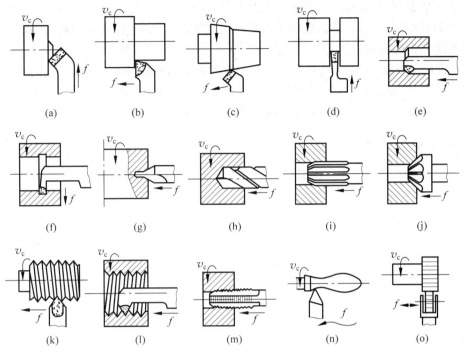

图 7-2 车削加工范围

（a）车端面；（b）车外圆；（c）车外锥面；（d）切槽、切断；（e）镗孔；（f）切内槽；（g）钻中心孔；（h）钻孔；（i）铰孔；
（j）锪锥孔；（k）车外螺纹；（l）车内螺纹；（m）攻内螺纹；（n）车成型面；（o）滚花

有利于提高加工质量和生产效率。

（4）可以采用金刚石车刀，运用精车办法对有色金属零件进行精加工（有色金属容易堵塞砂轮，不便采用磨削对有色金属零件进行精加工）。

7.1.3　切削运动与切削用量

1. 切削运动与形成的表面

在切削过程中，刀具相对于工件的运动为切削运动。切削运动可以是直线运动，也可以是回转运动，按其所起的作用，分为主运动和进给运动，如图 7-3 所示。

1）主运动

主运动是指机床提供的主要运动。主运动使刀具和工件之间产生相对运动，从而使刀具的前刀面接近工件并对加工余量进行剥离。在车床上，主运动是机床主轴的回转运动，即车削加工时工件的旋转运动。

2）进给运动

进给运动是指机床提供的使刀具与工件之间产生的附加相对运动。进给运动与主运动相配合，就可以完成切削加工。进给运动是机床刀架的直线运动，它可以是纵向的移动，也可以是横向的移动。

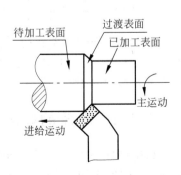

图 7-3　车削原理图

在车削加工中,主运动要消耗比较大的能量,才能完成切削。

在切削运动作用下,工件上的切削层不断地被车刀切削,并转变为切屑,从而使工件上有三个不断变化的表面:

(1)已加工表面,工件上经刀具切削后产生的新表面称为已加工表面。

(2)待加工表面,工件上有待切除的表面称为待加工表面。

(3)过渡表面,工件上切削刀刃形成的那部分表面称为过渡表面。

2.切削用量三要素

切削用量要素是用来表示切削加工中主运动及进给运动参数的数量。切削用量包括切削速度、进给量、背吃刀量三要素。

(1)切削速度(v)

切削加工时,刀具切削刃上的某一点相对于待加工表面在主运动方向上的瞬时速度称为切削速度,单位为 m/min。车削时的切削速度为

$$v = \pi d_w n / 1000 \qquad (7\text{-}1)$$

式中,v——切削速度,m/min;

n——工件的转速,r/min;

d_w——工件待加工表面的直径,mm。

(2)进给量(f)

对于普通车床,进给量为工件每转一周,车刀沿进给方向所移动的距离,单位为 mm/r。

(3)背吃刀量(a_p)

背吃刀量又称为切深(亦称吃刀深度),为工件上已加工表面和待加工表面之间的垂直距离,单位为 mm。其计算公式为

$$a_p = (d_w - d_m)/2 \qquad (7\text{-}2)$$

式中,a_p——切深,mm;

d_w——工件待加表面的直径,mm;

d_m——工件已加工表面的直径,mm。

7.2 普 通 车 床

7.2.1 车床的分类

车床是用车刀对旋转的工件进行车削加工的机床,应用广泛。车床的种类较多,主要有:立式车床、普通卧式车床、转塔车床、半自动车床及数控车床等。此外,在大批量生产中还有各种各样专用车床。在所有车床中,以卧式车床应用最为广泛。

7.2.2 车床的型号

根据国标 GB/T 15375—1994 的规定,车床型号由汉语拼音字母和数字组成,具体含义以车床 C6132A 为例,如图 7-4 所示。

图 7-4   车床型号

7.2.3　车床的结构组成及作用

车床的主要结构如图 7-5 所示。车床要完成车削加工,必须具有一套带动工件作旋转运动和使刀具作直线运动的机构,并要求两者都能变速和变向。

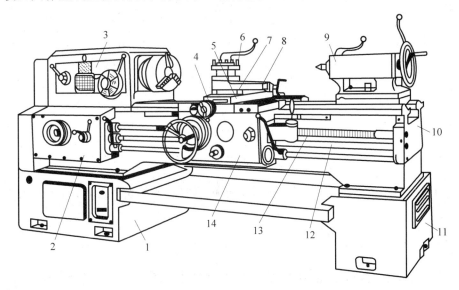

图 7-5   C6140A 车床

1,11—床腿；2—进给箱；3—主轴箱；4—床鞍；5—中滑板；6—刀架；7—回转盘；8—小滑板；
9—尾座；10—床身；12—光杠；13—丝杠；14—溜板箱

1. 床头箱

床头箱,即主轴箱,用来带动车床主轴及安装于其上的卡盘转动。通过调节主轴箱外手柄的位置,可使主轴得到各种不同的转速。

2. 挂轮箱

挂轮箱用来把主轴的转动传给进给箱。调换挂轮箱内的齿轮,并与进给箱配合,可以车削各种不同螺距的螺纹。

3．进给箱

利用进给箱内的齿轮机构，把主轴的旋转运动传给丝杠或光杠。通过调节进给箱外手柄的位置，可以使丝杠或光杠得到各种不同的转速。

4．光杠、丝杠

丝杠，用来车螺纹，它能通过溜板使车刀按要求的传动比作很精确的直线移动。

光杠，用来把进给箱的运动传给溜板箱，使车刀按要求的速度作直线进给运动。

5．溜板箱

溜板箱，把丝杠或光杠的转动传给溜板，操作箱外手柄和小摇把的位置，经溜板使车刀作纵向或横向进给。

6．溜板

溜板上装有床鞍、中滑板和小滑板。床鞍在纵向车削时使用；中滑板在横向车削和控制切削深度时使用；小滑板在纵向车削较短的工件或车圆锥时使用。

7．刀架

刀架用来装夹刀具。

8．尾座

尾座用来安装顶尖，支撑较长的工件。它还可以安装各种切削刀具，如钻头、中心钻、铰刀等。

9．床身

床身用来支持和安装车床的各个部件，如主轴箱、进给箱、溜板箱、溜板和尾座等。床身上面有两条精确的导轨，溜板和尾座可沿轨面移动。

7.3　车刀及其安装

7.3.1　车刀的种类

车刀根据不同的要求可以分为多种类型。按其用途可分为外圆车刀、端面车刀、切断刀、镗孔刀、成型车刀、螺纹车刀等，如图 7-6 所示。

车刀按结构形式可分为整体式车刀、焊接式车刀、机夹式车刀和可转位车刀，如图 7-7 及图 7-8 所示。

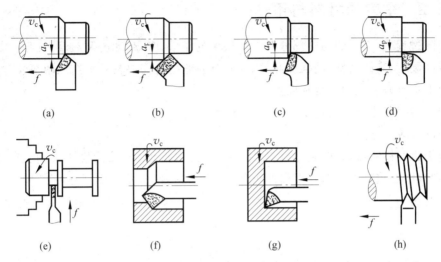

图 7-6　常用车刀的种类及用途

(a) 直头车刀；(b) 45°弯头车刀；(c) 75°强力车刀；(d) 90°偏刀；(e) 切断刀或切槽刀；

(f) 通孔镗刀；(g) 盲孔镗刀；(h) 螺纹车刀

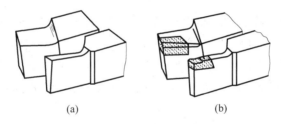

图 7-7　整体式车刀和焊接式车刀

（a) 整体式车刀；（b) 焊接式车刀

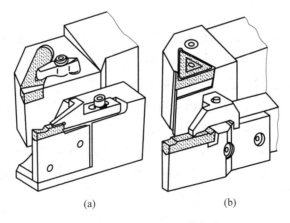

图 7-8　机夹式车刀和可转位车刀

（a) 机夹式车刀；（b) 可转位车刀

7.3.2　车刀的材料与用途

在切削过程中,刀具的切削部分要承受很大的压力、摩擦、冲击和高温。因此,刀具材料必须具备高硬度、高耐磨性、高强度和具有一定的韧性,还需要具有较高的耐热性(红硬性),即在高温下仍具有一定的强度和硬度。

常用车刀材料主要有高速钢和硬质合金。

（1）高速钢

高速钢也叫锋钢或白钢,它是以钨、铬、钒、钼为主要元素的高合金工具钢。高速钢具有良好的磨削性能,较高的抗弯程度和冲击性,刃磨质量较好,常用作低速精车车刀和成型车刀。常用的高速钢牌号为 W18Cr4V 和 W6Mo5Cr4V2 两种,主要用于加工中低碳钢等材料。

（2）硬质合金

硬质合金是利用高耐磨性和高热性的 WC(碳化钨)和 TiC(碳化钛)以及 Co(钴)的粉末经高压成型后再进行高温烧制。此类刀具具有很高的红硬温度,可进行高速切削,其缺点是韧性较差,不耐冲击,较脆。硬质合金一般制成各种形状的刀片,焊接或装夹在刀体上使用。

常见的硬质合金有钨钴(YG)和钨钛钴(YT)两大类。钨钴类常用于加工铸铁、青铜;钨钛钴类常用于加工塑性材料,如各种钢材。

除了以上两大类车刀材料以外,还有一些特种刀具材料,如涂层刀具材料、陶瓷材料、金刚石、立方氮化硼(CBN)等,极大满足了现在的加工需求,常用于加工高硬度材料及有色金属等。

7.3.3　车刀的组成与几何角度

1．车刀的组成

车刀是由刀头(或刀片)和刀体两部分组成。刀头部分担负切削工作,所以又称切削部分。车刀的刀头由如图 7-9 所示的几部分组成,可简称为"一尖两刃三个面"。

（1）前刀面(前面):切屑沿着它排出的刀面。

（2）后刀面(后面):分主后刀面和副后刀面,与工件上待加工表面相对着的是主后刀面,与工件上已加工表面相对着的是副后刀面。

（3）主切削刃:前刀面和主后刀面的相交部位,它主要起到切削工作。

（4）副切削刃:前刀面和副后刀面的相交部位,它配合主切削刃完成切削工作。

（5）刀尖:主刀刃和副刀刃的连接部位。

2．车刀的几何角度

车刀的主要角度有前角(γ_o)、后角(α_o)、主偏角(κ_r)、副偏角(κ_r')和刃倾角(λ_s),如图 7-10所示。

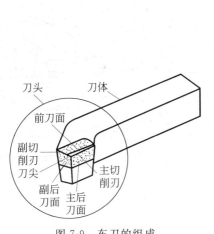

图 7-9　车刀的组成　　　　　　　图 7-10　车刀的主要标注角度

（1）前角（γ_o）：在主剖面中测量，是前刀面与基面之间的夹角。

（2）后角（α_o）：在主剖面中测量，是主后刀面与切削平面之间的夹角。

（3）主偏角（κ_r）：在基面中测量，是主切削刃在基面的投影与进给方向的夹角。

（4）副偏角（κ_r'）：在基面中测量，是副切削刃在基面的投影与进给反方向的夹角。

（5）刃倾角（λ_s）：在切削平面中测量，是主切削刃与基面的夹角。

7.3.4　车刀的安装与刃磨

1．车刀的安装

车刀能否准确地安装在刀架上，是影响加工精度和表面粗糙度的一个重要因素。因此车刀必须正确、牢固地安装在刀架上，如图 7-11 所示。安装车刀必须注意以下几点：

（1）刀头伸出长度不超过刀杆厚度的两倍，以防切削时产生振动，影响加工质量。

（2）车刀刀尖要与车床主轴轴线等高。装刀时，可根据车床尾架顶尖高低来调整。

（3）装车刀所用的垫片要平整，并保证所用垫片最多不超过 3 片，且使各垫片在刀杆正前方，前端与刀座边缘对齐。

（4）车刀刀杆应与车床主轴轴线垂直。

（5）车刀装上后，一般要紧固两个螺钉。紧固时，应轮换逐个拧紧。

（6）不可使用硬物敲打方刀架锁紧手柄。

（7）刀具和工件装好以后，要检查加工极限位置，防止碰撞。

2．车刀的刃磨

整体车刀和焊接车刀在使用前或用钝后，为了形成或恢复正确合理的切削部分形状和刀具角度，必须进行刃磨。车刀刃磨一般是在砂轮机上进行的。刃磨高速钢车刀时，选用白色氧化铝砂轮；刃磨硬质合金车刀时，选用绿色的碳化硅砂轮。图 7-12 所示为外圆车刀刃磨步骤。

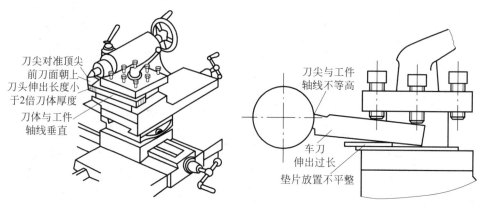

图 7-11 车刀的安装

（a）正确；（b）错误

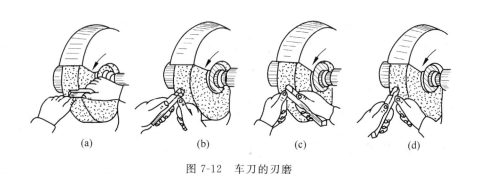

图 7-12 车刀的刃磨

7.4 车床附件

7.4.1 三爪自定心卡盘

三爪自定心卡盘是连接并安装在主轴上的,用来装夹工件并带动工件随主轴一起旋转,从而实现车床的主运动。三爪自定心卡盘是车床上最常用的夹具。

三爪自定心卡盘主要由壳体、三个卡爪、三个小锥齿轮、一个大锥齿轮、防尘盖板、定位螺钉及紧固螺钉等零件组成,如图 7-13 所示。利用卡盘扳手转动圆周上的三个锥齿中的任一个时,通过啮合关系带动大锥齿轮旋转,大锥齿轮背面是平面螺纹,它又和卡盘爪端面的螺纹啮合,从而带动三个卡爪同时向中心移动,起到自定心装夹工件作用或远离中心移动退出。

7.4.2 四爪单动卡盘

四爪单动卡盘的卡爪可以独立移动,且夹紧力大,适用于装夹形状不规则以及较大直径的工件,如图 7-14 所示。

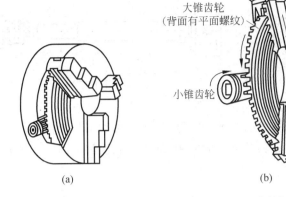
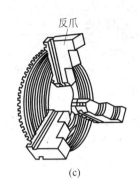

大锥齿轮
(背面有平面螺纹)

小锥齿轮

卡爪

反爪

(a)　　　　　　　　(b)　　　　　　　　(c)

图 7-13　三爪自定心卡盘

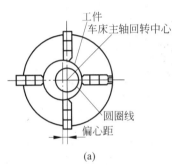
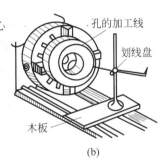
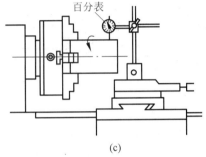

工件
车床主轴回转中心

圆圈线
偏心距

孔的加工线
划线盘

木板

百分表

(a)　　　　　　　　(b)　　　　　　　　(c)

图 7-14　四爪卡盘装夹零件示例

7.4.3　花盘

花盘与卡盘一样都可以装夹在主轴上。在加工不规则的工件的时候，为了保证其外圆、孔的轴线与基准平面垂直或端面与基准面平行，可以直接压在花盘上加工。工件在花盘上时，须注意工件加工时的平衡，所以需要进行配重，如图 7-15 所示。

7.4.4　卡盘配合顶尖装夹

较长的零件(长径比 $L/D=4\sim10$)或加工工序比较多的工件，常采用卡盘配合顶尖装夹的方式加工。为了防止工件轴向移位，须在卡盘内放置一限位支撑，或在工件上加工出台阶限位，如图 7-16 所示。由于一夹一顶装夹刚性好，轴向定位准确，且加工较为安全，能承载较大的轴向切削力，因此得到广泛应用。

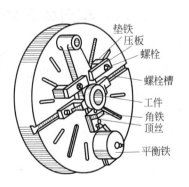

垫铁
压板
螺栓
螺栓槽
工件
角铁
顶丝
平衡铁

图 7-15　花盘安装工件

7.4.5　心轴装夹

盘套类零件因其外圆与内孔有较高的同轴度要求以及与端面的垂直度要求，因此工件加工时要求在一次装夹中全部加工出来，但这实际在工厂生产中难以做到。如果把零件再

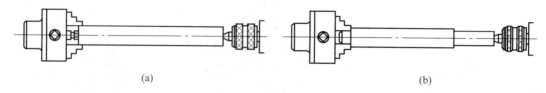

(a)　　　　　　　　　　　　　　　　　(b)

图 7-16　一夹一顶装夹工件

掉头重新装夹再加工,则无法满足其位置精度的要求,此时可使用心轴加工。工件先加工内孔,并以此为定位面,安装在心轴上,再把心轴配合顶尖使用,加工外圆面和端面。心轴有锥度心轴和圆柱心轴两种,如图 7-17 所示。

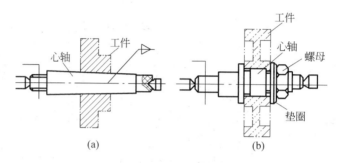

(a)　　　　　　　　　　　　(b)

图 7-17　锥度心轴和圆柱心轴

(a) 锥度心轴;(b) 圆柱心轴

7.5　车削加工的基本工艺

7.5.1　车削端面和外圆

车削加工中一般零件都要进行端面与外圆加工,它们往往是零件加工的第一步。尤其是车削外圆,它的精度直接影响着后序工步或与之相配合的其他零件的精度,因此车削加工外圆及端面非常重要。

1. 车端面

车削端面常用的刀具有右偏刀和弯头刀,如图 7-18 所示。车端面时要求车刀刀尖严格对准工件中心,高于或低于工件中心都会使端面中心处留有凸台,并损坏车刀刀尖。

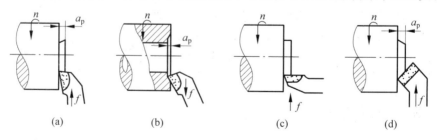

(a)　　　　　　(b)　　　　　　(c)　　　　　　(d)

图 7-18　车端面

2．车外圆

车外圆就是将工件车削成圆柱状的方法,它是生产过程中最基本、运用最广泛的工序。车外圆常有以下几种方法:

(1) 用直头车刀车外圆,车刀强度好,常用于粗车,如图 7-19(a)所示。

(2) 用 45°弯头车刀车外圆,适用于车削不带台阶的光滑轴,如图 7-19(b)所示。

(3) 用主偏角为 90°的偏刀车外圆,适用于车削细长工件的外圆,如图 7-19(c)所示。

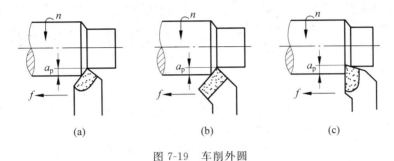

图 7-19　车削外圆

3．台阶轴的车削

在工件上,有几个直径大小不同的圆柱体连接在一起,形成台阶状,这类工件称为台阶轴。台阶工件的加工实际上就是外圆和端面车削加工方法的组合。因此在车削加工时必须兼顾外圆尺寸精度和台阶长度尺寸的要求。

7.5.2　车槽和车断

1．车槽

在车床上既可车外槽,也可车内槽,还可车端面槽,如图 7-20 所示。车宽度为 5mm 以下的窄槽,可以将主切削刃磨得和槽等宽,一次车出。槽的深度一般用横向刻度盘控制。

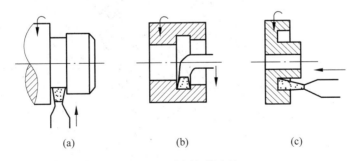

图 7-20　常用切槽方法
(a) 车外槽;(b) 车内槽;(c) 车端面槽

2．车断

车断要用切断刀,切断刀的形状与切槽刀相似。车断工作一般在卡盘上进行,避免用顶尖安装工件。车断处应尽可能靠近卡盘。安装切断刀时,刀尖必须与工件的中心等高,否则车断处将留有凸台,且易损坏刀头,如图 7-21 所示。在保证刀尖能车到工件中心的前提下,切断刀伸出刀架外的长度应尽可能短些。用手动走刀时,进给要均匀,在即将车断时一定要放慢进给速度,以防刀头折断。

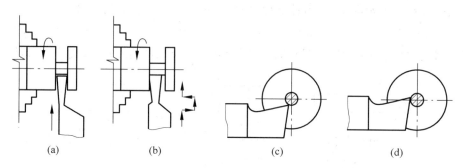

图 7-21　切断刀安装要求及切断方法

(a) 直进法;(b) 左右借刀法;(c) 切断刀安装过低,不易切削;

(d) 切断刀安装过高,刀具后面顶住工件,刀头易被压断

7.5.3　锥面的车削

圆锥面是由与轴线成一定角度,且一端相交于轴线的一条线段(母线)围绕着该轴线旋转形成的表面。

车锥面的方法有四种:转动小滑板法、尾座偏移法、靠模法和宽刀法。下面将以转动小滑板法为例,介绍圆锥面的车削。

根据零件的圆锥角(α),把小刀架下的转盘顺时针或逆时针扳转一个角度($\alpha/2$),再把螺母固紧,用手缓慢而均匀地转动小刀架手柄,车刀则沿着锥面的母线移动,如图 7-22 所示,从而加工出所需要的锥面。

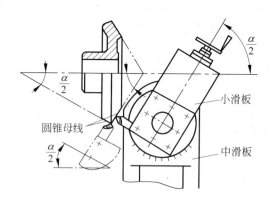

图 7-22　转动小滑板法车削锥面

此法车锥面操作简单,可以加工任意锥角的内、外锥面。因受小刀架行程的限制,不能加工较长的锥面。需手动进给,劳动强度较大,表面粗糙度值 Ra 为 $6.3 \sim 1.6 \mu m$。此方法用于单件小批生产中,车削精度较低和长度较短的圆锥面。

7.5.4　螺纹的车削

1．认识螺纹

螺纹是零件上常见的表面之一，螺纹的形式按照牙型可分为三角螺纹、方形螺纹、梯形螺纹，其中公制三角螺纹应用最为广泛。在圆柱或圆锥外表面上所形成的螺纹为外螺纹，在圆柱或圆锥内表面上所形成的螺纹为内螺纹。内、外螺纹都是成对使用的，只有当内、外螺纹的牙型、直径、螺距、线数和旋向五个要素完全一致时，才能正常地旋合。如图 7-23 所示，牙型角、中径、螺距称为螺纹三要素。

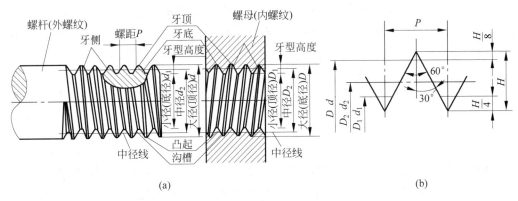

(a)　　　　　　　　　　　　　　　　　(b)

图 7-23　普通螺纹名称符号和要素

2．三角形螺纹的车削

1）三角形螺纹车刀

螺纹车刀是一种截面简单的成型车刀。它结构简单，制造容易，通用性强，可用于加工各式各样的不同精度的内、外螺纹。

螺纹车刀的牙型角应与螺纹的牙型角一致。装夹螺纹车刀时，应使刀尖高度与工件中心等高，刀尖中心线与工件中心线垂直。可用角度样板对刀，如图 7-24 所示。

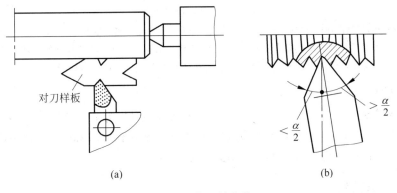

(a)　　　　　　　　　　　　　　　　　(b)

图 7-24　车刀的安装

（a）正确；（b）不正确

2）三角形螺纹的车削方法

三角形螺纹的车削方法有低速和高速车削两种，重点以低速直进法加工螺纹，因为低速加工螺纹车削精度高，表面粗糙度 Ra 值小，但效率低，适合于教学。要车好螺纹，除了解和掌握在车床上三角形螺纹形成原理和加工方法外，还应正确选择车刀几何角度与刃磨、车刀安装、车床调整和交换齿轮的计算，并正确搭配交换齿轮；此外还要掌握车螺纹的进给方向、切削用量、冷却润滑等。

车削螺纹时，应先削出螺纹大径，并倒角，且基本上也需加工出退刀槽。根据螺纹规格，由中滑板控制背吃刀量，分多次加工，并使用量具对螺纹质量进行检测。

下面将以 C6140A 车床加工 M14×2 外螺纹为例，讲述具体加工步骤。

（1）前提准备：安装好刀具、工件，车削端面及外圆至要求。

（2）车床的调整：根据车床进给箱上的牙表找到螺距为 2mm 的公制螺纹，在 2 的数字往上找到对应的号 C3，并把进给箱左手柄上的标号调成 C3；在 2 的数字往左找到对应的号 M Ⅲ，并把进给箱右手柄上的标号调成 M Ⅲ，便可以车削。

（3）加工步骤：①对刀；②试走刀并检测螺距；③确认后方可往后加工；④按要求每次调整好背吃刀量，加工终了时，按照图示要求退刀；⑤如此反复，直至用量规检测合格，如图 7-25 所示。

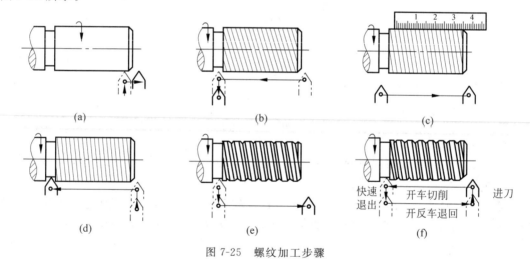

图 7-25　螺纹加工步骤

（a）开车，记刻度，向右退出车刀；（b）合上对开螺母在工件上车出一条螺旋线，横向退出车刀；
（c）开反车使车刀退到工件右端，停车用钢尺检查螺距是否正确；（d）利用刻度盘调整切深，开车切削；
（e）车刀行至终了时，先快退刀再停车，开反车退回刀架；（f）再次继续横向切深

3）螺纹的检测

检测螺纹的量具多样，常见的有螺纹量规、中径千分尺、螺纹样板和螺距规。当螺纹牙尖处宽度接近 $P/8$ 时，应用螺纹环规检查螺纹精度。环规有通端和止端，通端应旋到底，止端不可旋进；如止端旋进就表明螺纹中径尺寸已车小。

7.5.5　滚花

有些工具和机器零件的捏手部分为了增加摩擦力和使零件表面美观，常常在零件表面上滚出不同的花纹，例如千分尺上的微分筒，各种滚花螺母、螺钉等。这些花纹一般是在车

床上用滚花刀滚压而成的。

1. 花纹的认知

花纹一般有直纹和网纹两种,并有粗细之分。花纹的粗细由节距 P 来决定,$P=1.2$,1.6mm 是粗纹,$P=0.8$mm 是中纹,$P=0.6$mm 是细纹。滚花的花纹粗细根据工件直径和宽度大小来选择。工件直径和宽度大,选择的花纹要粗,反之,应选择较细的花纹。

2. 滚花的方法

滚花是用滚花刀来挤压工件,使其表面产生塑性变形而形成花纹,所以在滚花时产生的径向挤压力是很大的。滚花前,根据工件材料的性质,须把滚花部分的直径车小$(0.25\sim0.5)P$(P 为花纹节距),然后把滚花刀装夹在刀架上,使滚花刀的表面与工件平行接触,如图 7-26 所示。

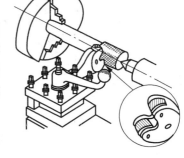

图 7-26　滚花刀的装夹

在滚花刀接触工件时,必须用较大的压力,使工件刻出较深的花纹,否则就容易产生乱纹。这样来回滚压 1~2 次,直到花纹凸出为止。在滚压过程中,必须经常加润滑油和清除切屑,以免损坏滚花刀和防止滚花刀被切屑滞塞而影响花纹的清晰程度。

3. 操作提示

(1) 滚花时,切削速度应选低一些,纵向进给量大一些。
(2) 滚花时,不能用手或面纱接触滚压面,以防绞手伤人。
(3) 车削带有滚花表面的薄壁套类工件时,应先滚花,再钻孔和车孔,以减小工件的变形。
(4) 细长工件滚花时,产生的径向力很大,要防止顶弯工件。

7.6　操　作　训　练

7.6.1　车床的基本操作要点

1. 工件的安装

在卧式车床上安装工件时应使被加工面的回转中心与车床主轴中心重合,以保证工件的准确位置。还要夹紧工件,以承受切削力,保证切削时的安全。在卧式车床上最常用来夹紧工件的是三爪自定心卡盘。

2. 刻度盘及手柄的使用

在切削工件时,要准确、迅速地控制背吃刀量,必须熟练地使用大滑板、中滑板和小滑板的刻度盘。

中滑板刻度盘装在横向丝杠轴的尾端,中滑板与横向丝杠螺母紧固在一起。当刻度盘转一周时,丝杠也转一周,此时螺母带着中滑板滑动一个螺距,所以中滑板移动的距离可以根据刻度盘上的格数来确定。

刻度盘每转一小格,中滑板移动距离(mm)＝丝杠螺距÷刻度盘格数。

车刀是在旋转的工件上切削的,当中滑板前进一格,工件的切削量是背吃刀量的两倍。回转表面的加工余量都是相对直径而言的,测量工件尺寸变化也是针对直径值,所以要对刻度盘上的读数格外注意,一小格就是直径的差值。

加工外表面时,车刀向工件中心移动即为进刀,反之为退刀。加工内表面则完全相反。

由于丝杠与螺母本身就存在间隙,所以移动中滑板时必须慢慢转动刻度盘直到所需读数。如果发现刻度盘手柄摇过头了,切不可直接返回,而是必须向相反方向多摇半圈,消除丝杠与螺母的间隙后,再摇到所需刻度,如图 7-27 所示。

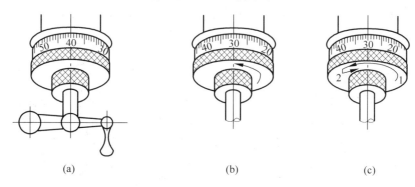

(a)　　　　　(b)　　　　　(c)

图 7-27　正确使用中滑板手柄

大、小滑板的刻度盘工作原理与中滑板一致。大、小滑板刻度盘是用来控制工件长度方向的尺寸的,与加工圆柱面不同,大、小滑板的移动量就是工件长度的切削量。

3. 车削步骤

在车床上安装好工件和刀具后即可开始加工。在加工过程中必须按照以下步骤进行:

(1) 开车对零点。零点即工件与刀具的接触点,也是背吃刀量的起点。对零时,必须开车,以消除工作误差,且保护刀具。

(2) 沿进给反方向移出车刀。

(3) 进背吃刀量。

(4) 走刀切削。

如需再次切削,可将刀具沿反方向移出,在进背吃刀量进行切削。如不再切削,则先将车刀沿背吃刀量的反向退出,等脱离工件的已加工表面,再沿着进给的反方向退出。

为了保证加工质量和提高生产效率,零件的加工应当按照粗加工、半精加工和精加工分阶段进行。中等精度的零件,一般按照粗车—精车的方案进行加工。

粗车的目的是为了较快地去除毛坯上面的大部分加工余量,使工件尽可能地接近要求的尺寸和形状。粗车以提高生产效率为主要目的,在生产中加大切削深度以提高生产效率,其次适当加大进给量,采用中等或较低切削速度。

粗车锻铸件毛坯时,因为毛皮表面有层硬皮,为了保护刀尖,应当先车端面或倒角,首次切削深度应大于硬皮厚度。若工件夹持长度较短或表面凹凸不平,则切削用量不宜过大。

精车的目的是为了保证工件的尺寸精度和表面粗糙度的要求,生产效率应当在此前提下尽可能地提高。一般精车的加工精度可达 IT8～IT7,表面粗糙度值为 $Ra=0.8～3.2\mu m$。所以精车是以提高加工质量为主,切削用量应当采用较小的背吃刀量和较小的进给量,切削速度可选取较为高些。

为了减小表面粗糙度 Ra 值,可采用的措施有以下几点:

(1) 合理选取切削用量。选用较小的背吃刀量 a_p 和进给量 f,可减少残留面积,使 Ra 值减小。

(2) 适当减小副偏角 κ_r' 或将刀尖处磨有小圆弧,可减少残留面积,使 Ra 值减小。

(3) 适当加大前角 γ_o,将刀刃磨得更锋利,使 Ra 值减小。

(4) 用油石加机油打磨刀的前、后刀面,使 Ra 值达到 $0.1～0.2\mu m$,可有效减小工件表面 Ra 值。

(5) 合理使用切削液,也有助于提高表面质量。低速精车使用乳化液或机油,若低速精车铸铁应使用煤油,高速精车钢件或较高速精车铸铁件一般不使用切削液。

7.6.2　车床的安全操作规范

1. 车工安全操作注意事项

为了保持车床的精度,延长其使用寿命及保障人身和设备的安全,除平时进行严格的维护保养外,操作时还必须严格遵守下列安全操作规程。

1) 开车前

(1) 实习时应对机床进行加油润滑;

(2) 检查机床各部分机构是否完好;

(3) 检查各手柄是否处于正常位置;

(4) 留长发者必须戴好帽子,服装符合规定,禁止穿拖鞋。

2) 安装工件

(1) 工件要装正、夹紧;

(2) 装卸工件后必须立即取下三爪卡盘。

3) 安装刀具

(1) 刀具要夹紧,要正确使用方刀架扳手,防止飞出伤人;

(2) 装卸刀具和切削工件时要先锁紧方刀架;

(3) 装好工件和刀具后要进行极限位置检查。

4) 开车后

(1) 不能改变主轴转速;

(2) 溜板箱上的纵、横向自动手柄不能同时抬起;

(3) 不能在旋转工件上度量尺寸;

(4) 不能用手摸旋转工件,不能用手拉切屑;

(5) 不许离开机床,要精神集中;

(6) 切削时要戴好防护眼镜。

5) 实训完后

(1) 擦净机床,整理场地,切断机床电源;

（2）擦机床时，小心刀尖、切屑等物划伤手；

（3）擦拭导轨摇动溜板箱时，切勿使刀架或刀具与主轴箱、卡盘、尾座相撞。

6）发生事故后

（1）立即停车切断电源；

（2）保护好现场；

（3）及时向有关人员汇报，以便分析原因，总结经验教训。

2. 车床的日常维护与保养

对于车工来说，不仅仅是操作机床设备，更应爱护它、保养它。车床的保养程度直接影响车工的加工精度、使用寿命和生产效率，因此操作者必须加强对车床的保养和维护。

（1）操作前，应按机床润滑示意图对相应部位注油润滑，检查各部位是否正常。

（2）操作中，应采用合理的方式操作机床设备，严格禁止非常规操作。

（3）操作后，应切断电源，清空铁屑（脏物）盘，对机床表面、导轨面、丝杠、光杠、操作杆和各操作手柄进行擦洗，做到无油污、黑渍，车床外表面干净、整洁，并注油润滑。

7.6.3 典型零件的车削加工

车削加工综合件的加工图纸如图 7-28 所示。

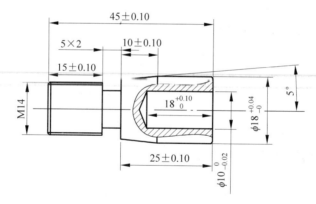

图 7-28 综合件

1. 工艺分析

（1）在单件或小批量生产时，采用普通车床加工，若批量较大时，可采用专业较强的设备加工；

（2）加工完台阶面后，再车削螺纹，注意粗、精车工序；

（3）由于工件长度较短，所以车好一端后，用切断刀车下，再加工另一端；

（4）钻孔、扩孔、铰孔注意转速变化；

（5）加工时注意倒角及精车余量的大小。

2．工艺过程

综合件的加工工艺见表 7-1。

表 7-1　综合件工艺过程

机械加工工艺过程卡		零件名称	台阶轴	材料	45 钢
		坯料种类	圆钢	生产类型	小批量
工序号	工步号	工序内容		设备刀具	
10		下料 $\phi20\times500$		锯床	
20		车削		普通车床	
	1	夹坯料的外圆，伸出长度大于 60，车端面		45°车刀	
	2	粗车 $\phi18.5$ 外圆，长度车 45，表面粗糙度 $Ra3.2\mu m$		45°外圆车刀	
	3	粗车 $\phi14$ 外圆，长度车 20，表面粗糙度 $Ra3.2\mu m$		45°外圆车刀	
	4	精车 $\phi18$ 外圆，长度车 25，表面粗糙度 $Ra1.6\mu m$		90°外圆车刀	
	5	车槽宽 5 槽深 2 的外圆槽		5mm 宽槽刀	
	6	精车角度 5°，长 10 的锥度，表面粗糙度 $Ra1.6\mu m$		90°外圆车刀	
	7	倒角 C1		45°车刀	
	8	车削螺纹 M14		螺纹刀	
	9	切断 45.5		切断刀	
	10	调头，夹 $\phi18$ 外圆，车另一端，保证总长 45 至要求		45°车刀	
	11	钻孔 $\phi4$		$\phi4\times\phi10$ 中心钻	
	12	钻孔 $\phi9.8\times18$		$\phi9.8$ 麻花钻	
	13	铰孔		$\phi10$ 麻花钻	
	14	倒角 C1（一处）		45°车刀	
40		检验			

作业与思考

1．卧式车床的主要部件有哪些？分别起什么作用？

2．在卧式车床上安装工件要注意什么？

3．什么是切削用量？

4．车削的加工范围有哪些？加工特点是什么？

5．车刀的角度有哪些？常用的车刀用途有哪些？

6．锥面的加工方法有哪些？

7．螺纹三要素分别是什么？

8．粗车的目的是什么？

9．为了减小表面粗糙度 Ra 值，可采用的措施有哪些？

10. 制订出如图 7-29 所示的综合件的加工工艺卡。

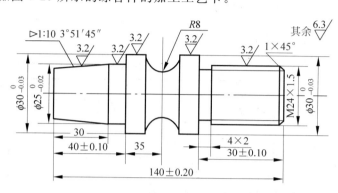

图 7-29　综合件

第8章

CHAPTER 8

铣削加工

8.1 概　　述

在铣床上利用刀具的旋转运动和工件的连续移动来加工工件的切削加工过程，称为铣削加工。在铣削时，刀具的旋转运动是主运动，工件沿坐标方向的直线运动或回转运动是进给运动。图8-1所示为立铣刀铣削加工示意图。

图8-1　立铣刀铣削加工示意图

铣削加工具有如下特点：

(1) 应用范围广泛，铣削加工的常见应用如图8-2所示。

(2) 铣刀采用多齿刀具切削，生产率较高。

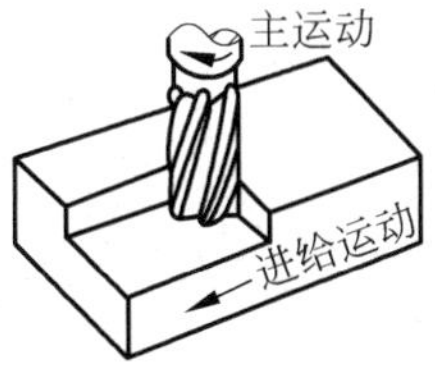

(3) 由于刀齿的间断切削，每个刀齿在切入和切出工件的时候会受到冲击力的作用，但有利于刀齿的散热。

(4) 由于同时参加工作的刀齿数目不断变化，且铣削厚度也是处于不断变化中，因此铣削时易产生振动。

(5) 铣削可以用于粗加工和精加工。铣削精度等级一般分别为IT8～IT11，表面粗糙度 Ra 值一般为1.6～6.3μm。

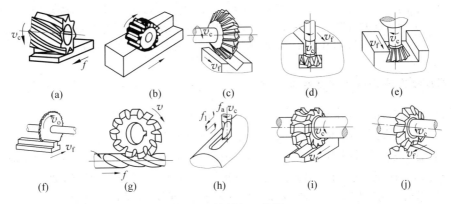

图8-2　铣削加工范围

(a) 铣平面；(b) 铣台阶；(c) 铣V形槽；(d) 铣T形槽；(e) 铣燕尾槽；(f) 切断；(g) 铣螺旋槽；(h) 铣键槽；(i) 铣成型面；(j) 铣齿轮

8.2　铣　　床

铣削加工的设备是铣床。铣床的种类很多,有卧式铣床、立式铣床、万能卧式铣床、龙门铣床、工具铣床、单臂铣床、仿形铣床以及各种专用铣床、数控铣床和数控加工中心等。下面介绍立式铣床和万能卧式铣床。

8.2.1　立式铣床

立式铣床的主轴是垂直布置的,图 8-3 所示为 X5030 型立式铣床。编号 X5030 的含义是:X 表示铣床类;5 表示立铣;0 表示立式升降台铣床;30 表示工作台宽度的 1/10,即工作台的宽度为 300mm。

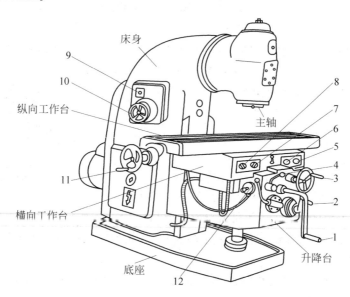

图 8-3　X5030 型立式铣床

1—升降手动手柄;2—进给量调整手柄;3—横向手动手轮;4—纵、横、垂向自动进给选择手柄;

5—机床启动按钮;6—机床总停按钮;7—自动进给换向旋钮;8—切削液泵开关旋钮;

9—主轴点动按钮;10—主轴变速手轮;11—纵向手动手轮;12—快动手柄

1．X5030 立式铣床的主要组成部分

X5030 立式铣床主要由床身、主轴、工作台、升降台和底座等组成。

(1) 床身:是机床的主体,用来安装和连接机床的其他部件。

(2) 主轴:是一前端带锥孔的空心轴,用来安装铣刀刀杆和铣刀。主电动机输出的旋转运动经主轴变速机构驱动主轴连同铣刀一起旋转,实现铣削加工的主运动。

(3) 工作台:用以安装铣床夹具和工件,带动工件实现各种进给运动。

(4) 升降台:通过升降丝杠支承工作台,带动工作台作上、下移动。

(5) 变速机构:主轴变速机构在床身内,使主轴有 12 种不同的转速;进给变速机构在升降台内,可提供 36 种进给速度。

（6）底座：用来支承床身和升降台,底部可存储切削液。

2．X5030 立式铣床调整及手柄使用

（1）主轴转速调整：转动主轴变速手轮 10,可以得到 40～1500r/min 的 12 种不同转速。变速时必须停车,且一定要在主轴停止旋转后进行。若变速手轮转不到位,可按一下主轴点动按钮 9。

（2）进给量调整：顺时针扳转进给量调整手柄 2,可获得数码标盘上标示的 18 种低速挡进给量；若先顺时针扳转手柄 2,然后逆时针锁紧,则可获得 18 种高速挡进给量,总共可得到 5～800mm/min 的 36 种进给量。注意,垂直方向的进给量只是数码盘所列数值的 1/3。

（3）手动手柄的使用：操作者面对铣床,顺时针摇动工作台左端的纵向手动手轮 11,工作台向右移动；反之,向左移动。顺时针摇动横向手动手轮 3,工作台向前移动；反之,向后移动。顺时针摇动升降手柄 1,工作台上升；反之,下降。

（4）自动进给手柄的使用：在机床的启动状态下,配合使用纵、横、垂向自动进给选择手柄 4 和自动进给换向旋钮 7。手柄 4 向右扳动,选择纵向自动进给,旋钮 7 向左转动则工作台向左进给,向右转动则向右进给；手柄 4 向左扳动,选择垂向自动进给,旋钮 7 向左转动则工作台向上进给,向右转动则向下进给；手柄 4 向前推,选择横向自动进给,旋钮 7 向左转动则工作台向前进给,向右转动则向后进给。手柄 4 和旋钮 7 的中间位置均为停止位置。

（5）快动手柄的使用：在机床启动和某一方向自动进给状态下,向外拉动快动手柄 12,即可使工作台沿该方向快速移动。快动手柄只在工件表面一次走刀完成后空程退刀时使用。

8.2.2　万能卧式铣床

万能卧式铣床的主轴轴线与工作台平行。图 8-4 所示为 X6132 型万能卧式铣床,它的主要组成部分和立式铣床大体相同,不同的是,它有吊架、横梁和转台。

万能卧式升降台铣床的主要组成部分如下：

（1）床身：床身可支撑并连接各部件,顶面水平导轨支撑横梁,前侧导轨供升降台移动用。床身内装有主轴和主运动变速系统及润滑系统。

（2）横梁：横梁可在床身顶部导轨前后移动,用于安装吊架,用来支撑铣刀杆。它可沿床身的水平导轨移动,以适应不同长度的刀轴。

（3）主轴：主轴是空心的,前端有锥孔,用以安装铣刀杆和刀具。主轴的转动是由电动机经主轴变速箱传动。改变手柄的位置,可使主轴获得各种不同的转速。

（4）工作台：工作台上有 T 形槽,可直接安装工件,也可安装附件或夹具。纵向工作台用于装夹夹具和零件,横向工作台位于升降台上面的水平导轨上,可带动纵向工作台一起作横向进给。

（5）转台：其作用是将纵向工作台在水平面内扳转一定角度,以便铣削螺旋槽。

（6）升降台：升降台可沿床身导轨作垂直移动,调整工作台至铣刀的距离,并作垂直进给。升降台内部装有供进给运动用的电动机及变速机构。

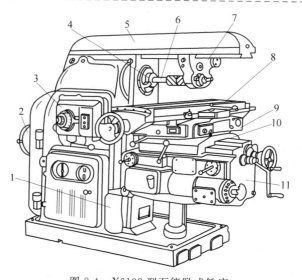

图 8-4　X6132 型万能卧式铣床

1—床身；2—电动机；3—主轴变速机构；4—主轴；5—横梁；6—刀轴；7—吊架；

8—纵向工作台；9—转台；10—横向工作台；11—升降台

8.3　铣刀及其安装

用于铣削加工,具有一个或多个刀齿的旋转刀具称为铣刀。铣刀的每一个刀齿相当于一把车刀。高速钢和硬质合金是两种较常用的铣刀刀齿材料。根据安装方式的不同,铣刀可分为带柄铣刀和带孔铣刀。

8.3.1　带柄铣刀

图 8-5 所示为常用的带柄铣刀,它们多用于立铣上,有时也用在卧铣上。根据不同形状的柄,有直柄铣刀和锥柄铣刀两种。直柄铣刀一般采用专用弹性夹头进行安装,如图 8-6(a)所示,铣刀的柱柄插入弹簧套孔内,弹簧套上面有三个开口,用螺母压紧弹簧套的端面,使其外锥面受压而缩小孔径,从而将铣刀的直柄夹紧。锥柄铣刀根据不同的铣刀锥柄尺寸,选择合适的变锥套,用拉杆将铣刀和变锥套一起拉紧在主轴锥孔内,如图 8-6(b)所示。

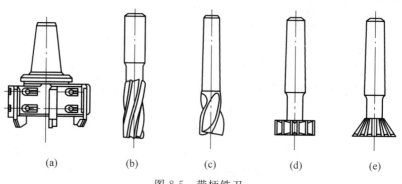

　　(a)　　　　　　(b)　　　　　　(c)　　　　　　(d)　　　　　　(e)

图 8-5　带柄铣刀

(a) 镶齿端铣刀；(b) 立铣刀；(c) 键槽铣刀；(d) T 形槽铣刀；(e) 燕尾槽铣刀

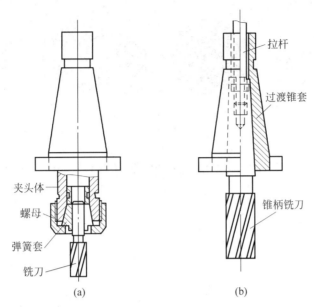

图 8-6　带柄铣刀安装示意图

（a）直柄铣刀安装示意图；（b）锥柄铣刀安装示意图

8.3.2　带孔铣刀

图 8-7 所示为常用的带孔铣刀，它们一般在卧式铣床上使用。带孔铣刀的安装要通过刀杆，铣刀杆是装夹铣刀的过渡工具。铣刀不同，刀杆的结构及形状也略有差异。图 8-8 所示为在立式铣床上安装三面刃铣刀的示意图，先用螺钉把铣刀紧固在铣刀杆上后，再把铣刀杆的锥柄安装在主轴上。

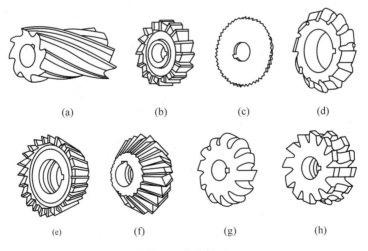

图 8-7　带孔铣刀

（a）圆柱铣刀；（b）三面刃铣刀；（c）锯片铣刀；（d）盘状模数铣刀；

（e）单角铣刀；（f）双角铣刀；（g）凸圆弧铣刀；（h）凹圆弧铣刀

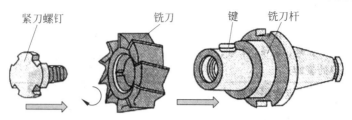

图 8-8   三面刃铣刀安装示意图

8.4   铣床附件及工件装夹

8.4.1   铣床附件

常用的铣床附件有：平口钳、万能分度头和回转工作台等，如图 8-9 所示。

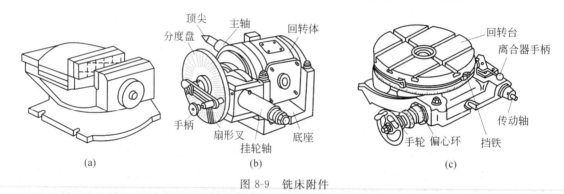

图 8-9   铣床附件

(a) 平口钳；(b) 万能分度头；(c) 回转工作台

1. 平口钳

平口钳是一种通用夹具，经常用于安装小型工件或形状规则工件，如图 8-9(a)所示。

2. 分度头

1) 分度头的作用

(1) 使工件实现绕自身的轴线周期地转动一定的角度，即进行分度。

(2) 利用分度头主轴上的卡盘夹持工件，使被加工工件的轴线可相对于铣床工作台在向上 90°和向下 10°的范围内倾斜成需要的角度，以适应不同位置沟槽和平面的加工。

(3) 与工作台纵向进给运动配合，通过配换挂轮，使工作连续转动，以加工螺旋沟槽、斜齿轮等。

2) 分度头的结构

分度头的主轴是空心的，两端均为锥孔，前锥孔可装入顶尖，后锥孔可装入心轴，以便在差动分度时挂轮，把主轴的运动传给侧轴从而带动分度盘旋转。主轴前端外部有螺纹，可用来安装三爪自定心卡盘，如图 8-9(b)所示。

松开壳体上部的两个螺钉，主轴可以随回转体在壳体的环形导轨内转动，因此主轴除安装成水平外,还能扳成倾斜位置。当主轴调整到所需的位置上,应拧紧螺钉。主轴倾斜的角度可以从刻度上看出。

在壳体下面固定有两个定位块,以便与铣床工作台面的 T 形槽相配合,用来保证主轴轴线准确地平行于工作台的纵向进给方向。

手柄用于紧固或松开主轴。分度时松开,分度后紧固,以防铣削时主轴松动。另一手柄是控制蜗杆的手柄,它可以使蜗杆和蜗轮连接或脱开。

蜗轮和蜗杆之间的间隙可用螺母调整。

3) 分度方法

分度头内部的传动系统如图 8-10(a)所示。转动分度手柄,通过传动机构(传动比为 1:1 的一对齿轮和 1:40 的蜗轮蜗杆)可使分度头主轴带动工件转动一定角度。手柄转一圈,主轴带动工件转 1/40 圈。

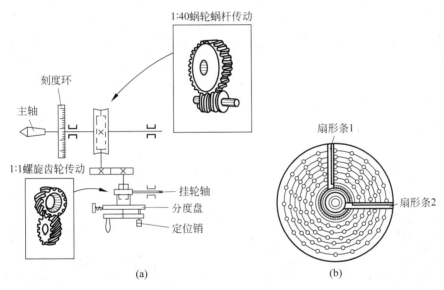

图 8-10　分度头的传动

(a) 分度头传动示意图;(b) 分度盘

如果要将工件的圆周等分为 Z 等分,则每次分度工件应转过 $1/Z$ 圈。设每次分度手柄的转数为 n,则手柄转数 $n = 40/Z$。

分度头分度的方法有直接分度法、简单分度法、角度分度法和差动分度法等。这里介绍常用的简单分度法。如:铣齿数 $Z=35$ 齿轮,需对齿轮毛坯的圆周作 35 等分,每一次分度时,手柄转数为

$$n = \frac{40}{Z} = \frac{40}{35} = 1\frac{1}{7}(\text{圈})$$

分度时,如果求出的手柄数不是整数,可利用分度盘上的等分孔距来确定。分度盘如图 8-10(b)所示,一般备有两块分度盘。分度盘的两面各钻有不通的许多圈孔,各圈孔数均不相等,然而同一孔圈上的孔距是相等的。第一块分度盘正面各圈的孔数依次为 24,25, 28,30,34,37;反面各圈的孔数依次为 38,39,41,42,43。第二块分度盘正面各圈的孔数依次为 46,47,49,51,53,54;反面各圈的孔数依次为 57,58,59,62,66。

按上例计算结果,即每分一个齿,手柄需转过 $1\frac{1}{7}$ 圈,其中 $\frac{1}{7}$ 圈需通过分度盘来控制。
用简单分度法需先将分度盘固定,再将分度盘手柄上的定位销调整到孔数为 7 的倍数(如 28、42)的孔圈上。如在孔数为 28 的孔圈上,此时分度手柄转过 1 整圈后,再沿孔数为 28 的孔圈转过 4 个孔距,即

$$n = 1\frac{1}{7} = 1\frac{4}{28}$$

为了确保手柄转过的孔距数可靠,可调整分度盘上扇形条 1、2 间的夹角,使其正好等于分子的孔距数,这样依次进行分度就可准确无误。

3. 回转工作台

回转工作台又称为转盘、平分盘、圆形工作台等,它的内部有一套蜗轮蜗杆。如图 8-9(c)所示,摇动手轮,通过蜗杆轴,就能直接带动与转台相连接的蜗轮转动。转台周围有刻度,可以用来观察和确定转台位置。拧紧固定螺钉,转台固定不动。转台中央有一孔,利用它可以方便地确定工件的回转中心。当底座上的槽和铣床工作台的 T 形槽对齐后,即可用螺栓把回转工作台固定在铣床工作台上。铣圆弧槽时,工件安装在回转工作台上,铣刀旋转,用手均匀缓慢地摇动,回转工件台面,使工件铣出圆弧槽。

8.4.2　工件装夹

铣床上常用的工件装夹方法有:平口钳装夹,如图 8-11(a)所示;压板螺栓装夹,如

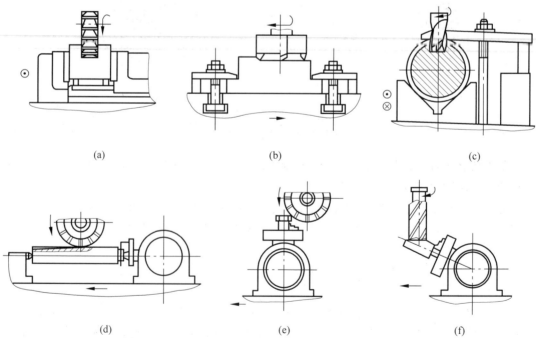

图 8-11　工件在铣床上常用的装夹方法

(a)用平口钳装夹;(b)用压板螺栓装夹;(c)用 V 形铁装夹;(d)用分度头装夹;

(e)分度头卡盘在直立位置装夹;(f)分度头卡盘在倾斜位置装夹

图 8-11(b)所示；V 形铁装夹，如图 8-11(c)所示；分度头装夹，如图 8-11(d)、(e)、(f)所示。分度头多用于安装有分度要求的工件，它不仅可用分度头卡盘（或顶尖）与尾座顶尖一起使用安装轴类零件，还可以只使用分度头卡盘安装工件。又由于分度头的主轴可以在垂直平面内转动，因此可利用分度头在水平、垂直及倾斜位置装夹工件。

当零件的生产批量较大时，可采用专用夹具或组合夹具装夹工件，这样既能提高生产效率又能保证产品质量。

8.5　操　作　训　练

8.5.1　安全操作规范

（1）工作前，必须穿好军训服，女生须戴好帽子，发辫不得外露。在执行飞刀操作时，必须戴防护眼镜。

（2）工作前认真查看机床有无异常，在规定部位加注润滑油和冷却液。

（3）加工前先安装好刀具，再装夹好工件。装夹必须牢固，严禁用开动机床的动力装夹刀杆、拉杆。

（4）主轴变速必须停车，变速时先打开变速操作手柄，再选择转速，最后将操作手柄复位。

（5）开始铣削加工前，刀具必须离开工件，并应查看铣刀旋转方向与工件相对位置是顺铣还是逆铣，通常不采用顺铣，而采用逆铣。若有必要采用顺铣，则应事先调整工作台的丝杠螺母间隙到合适程度方可铣削加工，否则将引起"扎刀"或打刀现象。

（6）在加工中，若采用自动进给，必须注意行程的极限位置；必须严密注意铣刀与工件夹具间的相对位置，以防发生过铣、撞铣夹具而损坏刀具和夹具。

（7）机床在运行中不得擅离岗位或委托他人看管，不准闲谈、打闹和开玩笑。

（8）加工中，严禁将多余的工件、夹具、刀具、量具等摆在工作台上，以防发生人身、设备事故。

（9）两人或多人共同操作一台机床时，必须严格分工，分段操作，严禁同时操作一台机床。

（10）中途停车测量工件，不得用手强行刹住惯性转动着的铣刀主轴。

（11）铣后的工件取出后，应及时去毛刺，防止拉伤手指或划伤堆放的其他工件。

（12）发生事故时，应立即切断电源，保护现场，参加事故分析，承担事故应负的责任。

（13）工作结束后，应认真清扫机床，加油，并将工作台移向立柱附近。

（14）打扫工作场地，将切屑倒入规定地点。

（15）收拾好所用的工、夹、量具，摆放于工具箱中，工件交检。

8.5.2　铣削方法

1. 铣削方式

铣刀和工件之间的相对运动是铣削加工的切削运动。按照铣刀完成切削的切削刃的不同，可分为周铣和端铣。如图 8-12 所示，利用铣刀圆周齿切削的称为周铣，利用铣刀端部齿切削的称为端铣。铣平面可用周铣法和端铣法，由于端铣法具有刀具刚性好，切削平稳（同时进行切削的刀齿多），生产率高，加工表面粗糙度好等优点，应优先采用端铣法。但是周铣法的适应性广,可利用多种形式的铣刀,故生产中仍常用周铣法。

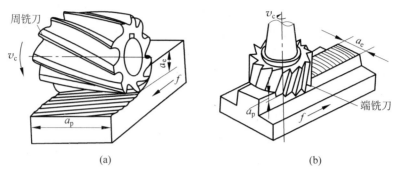

图 8-12　铣削运动

（a）周铣；（b）端铣

根据主切削运动速度方向与工件进给运动方向的相同或相反,周铣可分为顺铣和逆铣,如图 8-13 所示。顺铣时,铣削力的水平分力与工件的进给方向相同,切削力容易引起工件和工作台一起向前窜动,容易打刀,且顺铣容易对铣刀产生磨损,故生产中多采用逆铣。

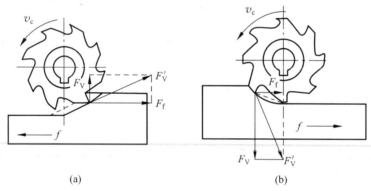

图 8-13　顺铣和逆铣

（a）逆铣；（b）顺铣

2. 铣削要素

铣削时,主运动是铣刀的转动,进给运动是工件作横向、纵向或垂直移动。图 8-14 所示为铣削运动与铣削用量示意图。

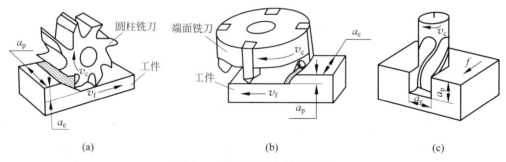

图 8-14　铣削运动与铣削用量

（a）圆柱铣刀铣削；（b）端铣刀铣削；（c）立铣刀铣削

（1）铣削速度

铣刀切削处的最大直径点的线速度与转速的换算关系为

$$v_c = \frac{\pi D_t n_t}{1000}$$

式中，v_c 为铣削速度，m/min；D_t 为铣刀外径，mm；n_t 为铣刀转速，r/min。

铣削速度应根据工件材料、铣刀切削部分材料、加工阶段的性质等因素确定。粗铣时，确定铣削速度必须考虑到铣床功率的限制。精铣时，一方面应考虑提高工件的表面质量，另一方面要从提高铣刀耐用度的角度来考虑。

（2）进给量

由于铣刀是多刃工具，铣削中的进给量有三种表示方式，即每齿进给量（mm/z）、每转进给量（mm/r）和每分钟进给量（mm/min）。进给量的大小主要根据铣床进给机构的强度、刀轴尺寸、刀齿强度、工艺系统的刚度以及加工工件表面粗糙度的大小来确定。在工件、机床、强度、刚度和表面粗糙度要求许可的条件下，进给量应尽量取得大些，以提高加工效率。

（3）背吃刀量

铣刀在切入工件时有两个方向的背吃刀量，即切削深度 a_p 和切削宽度 a_e。在进行切削深度 a_p 选择时，必须充分考虑切削力对工艺系统强度、刚性和加工精度的影响。切削深度 a_p 或切削宽度 a_e 主要根据工件的加工余量和加工表面精度及质量来确定。当加工余量不大时，应尽量一次进给铣去全部加工余量，以提高加工效率。只有当工件的加工余量较大、加工精度要求较高或加工表面粗糙度值 Ra 小于 $6.3\mu m$ 时，才分粗、精铣或分层铣削。

（4）铣削液

铣削液的主要作用有冷却、润滑、防锈和冲洗。铣削液的种类有乳化液和切削油，乳化液是乳化油用水稀释而成，主要起冷却作用；切削油的主要成分是矿物油（柴油和机油等），少数采用动物油和植物油，主要起润滑作用。铣削液的选用应根据工件材料、刀具材料和加工工艺等条件来选择。一般地，由于粗加工时切削量大，产生的热量多，因此应选用冷却为主的乳化液；而精加工时切削量小，产生的热量少，对工件表面质量要求高并希望铣刀的耐用度高，所以应选用以润滑为主的切削液，且切削液要根据刀具材料选用。

3. 铣削步骤

在正确安装零件和刀具后，按照对刀、粗铣、精铣 3 个步骤，进行铣削加工。

（1）对刀：先在工件的最高点贴上一张浸过油的薄纸，然后移动工作台，使刀具处在工件的最高点上方，启动主轴，慢慢上升工作台，使刀具擦到油纸，记下升降台刻度盘的读数，则为铣削余量的起点。纵向退出工件。

（2）粗铣：根据工件材料计算粗铣的余量，手动上升工作台。启动工作台，扳动自动纵向进给手柄，进行铣削。余量过大时，可分多次铣削。粗铣后应留下 0.5～1mm 的加工余量。

（3）精铣：通过检测、测量，确定精铣的余量，手动上升工作台。启动工作台，扳动自动进给手柄，进行铣削。工件加工完成后再进行测量检验，以保证工件的精度。

8.5.3　铣削加工实例

以图 8-15 所示的学生实习件——压板为例，分析单件小批量生产时选用的铣削设备、工件装夹方法、刀具和加工操作步骤。

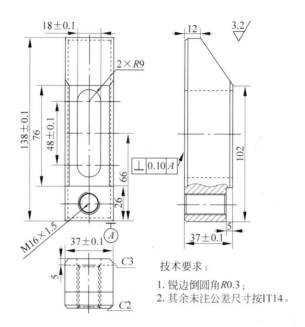

图 8-15　实习件——压板

该学生实习件——压板属于单件小批生产,毛坯为 140mm×50mm×50mm 的 45♯方钢,为平面类零件,可采用普通铣削的加工方式。加工设备选用 X6325E 型立式铣床,采用平口钳对工件进行装夹,铣削工艺流程如表 8-1 所示。

表 8-1　学生实习件——压板的铣削加工工艺过程

工序号	工种	工 序 内 容	刀　　具
2	铣工	以毛坯面为粗基准,加工 4 个平面	φ16 立铣刀
		以平面为基准,配合斜垫铁铣削斜面	
		铣削台阶	
		钻 M16 孔	φ14.6 钻头
		攻 M16 螺纹孔	M16 丝锥
		铣削中间键槽	φ16 立铣刀
		倒角	45°倒角刀

作业与思考

1. 和车削相比,铣削加工有什么特点?

2. 常用铣床附件有哪些? 分别适合于什么场合?

3. 立式铣床和卧式铣床的主要区别是什么?

4. 顺铣和逆铣怎么区分? 实际生产中采用哪种铣削方式? 为什么?

5. 拟铣齿数为 30 的直齿圆柱齿轮,求每铣一齿后分度手柄应转过的转数。

第9章

CHAPTER 9

磨削加工

9.1 概 述

在磨床上用砂轮等磨具对工件进行切削的加工过程,统称为磨削加工。磨削时,砂轮的回转运动是主运动,根据不同的磨削内容,进给运动可以是砂轮的轴向、径向移动,工件的回转运动,工件的纵向、横向移动等。图9-1所示为在卧轴矩台磨床上磨削加工工件平面的示意图。磨削加工主要有四种类型,分别是平面磨削加工、内外圆磨削加工和无心磨削加工。平面磨削主要用于在平面磨床上磨削平面和沟槽等;内圆磨削主要用于在内圆磨床、万能外圆磨床和坐标磨床上磨削工件的圆柱孔、圆锥孔和孔端面;外圆磨削主要在外圆磨床上进行,用来磨削轴类工件的外圆柱、外圆锥和轴肩端面;无心磨削一般在无心磨床上进行,用以成批量地磨削无中心孔的轴、套、销等零件。

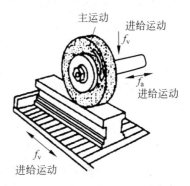

图 9-1 平面磨削加工示意图

磨削加工具有以下特点:

(1) 磨削加工的范围广泛,可用来加工普通塑性材料、铸件等脆性材料、淬硬钢、硬质合金、宝石等高硬度难切削材料的各种平面、内外圆柱面、内外圆锥面和成型面等。其典型的加工方法如图9-2所示。

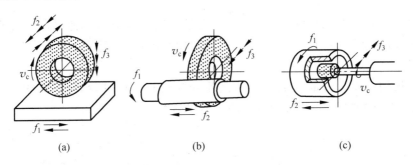

图 9-2 磨削加工方法

(a)磨平面;(b)磨外圆;(c)磨内圆

（2）加工余量少，加工精度高。一般磨削可获得 IT5～IT7 级精度，表面粗糙度可达 $Ra0.2～1.6\mu m$。

（3）磨削速度高，耗能多，切削效率低，磨削温度高，工件表面易产生烧伤、残余应力等缺陷。

（4）砂轮等磨具有一定的自锐性，可进行连续的强力切削。

9.2　砂　　轮

砂轮是磨具中用量最大、使用面最广的一种，使用时高速旋转，可对金属或非金属工件的外圆、内圆、平面和各种型面等进行粗磨、半精磨和精磨以及开槽和切断等。

9.2.1　砂轮的特性要素与选用

砂轮是由一定比例的磨粒和结合剂制成，在烧结过程中形成气孔，如图 9-3 所示。砂轮的性能主要由磨料、粒度、结合剂、硬度和组织五个方面的因素决定。

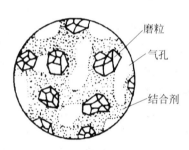

图 9-3　砂轮的组成

1．磨料

磨料通常分为三大类：刚玉系（氧化物系），包括棕刚玉、白刚玉、单晶刚玉、微晶刚玉和铬刚玉；碳化物系，包括黑碳化硅、绿碳化硅、碳化硼和立方碳化硅；高硬磨料系，包括人造金刚石、天然金刚石、立方氮化硼。

磨料的选用原则是：磨削硬度高的工件材料时，应选择硬度更高的磨料，磨削抗张强度高的工件材料时，应选用韧性大的磨料；磨削抗张强度低的材料时，应选用较脆或强度高的碳化硅磨料。具体说，棕刚玉磨料适应磨削碳钢、铸造合金钢、硬青铜等；白刚玉磨料适应磨削淬火钢、合金钢、高速钢、工具钢等；黑碳化硅磨料适应磨削有色金属、橡胶、皮革、塑料等；绿碳化硅磨料适应磨削硬质合金、光学玻璃、陶瓷材料等；金刚石磨料和立方碳化硼磨料广泛应用于难磨材料。

2．粒度

粒度是指砂轮中磨粒尺寸的大小，它的度量是以磨粒能通过的筛网网号来表示。如 100 粒度表示磨粒刚好通过每 1 英寸①长度上有 100 个孔眼的筛网。粒度号数越大，颗粒尺寸越细。

磨粒粒度的选用原则是：粗磨时，应选用磨粒较粗大的砂轮，以提高生产效率；精磨时，应选用磨粒较细的砂轮，以获得较好的表面粗糙度。

---

① 　1 英寸＝2.54cm。

3. 结合剂

结合剂是把磨粒粘结在一起组成磨具的材料。磨床上最常用的结合剂有陶瓷结合剂、树脂结合剂和橡胶结合剂。砂轮的强度、抗冲击性、耐热性和耐腐蚀性主要取决于结合剂的种类和性质。

砂轮结合剂的选用原则是：结合剂的选用应根据磨削方法、使用速度和表面加工要求等条件予以考虑。一般，当砂轮旋转的线速度小于 35m/s 时，常选用陶瓷结合剂砂轮用于磨削普通碳钢、合金钢、不锈钢、铸铁、硬质合金、有色金属等；当砂轮旋转的线速度大于 50m/s 时，常选用树脂结合剂砂轮用来磨槽和切割；无心磨的砂轮和导轮选用橡胶结合剂。

4. 硬度

砂轮硬度是指砂轮工作时，磨粒在外力作用下脱落的难易程度。砂轮硬，表示磨粒难以脱落；砂轮软，表示磨粒容易脱落。砂轮的硬度主要决定于结合剂性质、数量和砂轮的制造工艺。

砂轮硬度的选用原则是：工件材料硬，砂轮硬度应选用软一些，以便砂轮磨钝磨粒及时脱落，露出锋利的新磨粒继续正常磨削；工件材料软，因易于磨削，磨粒不易磨钝，砂轮应选硬一些。

5. 组织

砂轮的组织是指组成砂轮的磨粒、结合剂、气孔三部分体积的比例关系。通常以磨粒所占砂轮体积的百分比来分级。砂轮有三种组织状态：紧密、中等、疏松。

砂轮组织的选用原则是：通常粗磨和磨削较软金属时，砂轮易堵塞，应选用疏松组织的砂轮；成型磨削和精密磨削时，为保持砂轮的几何形状和得到较好的表面粗糙度，应选用较紧密组织的砂轮。

9.2.2　砂轮的形状及代号

为适应不同类型的磨床上磨削各种形状工件的需要，砂轮有许多形状和尺寸，如表 9-1 所示。

表 9-1　常见砂轮形状、代号及其用途

砂轮名称	代号	简　图	用　途
平行砂轮	1		平面磨、内外圆磨、无心磨
薄片砂轮	41		切断及切槽
筒形砂轮	2		端磨平面
碗形砂轮	11		刃磨刀具、磨导轨

续表

砂轮名称	代号	简 图	用 途
蝶形1号砂轮	12a		磨铣刀、铰刀、拉刀、齿轮
双斜边砂轮	4		磨齿轮及螺纹
杯形砂轮	6		磨平面、内圆、刃磨刀具

为了便于识别砂轮的全部特性，在砂轮的端面一般都有标记，其顺序是：形状代号、尺寸、磨料代号、粒度号、硬度代号、组织号、结合剂代号、最高工件线速度。例如：外径 400mm，厚度 100mm，孔径 127mm，棕刚玉磨料，粒度 60，硬度 L，5 号组织，橡胶结合剂，最高砂轮线速度为 30m/s 的平行砂轮，其标记为：砂轮 1-400×100×127-A 60 L5R-30。

9.2.3　砂轮的平衡、安装及修整

1. 砂轮的平衡

由于砂轮通常在高速下工作，因而使用前应进行回转试验（保证砂轮在最高工作转速下不会破裂）和静平衡试验（防止工作时引起机床振动）。

2. 砂轮的安装

砂轮安装前应仔细检查是否有裂纹，再检查砂轮内孔与法兰轴套配合的松紧程度。直径较大的砂轮要用法兰盘装夹，在法兰盘端面和砂轮之间应放置弹性材料制成的衬垫。安装时，要确保各零部件都已擦干净，紧固时要采用对角逐步拧紧，以保证砂轮受力均匀，注意不要用力过猛。最后将砂轮连同法兰盘一起装入主轴。

3. 砂轮的修整

新砂轮在使用前和磨钝后应进行修整，这样可以恢复磨削性能和正确的几何形状。一般用金刚石笔来修整砂轮。

9.3　磨　床

用磨料磨具（砂轮、油石、研磨剂和砂带）为工具进行切削加工的机床，统称为磨床。磨床的种类非常多，主要有平面磨床、外圆磨床、内圆磨床、齿轮磨床、螺纹磨床、工具磨床、刀具刃具磨床、研磨机、抛光机以及各种专门化磨床等。下面介绍平面磨床和内外圆磨床。

9.3.1 平面磨床

平面磨床用于磨削各种零件的平面。磨削时,砂轮的回转运动是主运动,进给运动是砂轮的轴向、径向移动,工件的纵向、横向移动等,如图 9-4 所示。

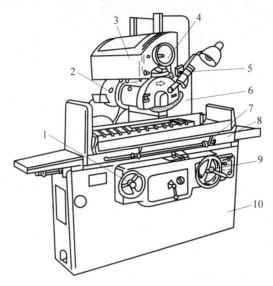

图 9-4　M7120A 平面磨床

1—驱动工作台手轮；2—磨头；3—滑鞍；4—横向进给手轮；5—砂轮修整器；

6—立柱；7—行程挡铁；8—工作台；9—垂直进给手轮；10—床身

图 9-4 所示为 M7120A 型平面磨床。在型号中,7 为机床组别代号,表示平面磨床；1 为机床系列代号,表示卧轴矩台平面磨床；20 为主参数工作台面宽度的 1/10,即工作台宽度为 200mm。它主要由床身、工作台、立柱、滑鞍、磨具架和砂轮修整器等部件组成。

(1) 床身：承载机床各部件,内部安装液压传动系统。

(2) 工作台：由液压系统驱动,可沿床身导轨作直线往复运动,其上安装有电磁吸盘,利用电磁吸力装夹工件。

(3) 砂轮架：安装砂轮,由电机直接驱动砂轮旋转。

(4) 滑鞍：砂轮架安装在滑鞍水平导轨上,可沿水平导轨移动,滑鞍安装在立柱上,可沿立柱导轨垂直移动。

(5) 立柱：其侧面有垂直导轨,滑鞍安装在其上。

磨头 2 沿滑鞍 3 的水平导轨可作横向进给运动,这可由液压驱动或横向进给手轮 4 操纵,滑鞍 3 可沿立柱 6 的导轨垂直移动,以调整磨头 2 的高低位置及完成垂直进给运动,该运动也可由操纵垂直进给手轮 9 实现。砂轮由装在磨头壳体内的电动机直接驱动旋转。

9.3.2 外圆磨床

外圆磨床主要用于磨削加工各种圆柱形、圆锥形外表面及轴肩端面。图 9-5 所示为 M1432A 型万能外圆磨床,它主要由头架、砂轮架、尾座、工作台、内圆磨装置和床身等组成。

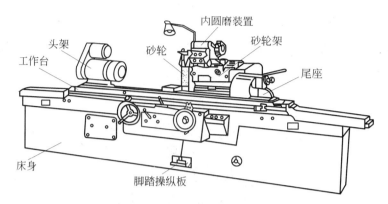

图 9-5 M1432A 型万能外圆磨床外形图

（1）床身：它是磨床的支承部件，在其上装有砂轮架、头架、尾座及工作台等部件。床身内部装有液压缸及其他液压元件，用来驱动工作台和横向滑鞍的移动。

（2）头架：用于装夹工件并带动其旋转，可在水平面内逆时针方向转动 90°。

（3）内圆磨装置：用于支承磨内孔的砂轮主轴部件，由单独的电动机驱动。

（4）砂轮架：用于支承并传动调整旋转的砂轮主轴。砂轮架装在滑鞍上，当需磨削短圆锥时，砂轮架可在 ±30° 内调整位置。

（5）尾座：尾座的功用是利用安装在尾座套筒上的顶尖，与头架主轴上的前顶尖一起支承工件，使工件实现准确定位。

（6）滑鞍及横向进给机构：转动横向进给手轮，通过横向进给机构带动滑鞍及砂轮架作横向移动。也可利用液压装置使砂轮作快速进退或周期性自动切入进给。

（7）工作台：由上下两层组成。上工作台可相对于工作台在水平面内转动很小的角度，用以磨削锥度不大的长圆锥面。上工作台顶面装有头架和尾座，它们可随工作台一起沿床身导轨作纵向往复运动。

9.3.3 内圆磨床

内圆磨床主要用于磨削圆柱、圆锥形内孔表面。内圆磨床分为普通内圆磨床、行星内圆磨床、无心内圆磨床、坐标磨床和专门用途的内圆磨床。图 9-6 所示为 M2110 内圆磨床，它主要由床身、工件头架、工作台、砂轮架、砂轮修整器等组成。砂轮架安装在床身上，由单独的电机驱动，砂轮高速旋转，提供主运动；砂轮架还可横向移动，使砂轮实现横向进给运动。工件头架安装在工件台上，带动工件旋转作圆周进给运动；头架可在水平面内扳转一定角度，以便磨削内锥面。工作台由液压系统驱动沿床身纵向导轨作往复直线移动，带动工件作纵向进给运动。

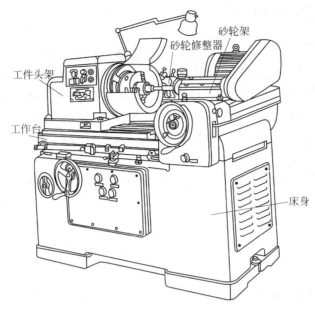

图 9-6　M2110 内圆磨床

9.4　操作训练

9.4.1　安全操作规范

1. 磨床操作规程

（1）未经检查和未经平衡的砂轮不能使用。

（2）装夹砂轮的法兰盘时,要严格按操作规程进行。其底盘与压盘直径要相等,且不能小于砂轮直径的 1/3。

（3）砂轮和法兰盘之间必须加垫 0.3~3mm 的弹性垫片,以增加接触面。装夹后,经静平衡,砂轮应在最高转速下至少试转 5min 才能使用。

（4）平面磨削前,要整理干净工件和吸盘上的铁屑,保证安装可靠。

（5）用电磁吸盘安装工件时,首先检查工件是否吸牢,确认工件牢固后方可开机作业。

（6）对较长、较宽工件,要反复翻转磨削,保证加工表面的精度要求。

（7）磨斜面时,先确定基准面,依此装夹;再调整夹具(或机床)到所需角度,按磨削一般平面方式进行磨削。

（8）磨削外圆时,若采用两顶或一夹一顶装夹方法时,顶紧力要适当,要检查中心孔有无毛刺、碰伤等现象,如有,应及时修研。精度要求较高的工件要用百分表来找正。

（9）磨削外锥面时,无论是扳转头架还是砂轮架角度,都要注意对准刻度线。试磨后应进行检查,及时修正,保证锥度的精度。

（10）磨削前应根据工件长度调整好行程挡铁,避免超程发生碰撞。

（11）开机前,检查磨削液供给系统,查看磨削液是否充足,保证冷却润滑正常。

（12）开机前穿好劳动保护用品。

2. 磨床维护保养

（1）正确使用机床，熟悉自用磨床各部件的结构、性能、作用、操作方法和步骤。

（2）开动磨床前，应首先检查磨床各部分是否有保障；工作后仍需检查各传动系统是否正常，并做好交接使用记录。

（3）严禁敲击磨床的零部件，不碰撞或拉毛工作面，避免重物磕碰磨床的外表面，装卸大工件时，最好预先在台面上垫放木板。

（4）工作台上调整尾座、头架位置时，必须擦净台面与尾座接缝处的磨屑，涂上润滑油并移动部件。

（5）磨床工作时应注意砂轮主轴轴承的温度，一般不得超过 60℃。

（6）工作完毕后，应清除磨床上的磨屑和切削液，擦净工作台，并在敞开的滑动面和机械部件涂油防锈。

9.4.2　磨床的基础操作

磨床的准备与操作必须严格按照磨床安全操作规定。下面以平面磨床为例，简要介绍磨床的基本操作。图 9-7 所示为平面磨床控制面板示意图。在安放好零件后，先开电磁台面磁性选择开关 SA1，如果零件底面积小，高度高，四周应加以辅助支撑，增加磁吸力。然后按液压启动按钮 SB5，再按砂轮电动机启动按钮 SB3，此时冷却水泵同时自动打开。

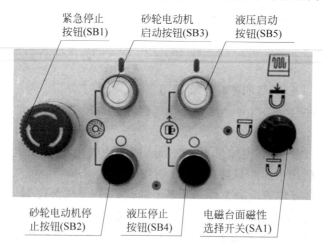

图 9-7　机床控制面板示意图

1. 工作台纵向运动

工作台纵向运动操纵手柄在图 9-8 所示位置 2 时，工作台纵向停止，顺时针转动手柄，使工作台开始移动，速度由慢到快；转到 90°位于位置 1 时，工作台速度为最快；手柄逆时针转至位置 3 时，为液压泵卸压。工作台换向由装在工作台上的工作台往复移动换向手柄来控制。

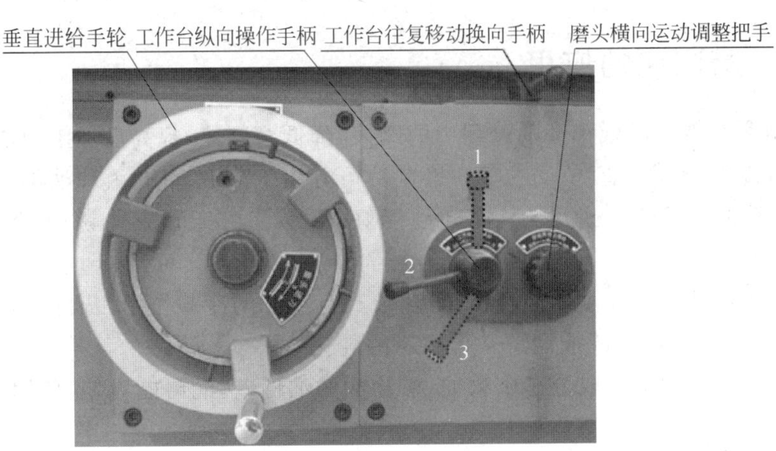

垂直进给手轮
工作台纵向操作手柄
工作台往复移动换向手柄
磨头横向运动调整把手
1
2
3

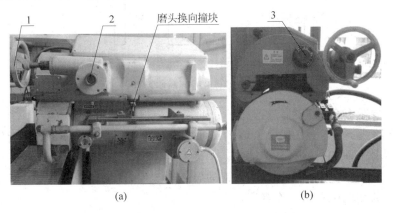

图 9-8 进给运动操纵手柄示意图

2. 磨头横向移动

磨头横向运动停止时，图 9-8 中磨头横向运动调整把手应处于中间位置。把手沿逆时针转动，磨头横向为连续运动，速度从慢到快；把手沿顺时针转动，磨头横向为间隙运动，速度从慢到快。磨头横向运动可以手动和自动。当要手动时，将图 9-8 所示磨头横向运动调整把手放在中间位置(断油)，然后，如图 9-9 所示，将把手 3 顺时针转到手动位置，把手柄 2 往里推入，使手动机构爪形接合子接合，这时方可摇动手轮 1。当要自动时，将把手 3 逆时针转到自动位置，把手柄 2 往外拉出，即将爪形接合子脱开，转动图 9-8 中磨头横向运动调整把手，磨头作自动运动。磨头横向行程及换向由装在磨头上的撞块来控制。

1
2
磨头换向撞块
3
(a)
(b)

图 9-9 磨头横向运动操纵手柄示意图

(a) 换向撞块、手柄及手轮；(b) 自动和手动切换把手

1—手轮；2—手柄；3—把手

3. 垂直进给运动

磨头垂直进给机构的手轮安装在床身的前面，如图 9-8 所示。顺时针转动手轮为进刀，逆时针转动手轮为退刀。在手轮上游动地装着一个刻度盘，调节刻度盘位置时可将固定螺杆松开，拨动刻度盘，即可使刻度盘刻度对准指示针的位置，然后拧紧。

9.4.3　磨削液的应用

合理选用磨削液可以减小磨削过程中的摩擦，降低磨削热，提高已加工面质量。磨削液的主要作用有冷却、润滑、清洗、防锈等。磨削液可分为水溶液、乳化液和油类三大类。

（1）水溶液的主要成分是水，其冷却性能好，但易使机床和工件锈蚀，须加入防锈剂使用。

（2）乳化液是乳化油和水的混合体，乳化液具有良好的冷却作用，若再加入一定比例的油性剂和防锈剂，则可成为既能润滑又可防锈的乳化液。

（3）油类切削液的主要成分是矿物油，矿物油的油性差，润滑能力差，使用时，须加入极压添加剂。

9.4.4　磨削加工实例

1. 平面磨削实例

图 9-10 所示为平面磨削实习件，所用毛坯为 147mm×87mm×12mm 的 45# 方钢。磨削加工是在 M7130H 型卧轴矩台平面磨床上进行，重点要保证厚度 12mm 的尺寸精度和平面 147mm×87mm 的表面粗糙度。

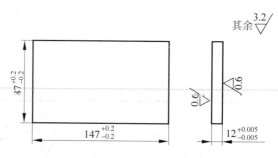

图 9-10　平面磨削实习件

根据加工要求和工件材料，进行如下分析。

（1）工艺路线：要达到 12 ± 0.005 的尺寸精度和表面粗糙度值 Ra 的最大值为 $0.6\mu m$，需要对上下两个平面进行粗磨和精磨。

（2）工件装夹：所用材料为 45# 方钢的导磁性工件，且接触平面达到 147mm×87mm，因此可直接安装在电磁吸盘工作台上。

（3）磨削液的选择：选用乳化液切削液，并注意充分冷却。

（4）机床的调整：机床的调整包括各控制手柄、手轮和换向撞块的调整、砂轮的安装和转速的调整以及工作台进给量的调整等。

2. 外圆磨削实例

图 9-11 所示为外圆磨削实习件，所用毛坯为 $\phi60mm\times500mm$ 的 45 圆钢。磨削加工是在 M1432 型万能外圆磨床上进行，重点要保证直径 $\phi60$ 的尺寸精度和外圆柱面的表面粗糙度（Ra 的最大值为 $0.6\mu m$）。

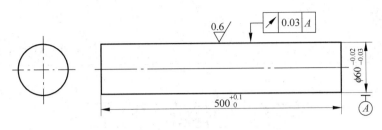

图 9-11　外圆磨削实习件

根据加工要求和工件材料,进行如下分析。

(1) 工艺路线:要达到 $\phi 60_{-0.03}^{-0.02}$ 的尺寸精度和表面粗糙度 Ra 的最大值为 $0.6\mu m$,可以采用纵磨法进行粗磨、精磨和光磨。

(2) 工件装夹:工件在外圆磨床上的装夹采用如图 9-12 所示的双顶尖装夹方法。前后两个顶尖是不能随工件一起转动的,这样可以避免顶尖转动可能带来的径向跳动误差;后顶尖依靠弹簧推力顶紧工件,自动控制松紧程度,这样不仅可以避免工件轴向窜动带来的误差,而且可以避免工件因磨削热产生弯曲变形。

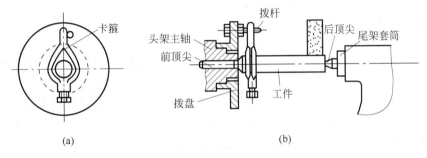

图 9-12　双顶尖装夹工件示意图

(3) 磨削液的选择:选用乳化液切削液,并注意充分冷却。

(4) 机床的调整:外圆磨床的调整包括各控制旋钮、手柄和工作台左右换向撞块的调整,尾架、砂轮架的调整以及工作台进给量的调整等。

作业与思考

1. 磨削加工的定义及其特点是什么?

2. 组成砂轮有哪三要素?

3. 砂轮的安装应注意哪些问题?

4. 磨削平面时,工件和砂轮各有哪些运动?

5. 万能外圆磨床由哪几部分组成?

第 10 章

CHAPTER 10

镗削与齿轮加工

10.1 概 述

使用镗刀对工件预制孔(铸造孔、锻造孔和精加工孔)进行扩大的切削加工过程,称为镗削加工。在镗削时,镗刀的旋转运动为主运动,工件随工作台的运动为进给运动,如图 10-1 所示。

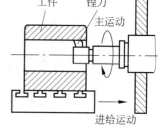

图 10-1 镗削加工示意图

镗削加工的特点如下:

(1) 镗削加工的主运动是镗刀的旋转运动,这和以工件旋转为主运动的加工方式相比,特别适合加工箱体、机架等结构复杂的大型零件。

(2) 镗削加工的工艺范围广,可以加工圆柱孔、平面、螺纹以及中心孔等零件表面,还能实现孔系的加工等。图 10-2 所示为几种典型的镗削加工工艺。

(3) 对于直径较大的孔(一般 $D > \phi 80 \sim 100$mm)、内成型面或孔内环槽,镗削是唯一合适的加工方法。

(4) 镗孔可修正上一工序所产生的孔的轴线位置误差,保证孔的位置精度。一般镗孔精度可达 IT6~IT7 级,孔距精度可达 0.015mm,表面粗糙度 Ra 值可达 $0.8 \sim 1.6 \mu$m。

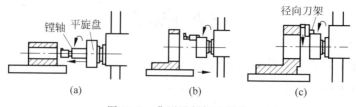

图 10-2 典型镗削加工工艺

(a) 镗小孔;(b) 镗大孔;(c) 镗端面

10.2 卧 式 镗 床

卧式镗床是应用最多、性能最广的一种镗床,适用于单件小批生产和修理车间。如图 10-3 所示,卧式镗床主要由床身、主轴箱、工作台、平旋盘和前、后立柱等组成。主轴箱安装在前立柱垂直导轨上,可沿导轨上下移动。主轴箱内装有主轴部件、平旋盘、主运动和进给运动的变速机构及操纵机构等。机床的主运动为主轴或平旋盘的旋转运动。根据不同的加工要求,镗轴可作轴向进给运动,或平旋盘上径向刀具滑板在随平旋盘旋转的同时作径向进给运动。工作台由上、下滑座支撑。工作台可随着上滑座沿下滑座顶部导轨作横向移动,也可随着下滑座沿床身导轨作纵向移动。工作台还可沿上滑座的环行导轨绕垂直轴线转动,以便加工不同面上的孔。后立柱垂直导轨上有支承架用来支承较长镗杆,以增加镗杆的刚性。支承架可沿后立柱导轨上下移动,以保持与镗轴同轴,后立柱可根据镗杆长度作纵向位置调整。

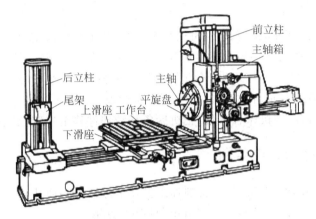

图 10-3　卧式镗床

卧式镗床根据不同的加工要求,可作以下运动:

(1) 镗轴或平旋盘的旋转主运动;

(2) 镗杆的轴向进给运动;

(3) 主轴箱的垂直进给运动;

(4) 工作台纵向、横向进给运动;

(5) 平旋盘径向刀架进给运动;

(6) 辅助运动,如主轴箱、工作台在进给方向上的快速调位运动,后立柱纵向调位运动,后支架垂直调位运动,工作台的转位运动。

10.3　镗削加工基本操作

10.3.1　镗床安全操作规程及维护保养

1. 镗床安全操作规程

(1) 操作者必须接受三级安全教育,严格遵守操作时的文明生产、安全操作等各项规定。

(2) 工作前必须检查设备和工作场地,排除故障和事故隐患。

(3) 机床运转时,不允许测量尺寸,不许用样板或手触摸加工面。镗孔、扩孔时严禁将头贴近加工位置观察切削情况,更不允许隔着转动的镗杆取东西。

（4）使用平旋盘进行切削时，刀架上的螺钉要拧紧；不准站在对面或伸头观察；要防止衣服被旋转的刀盘勾住；不准用手去触摸旋转着的镗杆和平旋盘。

（5）工作台转动角度时，必须将镗杆缩回，以避免镗杆与工件相撞。

（6）不准任意拆装电器设备。工作中一旦发生意外事故，必须立即停机且不准擅自处理。

（7）下班前，应清除机床上及周围场地的切屑和切削液，并在规定部位加润滑油，关闭电源。

2．镗床维护保养

（1）工作开始前，检查机床各部件机构是否完好，各手柄位置是否正常。清洁机床各部位，观察各润滑装置，对机床导轨面直接浇油润滑。开机低速空转一定时间。

（2）工作过程中，注意操作正确，不允许机床超负荷工作，不可用精密机床进行粗加工等。工作过程中发现有任何异常现象，应立即停机检查。

（3）工作结束后，清洗机床各部位，把机床各移动部件移至规定位置，关闭电源。

10.3.2　镗削加工实例

图 10-4 所示为镗削加工实习件，镗削加工主要是保证中心通孔 $\phi80$ 的尺寸精度和位置精度。所用毛坯为 200mm×100mm×40mm 的 45♯方钢。

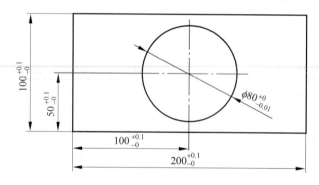
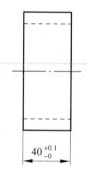

图 10-4　镗削加工实习件

根据加工要求和工件材料，进行如下分析。

（1）工件的安装：工件是规则的方料，故采用压板固定在镗床工作台上。

（2）镗刀的安装：镗削加工所用的镗刀采用单刃镗刀，它是把镗刀头安装在镗刀杆上，其加工孔径大小靠调整刀头的悬伸长度来保证，如图 10-5所示。

（3）镗床的调整：镗床的调整包括各操作手柄、控制按键的调整，对刀以及工作台的进给量调

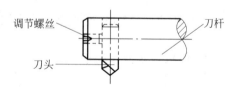

图 10-5　镗刀的安装示意图

整等。调整转速和进给量等加工参数时要注意，160,180r/min 这两种转速不得使用；注意高转速和大进给不得同时使用，一般情况下确保镗轴转速和进给量的乘积应＜1.8m/min。

10.4 齿轮加工概述

切削工件获得所需的齿轮的过程,称为齿轮加工。齿轮加工的关键是齿面加工,目前齿面加工的主要方法是刀具切削加工和砂轮磨削加工。砂轮磨削加工主要用于齿面的精加工,效率一般比较低,而刀具切削加工,由于加工效率和精度较高,因而是目前广泛采用的齿面加工方法。根据加工原理,刀具切削加工齿轮可分为成型法和展成法两大类。

1. 成型法

成型法是采用与被切齿轮齿槽相符的成型刀具加工齿形的方法。用齿轮铣刀在普通铣床上加工齿轮是常用的成型加工。铣完一个齿槽后,分度头将齿坯转过 $360°/Z$,再铣下一个齿槽,直到铣出所有的齿槽,如图 10-6 所示。用成型法加工齿轮,虽然它可以直接在普通铣床上完成,但对于同一模数的齿轮,只要齿数不同,需采用不同的成型刀具,且每加工完一个齿槽后,工件需要周期地分度一次,生产率较低。

2. 展成法

展成法又称范成法,它是利用齿轮的啮合原理进行的,即把齿轮副(齿条齿轮或齿轮齿轮)中的一个制作为刀具,另一个则作为工件,并强制刀具和工件作严格的啮合运动而展成切出齿廓,如图 10-7 所示。

图 10-6 成型法加工齿轮示意图

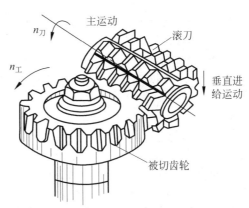

图 10-7 展成法加工齿轮示意图

相对于成型法,用展成法加工齿轮齿形的优点是:一把齿轮刀具可以加工和它模数相同、压力角相等的不同齿数的齿轮,且加工精度和生产率较高。因此展成法被广泛应用于各种齿轮加工机床上,如滚齿机、插齿机、剃齿机等。

10.5 滚 齿 机

图 10-8 所示为 Y3150E 滚齿机,它主要由床身、立柱、刀架溜板、刀杆、刀架体、支架、工件心轴、后立柱、工作台和床鞍等组成。

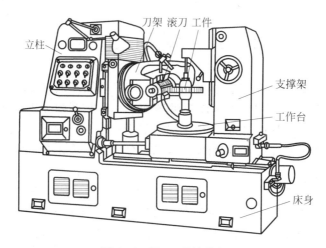

图 10-8 Y3150E 滚齿机

滚齿加工时,滚齿机的运动有:

(1) 切削运动(主运动)

切削运动即滚刀的旋转运动,其切削速度由变速齿轮的传动比决定。机床的主运动是由装在床身上的主电动机驱动的。电动机功率为 4kW,同步转速为 1500r/min。主电动机启动后的旋转运动经过三角皮带(型号 A1448)降速传入传动箱,在传动箱经挂轮及推挡变速,可获得 9 种转速,见表 10-1。

表 10-1 主轴转速表

手柄位置 \ 转速 $\frac{A}{B}$/(r/min) 挂轮	$\frac{22}{44}$	$\frac{33}{33}$	$\frac{44}{22}$
	40	80	160
	63	125	250
	50	100	200

(2) 分齿运动

分齿运动即工件的旋转运动,其运动速度必须和滚刀的旋转速度保持齿轮与齿条的啮合关系。其运动关系由分齿挂轮的传动比来实现。对于单线滚刀,滚刀每转 1 转时,齿坯需转过 1 个齿的分度角度,即 $1/Z$ 转。

(3) 垂直进给运动

垂直进给运动即滚刀沿工件轴线垂直移动,这是保证切出整个齿宽所必须的运动,由进给挂轮的传动比再通过与滚刀架相连接的丝杠螺母来实现。表 10-2 所示为机床的 9 种轴向进给量。

表 10-2 轴向进给量调整表

使用右旋滚刀时进给挂轮调整	逆铣		顺铣	
	XV XVI XIV a_1 b_1		XV XVI XIV a_1 b_1	
进给量 $\dfrac{a_1}{b_1}$/(mm/r) 手柄挡位位置	$\dfrac{26}{52}$	$\dfrac{32}{46}$	$\dfrac{46}{32}$	$\dfrac{52}{26}$
Ⅰ	0.4	0.56	1.16	1.6
Ⅱ	0.63	0.87	1.8	2.5
Ⅲ	1	1.41	2.9	4

(4) 径向进给运动

径向进给运动即工作台沿水平导轨方向的进给运动。径向进给运动是靠手摇工作台方头实现的,手摇方头手柄转 1 转,工作台径向移动 2mm,其刻度盘上每小格为 0.02mm。

10.6 滚齿加工基本操作

10.6.1 滚齿机安全操作规程及维护保养

(1) 禁止穿宽松式外衣、佩戴有碍操作的饰物、戴手套以及披着长发操作。

(2) 禁止未经授权的任何人启动、操作、维修机床,打开电箱门和触动电器件。

(3) 开动机床前,应检查润滑系统是否通畅。滚刀须经目测检查有无破裂和损伤。

(4) 配件安装到位后,必须将防护罩重新装好,将防护罩上的护板位置调整正确,紧固后方可运转。

(5) 配换挂轮时应切断电源。

(6) 加工前应先以工作速度进行空运转,空运转时间大于 2min,空运转时操作者应站在安全位置。

(7) 滚齿加工前必须仔细检查工件是否装夹正确、紧固是否牢靠,以免在滚齿中发生转动。不准碰撞刀架、不许拆开走刀丝杠、提升刀架必须退刀。

(8) 滚切操作时进给量不能过大。根据被加工齿轮的要求,在吃刀前应对调整部位检查。

（9）滚切操作时必须开启冷却油。

（10）机床运行前，必须将涂有防锈油的部位清洗干净。

（11）机床在使用过程中必须定期清扫铁屑。

（12）机床加工完毕，必须清扫机床，随时保持机床的清洁。

10.6.2　润滑油和润滑脂的选择

滚齿加工时，机床必须使用符合规定的润滑油、润滑脂和液压油。机床液压油、润滑油选用液压油 HL46、HM68，机床冷却油选用机械油 HL32、HL46。

10.6.3　滚齿加工实例

图 10-9 所示为学生滚齿加工实习件，其模数为 1，压力角为 20°的 70 齿标准直齿圆柱齿轮。初始毛坯为 ϕ75 的 45 圆钢。

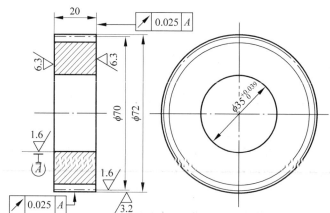

齿数	70
模数	1
压力角	20°
齿顶高系数	1
精度系数	7GM GB1D095—88

图 10-9　滚齿加工实习件

根据加工要求和工件材料，进行如下规划和分析。

（1）齿轮毛坯的准备：用车削方法加工出宽度为 20mm、内孔为 35mm、外径为 72mm 的齿轮毛坯。

（2）工件的安装：工件安装的正确性直接影响加工齿轮的精度。因而应将工件正确、牢靠地安装在工作台夹具上，确保加工过程中不发生任何松动。上述工件可直接安装在机床工件心轴上（该工件心轴直径为 ϕ35h6）。

（3）滚刀心轴的安装：滚刀心轴安装时，应将滚刀孔和端面、滚刀心轴用垫圈的端面、主轴锥孔及滚刀心轴的脏物、毛刺等清除干净，并保持清洁。否则，滚刀心轴装入主轴锥孔后就会发生偏斜，甚至拉坏主轴锥孔和滚刀心轴，丧失机床精度。在安装滚刀心轴拉杆时，使用 250mm 的扳手或摇手，用全手臂力扳紧即可，严禁施加更大的力（50～60N·m 的力矩），以避免在使用过程中机床主轴抱死现象产生。

（4）滚刀的安装：滚刀安装的正确性直接影响加工齿轮的精度，调节滚刀的安装角（ω）使它等于滚刀的螺旋升角。图 10-10（a）所示为实验所用的右旋滚刀的安装示意图，

图 10-10(b)为左旋滚刀的安装示意图。

（5）主轴转速的选择及调整：切削速度可由下面公式计算：

$$v_切 = \frac{\pi D n_刀}{1000}(\text{m/min})$$

式中，D 为滚刀直径（mm）；$n_刀$ 为主轴转速（r/min）。

根据切削速度 $v_切 = 35\text{m/min}$ 及滚刀直径 $D = 70\text{mm}$，最后结果按照滚齿机 9 级转速中的一级选取与计算结果最相近的一级主轴转速。最后取主轴转速为 $n = 160\text{r/min}$。

（6）分齿挂轮的计算和调整：实验所用的滚刀是单头右旋滚刀，选择 a、d 两个齿轮进行配搭，如图 10-11 所示。根据下式

$$\frac{Z_e}{Z_f}\frac{Z_a}{Z_d} = \frac{24K}{Z}(Z_e = 36, Z_f = 36, K = 1)$$

取分齿挂轮 $Z_a = 24, Z_d = 70$。

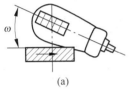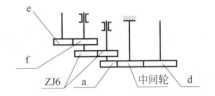

图 10-10　滚刀安装示意图

（a）右旋滚刀；（b）左旋滚刀

图 10-11　分齿挂轮的配搭示意图

（7）轴向进给量的调整：轴向进给量的调整要综合考虑毛坯材质、厚度、加工效率以及匹配滚齿机的 9 级轴向进给量。本例调整轴向进给量为 1.41mm/r。

（8）刀架工作行程挡块位置的调整：刀架工作行程挡块位置的调整要遵循刀架行程的最终位置应超出被切齿轮端面适当距离的原则。本次采用逆铣加工，故刀架工作行程挡块使用靠上面一个挡块。

作业与思考

1. 相对于铣削加工，镗削加工有哪些不同之处？
2. 卧式镗床有哪些运动？说明它能完成哪些加工工作？
3. 试分析镗孔中哪些原因会引起圆度误差？
4. 在镗孔中采取哪些方法可增加镗轴的刚度？
5. 滚齿机通常用来加工什么样的齿轮？
6. 分析比较应用范成法和成型法加工圆柱齿轮各有何特点？
7. 滚齿机上的滚刀心轴和滚刀的安装需要注意哪些问题？

第11章

CHAPTER 11

数控车削加工

11.1 概　　述

11.1.1 数控车削加工的基本原理

数控车床是数控金属切削机床中最常用的一种机床,主要用于加工轴类、盘类等回转体零件。与传统的车床相比,数控车床具有自动化程度高,加工复杂形状的能力强,加工适应性强,加工精度高,生产效率高等特点。数控车床的主运动和进给运动是由不同的电机进行驱动的,由主轴旋转作主运动,刀具直线或曲线运动作进给运动,其工作过程如图 11-1 所示。

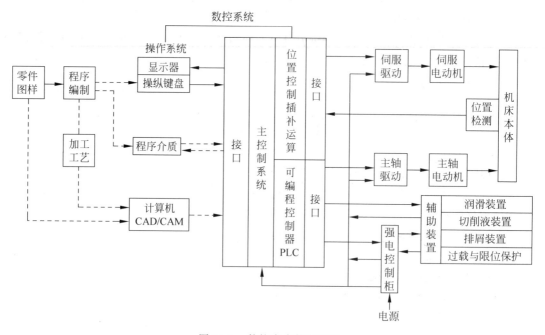

图 11-1　数控车床控制系统

11.1.2 数控车床的组成

数控车床主要由数控程序及程序载体、输入装置、数控装置、伺服驱动及位置检测装置、辅助控制装置、机床本体等几部分组成。车床外形如图 11-2 所示。

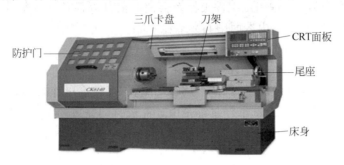

图 11-2 数控机床的基本组成

11.1.3 数控车床的坐标系

数控车床的坐标系包括机床坐标系和工件坐标系。机床坐标系是 CNC 进行坐标计算的基准坐标系，是机床固有的坐标系。机床坐标系的原点称为机械参考点或机械零点。工件坐标系是为了方便编程在零件图上设定的坐标系。当零件装夹到机床上后，根据刀具和工件的相对位置，用对刀指令设置刀具当前位置的绝对坐标，就在系统中建立了工件坐标系。

不管是机床坐标系还是工件坐标系都符合右手笛卡儿直角坐标系的原则（见图 11-3），数控车床是两轴联动的典型机床，坐标轴只有 X 轴和 Z 轴。数控车床的坐标系是以与主轴轴线平行的方向为 Z 轴，刀具远离工件的运动方向为正向。在水平面内与车床主轴轴线垂直的方向为 X 轴，刀具远离主轴旋转中心的运动方向为正向。

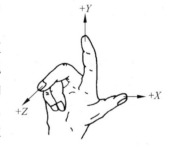

图 11-3 右手笛卡儿坐标系

11.2 数控车削的编程

11.2.1 数控车削的编程步骤

数控机床的程序编制主要包括零件图样分析、加工工艺分析、数值计算、编写程序单、制作控制介质和程序校验。因此，数控编程的过程也就是从零件图样分析到程序校验的全部过程。

数控车削加工编程的方法有两种方法：手工编程和自动编程。

1. 手工编程

手工编程由人工完成，一般适用于形状相对简单的工件。手工编程一般遵循以下原则。

（1）最短空行程路线：合理设置起刀点和安排回零路线均可缩短空行程路线。

（2）最短切削进给路线：合理选用循环指令，可缩短切削进给路线。

（3）零件轮廓的最后连续切削进给路线：零件精车时，其轮廓的最后一刀应连续加工而成，尽量不要在连续的轮廓加工中安排切入、切出、换刀及停顿，以缩短进给路线。

（4）数值计算简单：合理确定工件坐标系会使数值计算简单。一般数控车床的工件坐标系建立在工件外端面中心、内端面中心或卡盘中心。

2．自动编程

当工件形状复杂、计算烦琐时，就需采用自动编程，以提高工作效率，保证程序质量。自动编程是指编程的大部分或全部工作量都是由计算机自动完成的一种编程方法。自动编程的方法很多，如采用CAXA编程等。随着计算机和编程软件的发展，自动编程的应用越来越广泛。

11.2.2　数控车削加工工艺路线的制定

编制程序时，应该先对零件图中所规定的技术要求、几何尺寸精度和工艺要求进行分析，确定合理的加工方法和加工路线，进行相应的数值计算，获得刀尖或刀具中心运动轨迹的位置数据。然后按照数控机床规定的功能代码和程序格式，对工件的尺寸、刀尖或刀具中心运动轨迹、进给量、主轴转速、切削深度、背吃刀量及辅助功能和刀具等，按照先后顺序编制成数控加工程序。最后将加工程序记录在程序载体上制成控制介质，再从控制介质输入到数控系统中，由数控系统控制数控机床实现工件的自动加工，完成首件试切，验证程序的正确性。

分析零件图样是工艺准备中的首要工作，直接影响零件的编制及加工结果。对零件图样的分析主要包括以下几项内容：分析加工轮廓的几何条件，主要是针对图样上不清楚尺寸及封闭的尺寸链进行处理；分析零件图样上的尺寸公差要求，以确定控制其尺寸精度的加工工艺，如刀具的选择及切削用量的确定等。

11.2.3　G代码指令与M代码指令

1．G代码指令

1）快速点定位指令G00

格式为：

```
G00  X(U)__ Z(W)__;
```

说明：

（1）刀具以点位控制方式从当前点快速移动到目标点。

（2）快速定位，无运动轨迹要求，移动速度是机床设定的空行程速度，与程序段中指定的进给速度无关。

（3）G00指令是模态代码，其中X(U)，Z(W)是目标点的坐标。

（4）车削时快速定位目标点不能直接选在工件上，一般要离开工件表面1～2mm。

【例】　如图 11-4 所示,从起点 A 快速运动到目标点 B,其绝对坐标方式编程为:

```
G00 X60 Z100;
```

其增量坐标方式编程为:

```
G00 U80 W80;
```

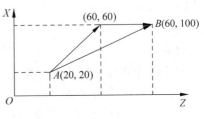

图 11-4　点坐标示意图

执行上述程序段时,刀具快速运动到点 $(60,60)$,再运动到点 $(60,100)$,所以使用 G00 指令时要注意刀具是否和工件及夹具发生干涉,忽略这一点就容易发生碰撞。

2）直线插补指令 G01

格式为:

```
G01   X(U)__ Z(W)__ F __;
```

说明:

(1) 刀具从当前点出发,在两坐标或三坐标间以插补联动方式按指定的进给速度直线移动到目标点。G01 指令是模态指令。

(2) 进给速度由 F 指定。它可以用 G00 指令取消。在 G01 程序段中或之前必须含有 F 指令。

【例】　如图 11-5 所示,选右端面 O 为编程原点。

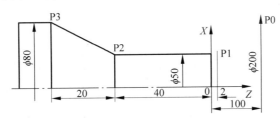

图 11-5　直线走刀示意图

绝对坐标编程为:

```
G00    X50    Z2    S800    M03;     P1 点
       G01    Z-40 F0.2;                  P2 点
              X80    Z-60;               P3 点
G00    X200   Z100;
```

增量坐标编程为:

```
G00    U-150 W-98 S800    M03;
G01    W-42 F0.2;
       U30    W-20;
G00    U120   W160;
```

3）外径/内径粗车循环 G71

格式为:

```
G71  U(Δd)  R(e);
G71  P(ns)  Q(nf)  U(Δu)  W(Δw)  F __;
```

说明：

程序段中各地址符的含义为：

Δd——每次切削深度。

e——回刀时的径向退刀量（由参数设定）。

ns——粗车循环的第一个程序段的顺序号。

nf——粗车循环的最后一个程序段的顺序号。

Δu——径向（X 轴方向）的精车余量。

Δw——轴向（Z 轴方向）的精车余量。

4）固定形状粗车循环（轮廓仿形循环）G73

格式为：

```
G73  U(Δi)  W(Δk)  R(d);
G73  P(ns)  Q(nf)  U(Δu)  W(Δw)  F __;
```

说明：

地址符除 Δi、Δk、d 之外，其余与 G71 中的含义相同。

Δi——X 轴方向的退出距离和方向，即粗车时的径向余量（半径值）。

Δk——Z 轴方向的退出距离和方向，即粗车时的轴向余量。

d——粗车循环次数。

5）精车循环 G70

格式为：

```
G70  P(ns)  Q(nf);
```

说明：

当用 G71、G73 指令粗车工件后，用 G70 指令精车循环，切除粗加工留的余量。

ns——精车循环的第一个程序段的顺序号。

nf——精车循环的最后一个程序段的顺序号。

【例】　使用 G70 精车循环时，要注意其快速退刀的路线，防止刀具与工件碰撞。图 11-6 中，从 A 点开始执行 G70 是安全的，从 B 点开始执行 G70 将发生碰撞。

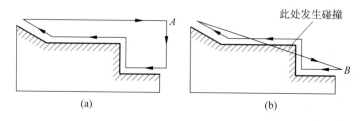

图 11-6　刀具路线图

（a）刀具路线图正确；（b）刀具路线图错误

6）圆弧插补指令 G02/G03

格式为：

G02/G03　X(U)＿ Z(W)＿ I＿ K＿ F＿；
G02/G03　X(U)＿ Z(W)＿ R＿ F＿；

说明：

（1）G02 为顺时针圆弧插补，G03 为逆时针圆弧插补，如图 11-7 所示。

（2）采用绝对坐标编程时，圆弧终点坐标为工件坐标系中的坐标值，用 X、Z 表示；采用增量坐标编程时，圆弧终点坐标为圆弧终点相对于圆弧起点的坐标增值，用 U、W 表示。

【例】　工件如图 11-8 所示，刀尖从 A 点移动到 D 点，为圆弧（顺时针、逆时针）示意图。相应程序如表 11-1 所示。

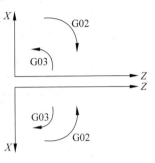

图 11-7　圆弧方向示意图

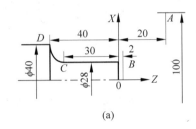

(a)

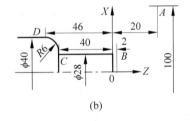

(b)

图 11-8　圆弧示意图

（a）圆弧顺时针；（b）圆弧逆时针

表 11-1　圆弧参考程序

圆弧顺时针		圆弧逆时针	
G00 X20　Z2；	B 点	G00 X28　Z2；	B 点
G01 Z－30 F0.2；	C 点	G01 Z－40 F0.2；	C 点
G02 X40　Z－40 R10 F0.2；	D 点	G03 X40　Z－46 R6 F0.2；	D 点

2．西门子循环指令及其说明

1）毛坯切削循环 CYCLE95

CYCLE95(NPP. MID. FALZ. FALX. FAL. FF1. FF2.FF3.VART. DT. DAM._VRT)

NPP——轮廓子程序名，如（cc1:cc2）。

MID——进刀深度（输入 1，即表示每次切削深度为 1）。

FALZ——Z 方向精加工余量。

FALX——X 方向精加工余量。

FAL——综合精加工余量（当选择在此输入时，即表示 X 和 Z 方向的余量相等）。

FF1——粗加工进给量，见图 11-9（a）。

FF2——底切时插入进给（走斜线切入时的速度）。

FF3——精加工进给量，见图 11-9（b）。

VART——加工方式(有 12 种加工方式的选择)。

DT——粗加工时用于断屑的停留时间(单位为 s)。

DAM——断屑位移长度(单位为 mm)。

_VRT——每次退刀量(每次进刀车削后的局部退刀量)。

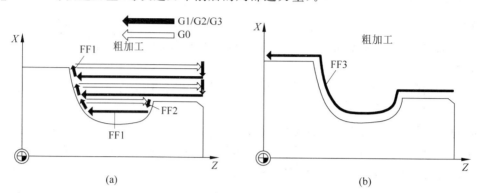

图 11-9　粗精加工进给示意图

(a)与底切时插入进给示意图;(b)精加工进给示意图

2)螺纹切削循环 CYCLE97

CYCLE97(PIT,MPIT,SPL,FPL,DM1,DM2,APP,ROP,TDEP,FAL,IANG,NSP,NRC,NID,VARI,NUMT,VRT)

PIT——螺距值(不输入符号)。

MPIT——螺距,螺纹尺寸,值范围:3(用于 M3)..60(用于 M60)。

SPL——纵向轴上螺纹起始点。

FPL——纵向轴上螺纹终点。

DM1——起始点处螺纹的直径。

DM2——终点处螺纹的直径。

APP——导入位移(不输入符号)。

ROP——收尾位移(不输入符号)。

TDEP——螺纹深度(不输入符号)。

FAL——精加工余量(不输入符号)。

IANG——进给角度值范围,"+"用于齿面处齿面进刀,"-"用于交替齿面进刀。

NSP——第一个螺纹导程的起始点偏移(不输入符号)。

NRC——粗加工走刀次数(不输入符号)。

NID——空走刀次数(不输入符号)。

VARI——确定螺纹的加工方式值范围:1..4。

NUMT——螺纹导程个数(不输入符号)。

VRT——超过起始直径的可变退回位移,增量(不输入符号)。

螺纹切削循环可以方便车出各种圆柱或圆锥内、外螺纹,既能加工单线螺纹,也能加工多线螺纹,如图 11-10 所示。

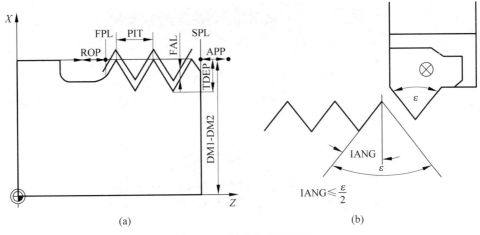

图 11-10 螺纹参数示意图

(a)参数示意图;(b)进给角度示意图

3.主轴及辅助功能指令

1)停止的辅助功能指令(M00、M01、M02、M30)

M00——程序停止。程序执行过程中,系统读取到 M00 指令时,程序暂时停止,重启动后继续执行。

M01——选择停止。程序执行过程中,系统读取到 M01 指令时,有条件停止程序执行,待重启动后继续执行。

M02——程序结束。程序执行完毕,光标定于程序结尾处。

M30——程序结束。程序执行完毕,光标返回至程序开始处。

2)主轴旋转 M 代码(M03、M04、M05)

M03——主轴正转。

M04——主轴反转。

M05——主轴停止旋转。

3)其他功能指令

T 功能(FANUC 格式为 T0101,西门子格式为 T1D1)——前面两位数表示刀具,后两位表示刀具补偿号。

N 功能——程序段号。例 N10 表示该程序段的序号为 10。

S 功能——表示机床主轴转速,由地址码 S 和后面若干位数字组成。

F 功能——表示加工时的进给速度,由地址码 F 和后面若干位数字组成。

11.3 面板介绍

数控车床的面板主要由 CRT/MDI 面板、操作功能面板等组成。

1.西门子 802D sl 车床面板

西门子 802D sl 车床显示面板如图 11-11 所示。

西门子 MDI 面板及操作功能面板如图 11-12 和图 11-13 所示,各按键功能说明见表 11-2。

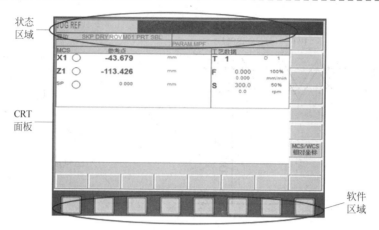

图 11-11　西门子车床显示面板

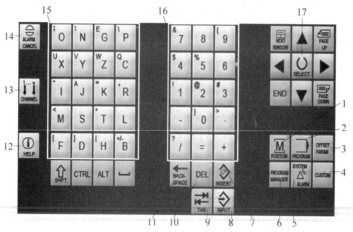

图 11-12　西门子 MDI 面板

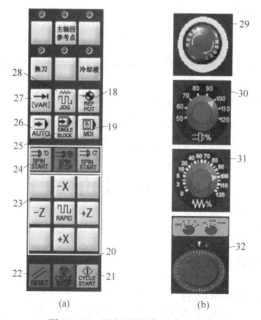

(a)　　　　　(b)

图 11-13　西门子操作功能面板

2．法拉克 0i Mate 车床面板

法拉克 0i Mate 车床操作显示面板、MDI 面板及操作功能面板如图 11-14 和图 11-15 所示，各按键功能说明见表 11-2。

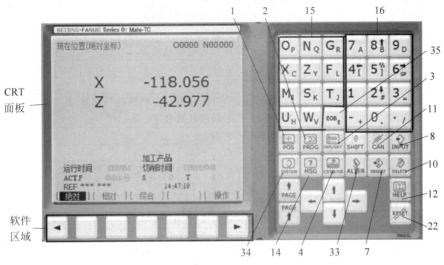

图 11-14　法拉克车床操作显示面板

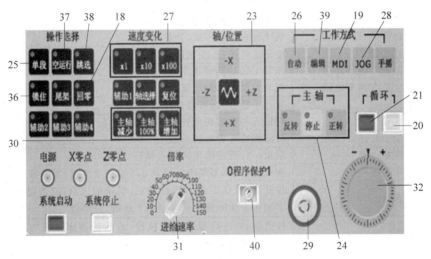

图 11-15　法拉克车床功能面板

表 11-2　按键及功能说明

按键序号	名　　称	功 能 说 明
1	加工操作区域键	显示当前加工的位置参数界面
2	程序操作区域键	显示当前的程序
3	参数操作区域键	显示系统参数
4	图形显示键	显示模拟程序图形
5	报警/系统操作区域键	显示当前的报警信息
6	程序管理操作区域键	显示所有的程序

按键序号	名　称	功　能　说　明
7	插入键	把输入区之中的数据插入到当前光标之后的位置
8	输入键	确定输入的信息
9	制表键	将游标推进到下一个定位点上
10	删除键	删除光标所在的数据或者删除程序
11	删除键(退格键)	删除前面的数据
12	帮助键	显示如何操作机床的信息界面
13	通道转换键	未使用
14	报警应答键	显示当前的报警信息
15	字母键	可输入 26 个字母,可通过上档键进行切换
16	数字键	输入"0~9"之间的任意数字
17	选择/转换键	选择加工的类型
18	回零键	回机床参考点
19	MDI 编程键	用于直接通过操作面板输入数控程序和编辑程序
20	进给保持	用于在加工过程中暂停
21	循环启动	用于继续加工
22	复位键	消除报警和对机床进行复位等
23	方向键	手动方式下用于坐标的移动
24	主轴正转/停止/反转	用于启动主轴转向及停止主轴转动
25	单步运行键	此按钮被按下后,运行程序时每次执行一条数控指令
26	自动加工	用于加工零件时启动
27	增量选择	调节运行时的进给速度倍率
28	手动模式	机床处于手动模式,连续移动
29	急停按钮	按下急停按钮,使机床移动立即停止
30	主轴速度调节旋钮	调节主轴的运转速度
31	进给速度调节旋钮	调节刀架的移动速度
32	手轮	通过手轮方式,可以选择移动的方向、移动的速度
33	替代键	用输入的数据替代光标所在处的数据
34	系统参数键	按此键可查看系统参数
35	回撤换行键	结束一行程序的输入并且换行
36	机床锁住	按此键,机床刀架不能移动;再按一下此键,可解锁
37	空运行	按此键,程序中的 F 码都无效,机床的进给按"增量开关"的速度,不能用于实际加工;再按一下此键,可解除
38	跳选	按此键,可进行程序跳步执行,不运行程序中有"/"标记的程序;再按此键可取消
39	编辑	用于编写程序
40	程序保护	在"0"位置时,不能编辑程序;在"1"位置,可编辑程序

11.4 操 作 训 练

11.4.1 安全操作规范

(1) 不允许随意开动机床,禁止戴手套进行操作。

(2) 长头发必须带上帽子,并把头发盘到帽子里面。

（3）工件伸出长度用游标卡尺测量。

（4）检查刀具是否夹紧，刀片是否磨损。刀具靠近工件时主轴正转，刀架移动要缓慢。

（5）对刀需用 MDI 方式换刀。换刀时，需注意观察刀架位置，避免与主轴、尾座产生碰撞。

（6）换刀过程中不允许操作其他按键，避免刀具没有旋转到位，造成危险。

（7）换刀后观察工艺数据里刀具与当前刀架上的刀具是否相符。

（8）不得任意更改机床参数和程序。

（9）出现紧急事故时，应立刻按下急停按钮。

（10）不要多人同时操作同一个面板，避免造成不必要的事故。

（11）工作结束后，必须清理检查完成，并登记使用记录后才能离开。

11.4.2　数控车床基本操作步骤

1．开机

顺时针开启电源开关，按下"启动"按钮，等待机床面板启动，面板启动完毕后顺时针旋开急停按钮，根据提示按下复位键，启动完毕。

2．关机

刀具退至安全位置，按下"急停"（按钮 29），按下系统停止键，逆时针关闭电源开关，关机结束。

3．程序编辑输入

1）西门子 802D sl 系统程序编辑

（1）选择程序管理器；通过软件 NC 目录选择新程序的存储位置。

（2）按动"新程序"键，在对话窗口输入新的主程序和子程序名称。主程序扩展名.MPF 可以自动输入，而子程序扩展名.SPF 必须与文件名一起输入。

（3）按"确认"键接收输入，生成新程序文件，就可对新程序文件进行编辑。

2）法拉克 FANUC 0i Mate 系统程序编辑

（1）按机床操作面板工作方式区的编辑键。

（2）按面板的 PROG 键（按钮 2）进入程序界面。

（3）在屏幕输入栏内输入新的程序名，程序名必须是 O 开头，后面加入任意 4 位数字。

（4）按 INSERT 键（按钮 8），以新的程序名建立的空文件夹打开，先按 EOB 键（按钮 35），再按 INSERT 键（按钮 8）在文件名的后面加上";"符号，进行分段。

（5）接着在编辑栏内编写程序。

（6）注意：所有程序编辑结束并检查完毕后，按复位键（按钮 22）使光标回到程序名称处；运行程序时，程序按顺序运行。

11.4.3　数控车床刀具和对刀

1. 常用数控车刀

数控车床常用的车刀有外圆车刀、内孔车刀、端面车刀、仿形车刀、切槽车刀、螺纹车刀等,如图 11-16 所示。数控车床使用的车刀、切断刀、螺纹加工刀具均有焊接式和机夹式之分,除经济型数控车床外,目前已广泛使用机夹式车刀,它主要由刀体、刀片和刀片压紧系统三部分组成,如图 11-17 所示。其中刀片普遍使用硬质合金涂层刀片。

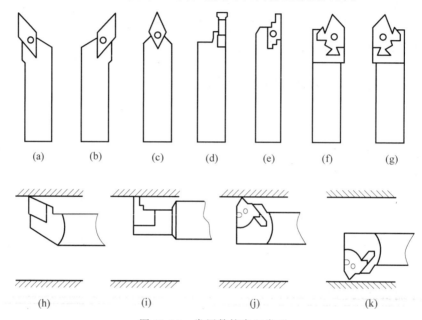

图 11-16　常用数控车刀类型

(a) 右端面外圆车刀;(b) 左端面外圆车刀;(c) 尖头外圆车刀;(d) 切断刀;(e) 切槽刀;(f) 左螺纹车刀;
(g) 右螺纹车刀;(h) 内孔车刀;(i) 内孔切槽刀;(j) 左内螺纹车刀;(k) 右内螺纹车刀

2. 西门子 802D sl 对刀方式

1) Z 方向对刀方式(假设采用 T1 外圆车刀)

(1) 主轴正转,车刀沿 X 方向试切工件端面至工件圆心,如图 11-18(a) 所示;

(2) Z 方向不动,车刀沿 X 方向退出;

(3) 按"手动模式"(按钮 28);

(4) 按"测量刀具"对应的按钮,如图 11-19(a) 所示;

(5) 按"长度 2"对应按钮(长度 1,长度 2 相互切换);

(6) 在 Z0 位置输入 0;

(7) 按"设置长度 2"对应按钮;

(8) T1 刀 Z 方向对刀完毕。

2) X 方向对刀方式(假设采用 T1 外圆车刀)

(1) 主轴正转,车刀沿 Z 方向试切工件外圆,如图 11-18(b) 所示;

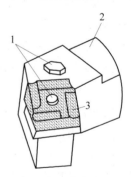

图 11-17　机夹式车刀基本组成
1—刀片压紧系统;2—刀体;3—刀片

（2）X 方向不动，车刀沿 Z 方向退出；

（3）按手动模式按钮（按钮 28）；

（4）测量工件直径（假设测量直径为 $\phi 28.85$），如图 11-19(b)所示；

（5）按"测量刀具"对应的按钮；

（6）在 Φ 位置输入 Φ28.85，按"存储位置"，按"设置长度 1"；

（7）T1 刀 X 方向对刀完毕。

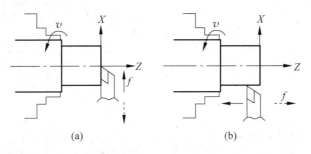

图 11-18　对刀示意图

（a）Z 方向示意图；（b）X 方向示意图

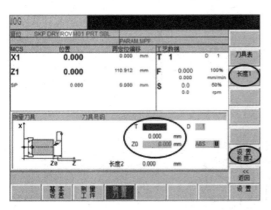

(a)

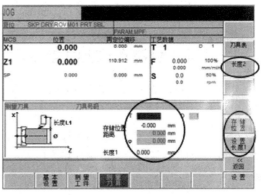

(b)

图 11-19　西门子 CRT 面板测量示意图

（a）Z 方向测量刀具；（b）X 方向测量刀具

3. FANUC 0i Mate 数控车对刀方式

1）Z 方向对刀方式（假设采用 T0101 外圆车刀）

（1）主轴正转，车刀沿 X 方向试切工件端面至圆心，如图 11-18(a)所示；

（2）Z 方向不动，车刀沿 X 方向退出；

（3）按"手动模式"（按钮 28）；

（4）按 OFS/SET 键（按钮 3）；

（5）按"形状"，输入 Z0，按"测量"，如图 11-20(a)所示；

（6）T0101 刀 Z 方向对刀完毕。

2）X 方向对刀方式（假设采用 T1 外圆车刀）

（1）主轴正转，车刀沿 Z 方向试切工件外圆；

（2）X 方向不动，车刀沿 Z 方向退出，如图 11-18(b)所示；

（3）测量工件直径（假设测量直径为 $\phi 28.85$），输入 X28.85，按"测量"，如图 11-20(b)所示；

（4）T0101 刀 X 方向对刀完毕。

(a)

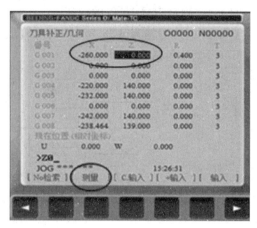
(b)

图 11-20　法拉克 CRT 面板测量示意图

（a）形状位置；（b）测量设置

11.4.4　数控车床加工实例

图 11-21 所示为实习工件，材料为 $\phi 30$ 的 45♯钢。

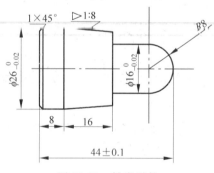

图 11-21　轴类零件

1. 刀具及切削用量选用（见表 11-3）

表 11-3　各工序刀具的切削参数

加工工序		刀具与切削参数					
序号	加工内容	刀具规格			主轴转速/(r/min)	进给率/(mm/min)	刀具补偿
		刀号	刀具名称	材料			
1	车外圆	T1	75°外圆刀	硬质合金	600（粗）1200（精）	0.15（粗）0.1（精）	D1(01)
2	切槽	T2	3mm 切槽刀	硬质合金	600	0.06	D1(01)

2．参考程序（见表 11-4）

表 11-4　加工程序及注释

西门子 802D sl 系统		法拉克 0i Mate 系统	
（从右向左加工外圆轮廓及切断）		（从右向左加工外圆轮廓及切断）	
LLC.MPF	建立程序名	O0002;	建立程序名
M03S600T1D1;	正转，600r/min，T1 刀	M03 S600 T0101;	正转，600r/min，T1 刀
G0X32Z2;	快速移动到安全位置	G00 X32 Z2;	快速移动到起刀点
CYCLE95(CC1：CC2;1;	粗加工外圆循环；粗加	G71 U0.5 R0.2;	
0.1;0.4;0;0;0.1;	工参数	G71 P50 Q120 U0.5	粗加工外圆循环、粗加
0;1;0;0;0.5);		W0 F0.2;	工参数
G0X0;	外轮廓程序	G00 X0;	外轮廓程序
G1Z0;		G01 Z0;	
G3X16Z-8CR=8;	圆弧逆时针	G03 X16 Z-8 R8;	逆时针圆弧加工
G1Z-20;		G01 Z-20;	
X24;		G01 X24;	
X26Z-36;	锥度加工	G01 X26 Z-36;	锥度加工
Z-47;		G01 Z-47;	
X32;		G01 X32;	
G0X100;	退至安全位置	G00 X100;	退到安全位置
Z100;		G00 Z100;	
M05;	主轴停止	M05;	主轴停止
M00;	程序暂停	M00;	程序暂停
M03S1200T1D1;	正转，1200r/min，T1 刀	M03 S1200 T0101;	正转，1200r/min，T1 刀
G0X32Z2;		G00 X32 Z2	快速移动到起刀点
CYCLE95(CC1：CC2;		G70 P50 Q120 F0.1;	精加工外圆循环、精加
0.4;0;0;0;0.1;			工参数
0.1;5;0;0;0.5);	精加工参数	G00 X100;	退到安全位置
G0X100;		G00 Z100;	
Z100;		M05;	主轴停止
M05;		M00;	程序暂停
M00;		M03 S600 T0202;	正转，600r/min，T2 刀
M03S600T2D1;	正转，600r/min，T2 刀	G00 X22;	
G0X22;		G00 Z2;	
Z2;		G01 Z-47 F0.3;	
G1Z-47F0.3;		G01 X26　F0.06;	
X26F0.06;		G01 X32;	
X32;		G01 Z-46;	
Z-46;		G01 X28;	
X28;		G01 X26 Z-47 F0.06;	倒角
X26Z-47;	倒角	G01 X0;	切断
X0;	切断	G00 X100;	退到安全位置
G0X100;	退至安全位置	G00 Z100;	
Z100;		M05	主轴停止
M30;	程序结束并返回	M30;	程序结束并返回
最后车削零件图左侧		最后车削零件图左侧	
端面		端面	

作业与思考

1. 数控车床的编程特点有哪些？
2. 对比法拉克与西门子系统，两者具有哪些区别及特点？
3. 数控车床最适用加工哪些零件？

第12章

数控铣削加工

12.1　概　　述

12.1.1　数控铣床的作用及结构组成

数控铣床适用于批量加工外形轮廓、平面或曲面型腔及三维复杂型面的铣削，多用于模具、样板、凸轮、连杆和箱体类零件的加工。另外，其通过特定的功能指令可进行一系列孔的加工，如钻孔、扩孔、铰孔、镗孔和攻螺纹等。目前在汽车、航空航天、军工、模具等行业得到广泛应用。

数控铣床主要由以下几部分组成，如图 12-1 所示。

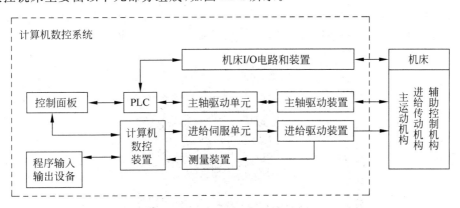

图 12-1　数控铣床的工作原理图

1. 控制面板

控制面板是数控机床的输入/输出部件，是操作人员与数控机床进行信息交换的工具。利用控制面板能对数控机床进行编程操作、调试和机床参数的设定与修改，并通过面板了解机床运行状态。

2. 计算机数控装置

计算机数控装置（computerized numberical control，CNC）是数控机床的核心，主要根据零件加工程序或操作面板的输入命令进行处理,然后输出控制命令到相应的执行部件(如伺服单元、驱动装置和 PLC 等)完成零件的加工或操作者的其他要求。

3. PLC、机床 I/O 电路和装置

两者相互配合,共同完成接受 CNC 的程序指令,译码成对应的控制信号,控制机床完成相应的开关动作。此外它们也接收来自控制面板的输入/输出信号,送给 CNC 装置,并经处理后输出指令,控制机床状态或动作。

4. 伺服单元、驱动装置和测量装置

主轴伺服系统接收 PLC 信号并控制主轴驱动装置,实现零件加工的切削主运动,如主轴旋转快慢的控制。进给伺服单元接收 CNC 信号,通过进给驱动装置实现零件加工所需的成型运动控制,如控制刀具与工件的相对位置和进给速度。测量装置能测量当前工件位置和机床各种速度,实现主轴、进给速度和进给位置的闭环控制,是保障数控机床加工精度的必要设备。

5. 机床本体

机床本体主要由主轴、进给运动部件(工作台、丝杠等传动机构)、支撑件(床身、立柱)等组成,是实现零件加工的执行部件。

数控铣床外观如图 12-2 所示。数控机床加工原理为:根据零件工艺特点,通过手工或计算机编程得到程序,通过输入设备送入 CNC 装置,并经 CNC 一系列处理生成脉冲信号。有的信号送到机床的伺服系统,经机床本体的传动装置驱动机床的有关部件进行运动;有的信号送到 PLC,按顺序控制机床的工件夹紧、冷却液开关等动作。

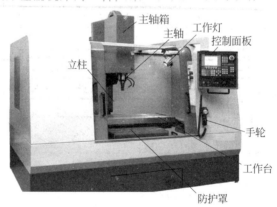

图 12-2　数控铣床外观

12.1.2　数控铣床的分类及坐标系

1. 数控铣床分类

数控铣床有多种分类方式,按主轴轴线位置方向,可分为数控立式铣床、数控卧式铣床;按控制坐标轴数,可分为两坐标数控铣床、两坐标半数控铣床、三坐标数控铣床。

2. 数控铣床的坐标系

对于三坐标数控铣床而言,刀具与工件可实现 3 个方向的相对运动。为了描述和控制刀具与工件的相对位置,需对数控铣床的坐标系作规定。假设工件与刀具的相对运动中,工件不动,刀具在移动,则工业中任何一台数控铣床的坐标系可用右手笛卡儿坐标系来确定,如图 12-3(a)所示。在图 12-3(b)中,刀具在工件的右侧,想把刀具位置变换到工件的左侧,若该机床工件不动,刀具在移动,则对工作台发出向−X 方向移动命令;若该机床的刀具不动,工件台移动工件(与规定中的假设相反,如相对运动方向相反),则需对机床的工作台发出向+X 方向移动命令。

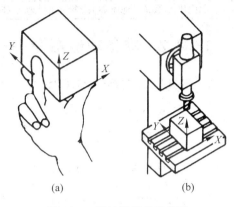

图 12-3　数控铣床的坐标系

数控铣床坐标系分为机床坐标系和工件编程坐标系。机床坐标系是机床出厂就有的,坐标系原点在各机床轴运动的极限点。工件编程坐标系是通过对刀操作(见 12.4.3 节),将机床各坐标系原点偏置一些距离,使得新的坐标系原点在工件中心或工件外面某个位置以方便编程。

12.2　数控铣削的编程

12.2.1　数控铣削的编程步骤

数控铣编程根据所加工工件的结构和要求,先进行工艺分析,选取刀具、夹具和划分加工步骤,然后编制数控铣床程序。数控铣编程可以求助计算机辅助编程软件,输入零件图自动编程;也可以通过手工编制,手工编制是学习相关编程的基础。

数控铣程序结构如下:

(1) 程序号

程序号作为程序的标记需要预先设定,一个程序号必须在字母"O"后面紧接最多 4 个阿拉伯数字。

(2) 程序段号

程序段号是每个程序功能段的参考代码,一个程序段号必须在字母"N"后紧接阿拉伯数字。

(3) 程序段

程序段由若干个字组成,一个程序段能完成某一个功能,其中含有执行一个工序所需的全部数据。

(4) 坐标字

用于在轴方向移动和设置坐标系的命令称为坐标字,坐标字包括轴的地址符及代表移动量的数值,其构成见表 12-1。

表 12-1   坐标字的构成

圆弧插补运行		X 轴向位移		Y 轴向位移		圆弧半径值		进给率大小	
G	02	X	20.0	Y	30.0	R	15.0	F	80
G 指令代码	数值	地址符	坐标数值	地址符	坐标数值	半径指令代码	半径值	进给指令代码	数值

12.2.2   准备功能指令——G 代码

1. 英制/公制转换（G20、G21）

G20——英制。

G21——公制。

2. 面选择指令（G17、G18、G19）

平面选择指令 G17、G18、G19 分别用来指定程序段中刀具的圆弧插补平面和刀具补偿平面。

G17——选择 XY 平面。

G18——选择 ZX 平面。

G19——选择 YZ 平面。

3. 快速定位（G00/G0）

格式为：

G00   X＿＿ Y＿＿ Z＿＿;

功能：只能快速定位,不能切削加工,可以同时指令一轴、两轴或三轴,如图 12-4 所示。

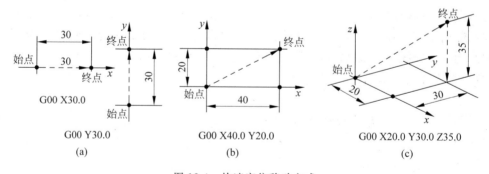

G00 X30.0
G00 Y30.0
(a)

G00 X40.0 Y20.0
(b)

G00 X20.0 Y30.0 Z35.0
(c)

图 12-4   快速定位移动方式

(a) 同时 1 轴移动；(b) 同时 2 轴移动；(c) 同时 3 轴移动

4. 直线插补（G01/G1）

格式为：

G01   X＿＿ Y＿＿ Z＿＿ F＿＿;

功能：可以同时指令一轴、两轴或三轴。

5. 圆弧插补（G02/G2、G03/G3）

格式为：

$$\begin{Bmatrix} G17 \\ G18 \\ G19 \end{Bmatrix} \begin{Bmatrix} G02 \\ G03 \end{Bmatrix} X\_\_\ Y\_\_ \begin{Bmatrix} I\_\_\ J\_\_ \\ R\_\_ \end{Bmatrix} F\_\_;$$

功能：圆弧插补指令 G02/G03 是圆弧运动指令，它是用来指令刀具在给定平面内以 F 进给的速度作圆弧插补运动的指令。G02/G03 是一种模态指令，在指令格式中，I、J 为起点指向圆心的向量，R 为圆弧半径，其他内容及字符的含义见表 12-2。

表 12-2　G02/G03 指令格式内容及字符含义

项目	内容	指令	含　义
1	回转方向	G02	顺时针旋转 CW
		G03	逆时针旋转 CCW
2	终点位置	X　Y	工件坐标系中的终点坐标位置
3	圆心坐标向量	I　J	圆心相对圆弧起点与 X、Y 轴的距离
	圆弧半径	R	圆弧半径
4	进给速度	F	沿圆弧切向的进给速度

注意：顺、逆时针圆弧插补的判断。

在使用 G02 或 G03 指令之前需要判别刀具在加工零件时是沿路径的什么方向进行圆弧插补运动的，即，是按顺时针还是逆时针方向路线前进。其判别方法为：视线沿着垂直于圆弧所在平面的坐标轴的负方向观察，刀具插补方向为顺时针即为 G02，相反则为 G03。

6. 建立/取消刀具半径补偿指令（G41、G42、G40）

G41——刀具半径左补偿。

G42——刀具半径右补偿。

G40——取消刀具半径补偿。

G41 指令为刀具半径左补偿，G42 指令为刀具半径右补偿，其补偿方向如图 12-5 所示。

建立格式为：

$$\begin{Bmatrix} G17 \\ G18 \\ G19 \end{Bmatrix} \begin{Bmatrix} G00 \\ G01 \end{Bmatrix} \begin{Bmatrix} G41 \\ G42 \end{Bmatrix} \alpha\_\_\ \beta\_\_\ D\_\_;$$

取消格式为：

$$\begin{Bmatrix} G00 \\ G01 \end{Bmatrix} G40\ \alpha\_\_\ \beta\_\_;$$

式中，α、β——X、Y、Z 三轴中配合平面选择（G17、G18、G19）的任意两轴刀具移至终点的坐标值；

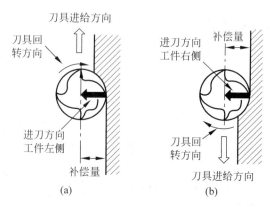

图 12-5　刀具半径补偿方向

(a) G41；(b) G42

D——刀具半径补偿号码,偏置量可在偏置设定页面输入系统。

注意:

(1) G41/42 只能与 G00 或 G01 一起使用,且刀具必须移动,以保证刀具从无半径补偿运动到所希望的刀具半径补偿起始点;在结束刀补 G40 时也应有一直线程序段 G00 或 G01 指令来取消刀具半径补偿,以保证刀具从刀具半径补偿终点运动到取消刀具半径补偿点。

(2) G40 必须与 G41 或 G42 配套使用。G41/G42 与 G40 之间不得出现任何转移加工,如镜像、子程序、跳转等。

(3) D 为刀具半径补偿号码,一般补偿量应为正值,若为负值,则 G41 和 G42 正好互换。

7. 工件坐标系设定(G54~G59)

指令格式为:

G54(~G59)

该指令执行后,所有坐标值指定的坐标尺寸都是选定的工件加工坐标系中的位置。

8. 绝对值输入指令 G90 和增量值输入指令 G91

G90 指令规定在编程时按绝对值方式输入坐标,即移动指令终点的坐标值 X、Y、Z 都是以工件坐标系坐标原点(程序零点)为基准来计算。

G91 指令规定在编程时按增量值方式输入坐标,即移动指令终点的坐标值 X、Y、Z 都是以起始点为基准来计算,再根据终点相对于始点的方向判断正负,与坐标轴同向取正,反向取负。

图 12-6 所示为绝对值指令编程和增量值指令编程的对比。

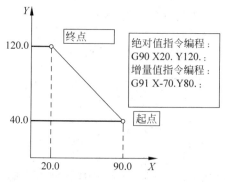

图 12-6　G90/G91 指令编程

12.2.3　主轴及辅助功能指令

1. 停止的辅助功能指令（M00、M01、M02、M30）

M00——程序停止。程序执行过程中，系统读取到 M00 指令时，程序暂时停止，重启动后继续执行。

M01——选择停止。程序执行过程中，系统读取到 M01 指令时，有条件停止程序执行，待重启动后继续执行。

M02——程序结束。程序执行完毕，光标定于程序结尾处。

M30——程序结束。程序执行完毕，光标返回至程序开始处。

2. 主轴旋转 M 代码（M03、M04、M05）

M03——主轴正转。

M04——主轴反转。

M05——主轴停止旋转。

3. 冷却控制 M 代码（M07、M08、M09）

M07——冷却气雾开。

M08——冷却液开。

M09——关闭冷却液、汽。

4. 子程序功能 M 代码

M98——子程序调用 M 代码。指令格式为：

M98 P...L...调用子程序；

M99——子程序结束。编程格式为：

M98　P△△△△××××；

式中：△△△△——重复调用次数，系统允许重复调用次数 1～999 次。如果省略了重复调用次数则为重复调用 1 次。前导零可省略。

××××——被调用的子程序号。

M98　P32000；程序号为 O2000 的子程序被连续调用 3 次。

M98　P12；程序号为 O0012 的子程序被调用 1 次。

注意：M99 为子程序结束，并返回主程序调用该子程序的下一个程序段去执行。M99 不要单独使用一个程序段。

5. 编程实例

为完成图 12-7 所示零件的铣削加工，编制程序如下：

O0001;　　　　　　　　　　　　　　程序名

G90 G17 G00 X－10 Y－10 Z50;	将刀具移动到工件以外的安全位置
M03 S800;	主轴正转
G00 Z5;	Z 轴方向快速移动到工件上方
G01 Z－10 F100;	下刀到指定位置
G42 G00 X4 Y10 D01 F300;	刀具补偿
X30;	
G03 X40 Y20 R10;	
G02 X30 Y30 R10;	轮廓切削
G01X10 Y20;	
Y5;	
G40 G00 X－10 Y－10;	取消刀具半径补偿
G00 Z50;	刀具移动到安全高度
M05;	主轴停止
M30;	程序结束并复位

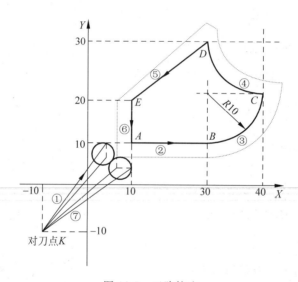

图 12-7　刀路轨迹

12.3　FANUC-0i MC 系统数控操作面板介绍

数控机床的操作面板主要由显示装置、MDI 面板、机械操作面板（MCP）三个部分组成。

12.3.1　FANUC-0i MC MDI 面板介绍

FANUC-0i MC 数控铣床的显示面板及 MDI 面板如图 12-8 所示。

（1）数字/地址键：数字/字母键用于输入数据到输入区域，系统自动判别取字母还是取数字。字母和数字键通过 Shift 键切换输入。

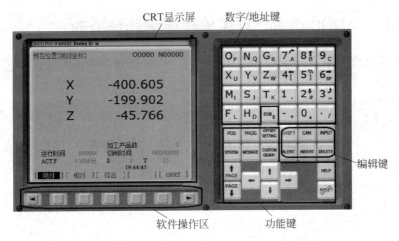

图 12-8 数控铣床的显示装置与 MDI 面板

（2）编辑键（见表 12-3）。

表 12-3 编辑键

按钮	键名称	功　能
ALERT	替换键	用输入的数据替换光标所在的数据
DELETE	删除键	删除光标所在的数据或者删除程序
INSERT	插入键	把输入区中的数据插入到当前光标后的位置
CAN	取消键	消除输入区内的数据
EOB	换行键	结束一行程序的输入且换行
SHIFT	上档键	对数字和字母进行切换输入

（3）功能键（见表 12-4）。

表 12-4 功能键

按　钮	键　名　称	功　能
POS	位置显示页面键	显示坐标位置
OFFSET	参数输入页面键	显示 MDI 参数
SYSTEM	系统参数页面键	显示系统参数
MESSAGE	信息页面键	显示报警信息等
CUSTOM	图形参数设置页面键	显示图形及相关参数
HELP	系统帮助页面键	显示系统基本操作等内容
RESET	复位键	消除报警和对机床进行复位等
PROG	程序页面切换键	显示程序内容
PAGE↑	翻页键	向上翻页
PAGE↓		向下翻页
↑	光标移动键	向上移动光标
↓		向下移动光标
INPUT	输入键	把输入区内的数据输入到参数页面

12.3.2　FANUC-0i MC 机床操作面板功能介绍

FANUC-0i 系统数控铣床面板如图 12-9 所示,相应按钮功能说明见表 12-5。

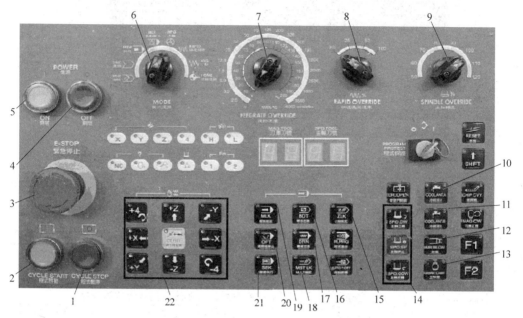

图 12-9　数控铣床机床操作面板(MCP)

表 12-5　数控面板按钮说明

按钮序号	名　称	功　能　说　明
1	进给保持	程序运行暂停。在程序运行过程中按下此按钮运行暂停,主轴仍转动。按"循环启动 2"可恢复运行
2	循环启动	程序运行开始。系统处于自动运行或"MDI"位置时按下有效,其余模式下使用无效
3	急停按钮	使机床移动立即停止,且所有的输出(如主轴的转动等)都会关闭
4	关闭	关闭控制系统
5	启动	启动控制系统
6	模式选择	顺时针开始分别为: 编辑——系统进入程序编辑状态; DNC 运行方式——系统进入远程执行模式(DNC 模式),输入/输出资料; 自动运行——系统进入自动加工模式; MDI——系统进入 MDI 模式,手动输入并执行指令; 手轮——机床处于手轮控制模式; 手动——机床处于手动模式,连续移动; 增量进给——机床处于手动模式,点动移动; 回参考点——系统处于回原点模式
7	进给倍率	调节运行时的进给速度倍率
8	快速移动倍率	手动时,通过旋转按钮来调节手动步长。X1、X10、X100 分别代表移动量 0.001,0.01,0.1mm
9	主轴倍率选择旋钮	通过旋转来调节主轴旋转倍率
10	冷却液开关 1	单击此键,开启冷却液,再次单击则关闭

续表

按钮序号	名　　称	功　能　说　明
11	冷却液开关 2	单击此键,开启冷却液,再次单击则关闭
12	吹气	单击此键,开启,再次单击则关闭
13	工作灯	单击此键,开启,再次单击则关闭
14	主轴控制按钮	从上至下分别为:正转、停止、反转
15	Z 轴锁定	单击此键,开启,再次单击则关闭
16	程序跳读按钮	自动方式下按此键,跳过程序段开头带有"/"的程序
17	试运行	空运行
18	M、S、T 锁定	辅助功能锁定
19	机械锁定	锁定机床各轴不移动
20	选择性停止	单击该按钮,"M01"代码有效
21	单段执行	此按钮被按下后,运行程序时每次执行一条数控指令
22	各方向轴	在手动时控制主轴分别向 X 正方向移动、Y 正方向移动、Z 正方向移动、X 负方向移动、Y 负方向移动、Z 负方向移动

12.4　操　作　训　练

12.4.1　安全操作规范

(1) 遵循《数控铣床安全规程》。

(2) 操作前工作服应穿戴整齐。

(3) 开启数控铣床后面电源开关,机床方可上电。

(4) 检查指示灯、风扇运转情况、气压是否正常、润滑油是否低于下限、急停按钮是否按下。

(5) 正确开机,先完成各轴的返回参考点操作,然后再进入其他运行方式,确保各轴坐标的正确性。

(6) 机床在正常运行时不允许打开电气柜的门。

(7) 加工程序必须经过严格检查方可进行操作运行。

(8) 手动对刀时,应选择合适的进给速度;手动换刀时,刀架和工件要留合适距离避免发生碰撞。

(9) 加工时,严禁用手触摸工件和刀具,必须观察机床的加工全过程,不得擅自离开工作岗位。

(10) 加工过程中,如出现异常危机情况可按下"急停"按钮,以确保人身和设备的安全。

12.4.2　数控铣床基本操作步骤

1. 开机

按下"启动"按钮,此时机床电机和伺服控制的指示灯变亮。

检查"急停"按钮是否松开至状态,若未松开,轻轻顺时针旋转"急停"按钮"3",将其松开。

2. 机床回参考点

检查操作面板上回原点指示灯是否亮,若指示灯亮,则已进入回原点模式;若指示灯不亮,则转动旋钮"6"切换至回零模式。

在回原点模式下,先将 Z 轴回原点,单击操作面板上的"22"坐标轴里的"Z 轴正向",此时 Z 轴将回原点,直至 Z 轴回原点灯变亮,CRT 上的 Z 坐标变为"0.000"。同样,再分别单击"Y 轴正向"、"X 轴正向",直至 Y 轴、X 轴回到原点,Y 轴、X 轴回原点灯变亮。此时 CRT 界面如图 12-10 所示,机床坐标系中的坐标值均为 0.000。

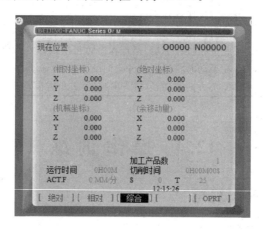

图 12-10　回原点显示界面

3. 手动操作

1)手动/连续方式

(1)转动操作面板旋钮"6"至"手动"模式,手动状态灯亮,机床进入手动模式。

(2)分别单击"22"按钮,选择移动的坐标轴。

(3)单击控制主按钮"14"按钮来控制主轴的转动和停止。

注意:刀具切削零件时,主轴需转动。加工过程中刀具与零件发生非正常碰撞后(非正常碰撞包括刀刀柄与零件发生碰撞、铣刀与夹具发生碰撞等),系统弹出警告对话框,同时主轴自动停止转动,调整到适当位置后,继续加工时需再次单击按钮"14",使主轴重新转动,单击快速按钮,可增大移动倍率。

2)手动脉冲方式

在手动/连续方式或在对刀等情况下需精确调节机床时,可用手动脉冲方式(手轮方式)调节机床。

(1)转动操作面板上的旋钮"6"至"手动脉冲"模式,手动脉冲指示灯变亮。

(2)使用手轮选择相应的坐标轴,旋转手轮,精确控制机床的移动。

(3)单击按钮"14"控制主轴的转动和停止。

3)增量进给方式

转动操作面板上旋钮"6"至"增量进给"模式,其指示灯亮,机床进入增量进给模式(点动模式)。

（1）单击坐标方向键，选择移动的坐标轴。

（2）单击按钮"14"控制主轴的转动和停止。

12.4.3　数控铣床刀具和对刀

1. 常用数控铣刀

（1）平铣刀，适用于进行粗铣，去除大量毛坯材料，小面积水平平面或者轮廓精铣。

（2）球头铣刀，适合进行曲面半精铣和精铣；小刀可以精铣陡峭面/直壁的小倒角。

（3）倒角刀，倒角刀外形与倒角形状相同，分为铣圆倒角和斜倒角的铣刀，用于加工倒角。

（4）成型铣刀，适应于加工特定曲面或结构而专门制造，依加工对象不同形状各异。

图 12-11 所示为不同刀具适合不同面或结构的加工。

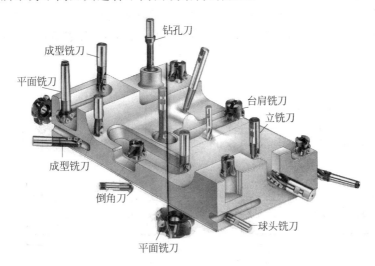

图 12-11　数控铣削加工刀具选择

数控机床刀具所用材料要求要有较高的硬度和耐磨性，足够的强度，较高的耐热性、导热性，也要方便制造。现行工业数控刀具所用材料主要有高速钢、硬质合金、陶瓷、立方氮化硼和聚晶金刚石。

2. 对刀

数控程序一般按工件坐标系编程，对刀的过程就是建立工件坐标系与机床坐标系之间关系的过程。

将工件上表面中心点设为工件坐标系原点（将工件上其他点设为工件坐标系原点的对刀方法与其类似）。一般铣床/加工中心在 X、Y 方向对刀时使用寻边器单边对刀或者双边对刀，Z 轴则采用滚刀法。

首先进行工件装夹。平口钳安装在铣床工作台上，用百分表校平（钳口与 X 轴方向平行）。将工件装在平口钳中，工件下用垫铁垫高使工件露出钳口 10mm，放平、夹紧。然后进行刀具装夹。把寻边器装入到弹簧套筒中，再把套筒装入铣刀刀柄，把铣刀刀柄连同铣刀装入铣床主轴。

对刀操作如下：

1）X、Y向对刀（见图 12-12）

（1）快速移动工作台和主轴，让寻边器测头靠近工件的左侧。

（2）改用手轮操作，让测头慢慢接触到工件左侧，使用手轮进行微调，目测寻边器的下部测头与上面固定端重合同轴，将显示界面切换为相对坐标值显示。按 MDI 面板上的按键 X，然后按下归零，此时当前位置 X 坐标值为"0"。

（3）抬起寻边器至工件上表面之上，快速移动工作台和主轴，让测头靠近右侧。

（4）改用手轮操作，让测头慢慢接触到工件右侧，直到目测寻边器的下部测头与上固定端重合，记下此时机械坐标系中的 X 坐标值。若工件 X 长为 100mm，测头直径为 10mm，则坐标显示为 110.000。

（5）提起寻边器，然后将刀具移动到工件的 X 中心位置。

（6）对刀完成以后，按 POS 坐标显示中的"综合"软键，记下此时 X、Y 的坐标值，把 X、Y 坐标值输入到 OFFSET 页面下"坐标系"中的 G54～G59 中，分别输入 X、Y 的坐标值，按 INPUT 或按 X0「测量」和 Y0「测量」。

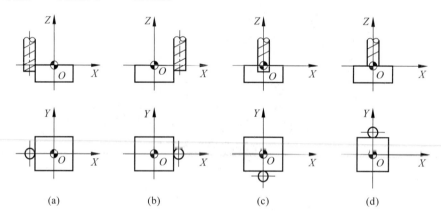

| (a) | (b) | (c) | (d) |

图 12-12　X、Y 轴对刀示意图

2）Z 向对刀（见图 12-13）

（1）卸下寻边器，将加工所用刀具装上主轴。

（2）准备一支直径为 10mm 的刀柄（用于辅助对刀操作）。

（3）快速移到主轴，让刀具端面靠近工件上表面低于 10mm，即小于辅助刀柄直径。

（4）改用手轮微调操作，使用辅助刀柄在工件上表面与刀具之间的地方平推，一边用手轮微调 Z 轴，直到辅助刀柄刚好可以通过工件表面与刀具之间的空隙，此时的刀具端面到工件上表面的距离为一把辅助刀柄的距离 10mm。

（5）在相对坐标值显示的情况下，将 Z 轴坐标"清零"，将刀具移开工件正上方，然后将 Z 轴坐标向下移动 10mm。

（6）对刀完成以后，按 POS 坐标显示中的"综合"软键，记

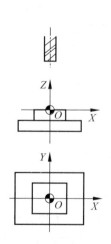

图 12-13　Z 轴对刀示意图

下此时 Z 的坐标值,把 Z 坐标值输入到 OFFSET 页面下"坐标系"中的 G54～G59 中,分别输入 Z 的坐标值,按 INPUT 或按 Z0「测量」。

3)在对刀过程中需注意的问题

(1)根据加工要求采用正确的对刀工具,控制对刀误差;

(2)在对刀过程中,可通过改变微调进给量来提高对刀精度;

(3)对刀时需小心谨慎,尤其要注意移动方向,避免发生碰撞危险;

(4)对 Z 轴时,微量调节的时候一定要使 Z 轴向上移动,避免向下移动时使刀具、辅助刀柄和工件相碰撞,造成刀具损坏,甚至出现危险;

(5)对刀数据一定要存入与程序对应的存储地址,防止因调用错误而产生严重后果。

12.4.4 程序的输入和调试

1. 程序的输入

(1)在选择模式中置为编辑(EDIT),按数控面板上的程序(PROG)键显示程序画面。

(2)输入一个新程序,注意编辑程序需要先创建程序名,程序名必须以 O 开头后跟 4 位程序号。

(3)也可利用 U 盘或者 PC 输入程序。

2. 程序的检索和删除

(1)在选择模式中置为编辑(EDIT),按数控面板上的程序(PROG)键显示程序画面。

(2)输入地址"O"和要检索的程序号,再按搜索软键,检索到的程序号显示在屏幕的右上角。

(3)若要浏览某一程序(如 O0001)的内容,可先输入该程序号如"O0001"后,再按向下的光标键即可。

(4)删除某一程序的方法为:在确保某一程序如"O0002"已不再需要保留的情况下,先输入该程序号"O0002"后,再按删除(DELETE)键即可。

3. 程序的校验试运行

程序在机床上校验有两种方法:一种是取下机床上的刀具,这样无撞刀的可能,直接运行当前程序,可以清楚看到程序的路线有问题也可以及时停止;第二种方法是使用机床上的空运行按钮。

以空运行为例,进行程序调试的步骤为:将光标移至主程序开始处,或在编辑挡方式下按复位(RESET)键使光标复位到程序头部,再置"MODESELECT(工作方式)"为"自动(MEM 或 AUTO)"挡,按下手动操作面板上的"DRYRUN(空运行)"开关至灯亮后,再按"CYCLESTART(循环启动)"按钮,机床即开始以快进速度执行程序,由数控装置进行运算后送到伺服机构驱动机械工作台实施移动。空运行时将无视程序中的进给速度而以快进的速度移动,并可通过"快速倍率"旋钮来调整。若需要观察图形轨迹,可按数控操作面板上的"GRAPH"功能键切换到图形显示画页。

4. 程序的运行

加工前程序必须进行检验,确定程序无误后方可进行工件的加工。

(1) 工作状态应该切换至 AUTO 状态下。光标需处于程序第一句,否则机床不能进行加工且会报警。

(2) 调整各个参数的倍率和调整刀具所停留的参考高度。

(3) 按下循环启动键,观察加工过程,注意安全操作。

12.4.5 数控铣床加工实例

1. 考核件(见图 12-14)

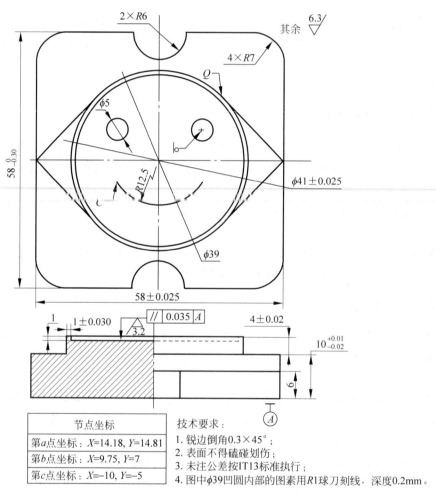

图 12-14　数控铣加工零件

2. 参考加工程序

N10 O0001;
N11 G0 G90 G54 X－53.5;
Y5.S1000 M3;
N12 Z100.;
N13 Z2.;
N14 G1 Z－14. F50.;
N15 G41 D1 Y－5. F300.;
N16 G3 X－48.5 Y0. R5.;
N17 G1 Y33.;
N18 G2 X－33. Y48.5 R15.5;
N19 G1 X－9.;
N20 G2 X－4. Y43.5 R5.;
N21 G3 X4. R4.;
N22 G2 X9. Y48.5 R5.;
N23 G1 X33.;
N24 G2 X48.5 Y33. R15.5;
N25 G1 Y－33.;
N26 G2 X33. Y－48.5 R15.5;
N27 G1 X9.;
N28 G2 X4. Y－43.5 R5.;
N29 G3 X－4. R4.;
N30 G2 X－9. Y－48.5 R5.;
N31 G1 X－33.;
N32 G2 X－48.5 Y－33. R15.5;
N33 G1 Y0.;
N34 G3 X－53.5 Y5. R5.;
N35 G1 G40 Y－5.;
N36 G0 Z100.;
N37 M5;
N38 M30;

N10 O0002;
N11 G0 G90 G54 X－47.036;
10.607 S1000 M3;

N12 Z100.;
N13 G1 Z－8. F50.;
N14 G41 D1 X－54.107
Y3.536 F300.;
N15 G3 X－47.036 R5.;
N16 G1 X－25.286 Y25.286;
N17 G2 X25.286 R35.76;
N18 G1 X47.036 Y3.536;
N19 G2 Y－3.536 R5.001;
N20 G1 X25.286 Y－25.286;
N21 G2 X－25.286 R35.76;
N22 G1 X－47.036 Y－3.536;
N23 G2 Y3.536 R5.001;
N24 G3 Y10.607 R4.999;
N25 G1 G40 X－54.107 Y3.536;
N26 G0 Z100.;
N27 M5;
N28 M30;

N10 O0003;
N11 G0 G90 G54 X40.759 Y5.;
S1000 M3;
N12 Z100.;
N13 G1 Z－4. F50.;
N14 G42 D1 Y－5. F300.;
N15 G2 X35.759 Y0. R5.;
N16 G3 X－35.759 R35.759;
N17 X35.759 R35.759;
N18 G2 X40.759 Y5. R5.;
N19 G1 G40 Y－5.;
N20 G0 Z100.;
N21 M5;
N22 M30;

N10 O0004;

N11 G0 G90 G54 X19.259 Y－
5.; S1000 M3;
N12 Z100.;
N13 G1 Z－1. F50.;
N14 G42 D1 Y5. F300.;
N15 G2 X24.259 Y0. R5.;
N16 X－24.259 R24.259;
N17 X24.259 R24.259;
N18 X19.259 Y－5. R5.;
N19 G1 G40 Y5.;
N20 G0 Z100.;
N21 M5;
N22 M30;

N10 O0005;
N11 G0 G90 G54 X18.375
Y10.5; S4000 M3;
N12 Z100.;
N13 G1 Z－1.2 F50.;
N14 G3 X10.875 R3.75 F400.;
N15 X18.375 R3.75;
N16 G0 Z100.;
N17 X－10.875;
N18 Z2.;
N19 G1 Z－1.2 F50.;
N20 G3 X－18.375 R3.75 F400.;
N21 X－10.875 R3.75;
N22 G0 Z100.;
N23 X－15. Y－7.5;
N24 Z2.;
N25 G1 Z－1.2 F50.;
N26 G3 X15. R18.75 F400.;
N27 G0 Z100.;
N28 M5;
N29 M30;

作业与思考

1. 如何判断刀具半径左补偿和右补偿?
2. 简述单边对刀的操作过程。
3. 简述绝对坐标和增量坐标的区别。
4. 编写出图 12-15 所示零件图的数控铣加工程序。

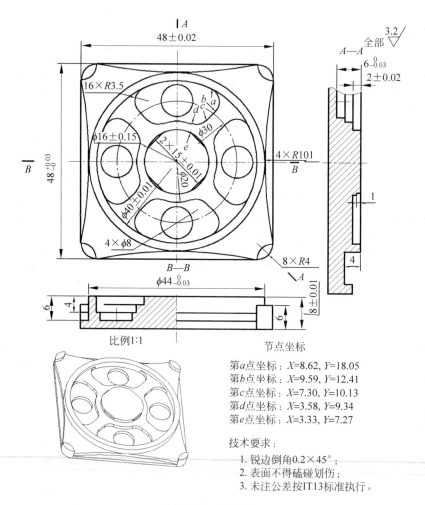

比例1:1

节点坐标

第a点坐标：X=8.62，Y=18.05
第b点坐标：X=9.59，Y=12.41
第c点坐标：X=7.30，Y=10.13
第d点坐标：X=3.58，Y=9.34
第e点坐标：X=3.33，Y=7.27

技术要求：

  1. 锐边倒角0.2×45°；

  2. 表面不得磕碰划伤；

  3. 未注公差按IT13标准执行。

图 12-15　零件图

第13章

特种加工

13.1 概　　述

随着工业生产和科学技术的发展,具有高熔点、高强度、高硬度、高韧性的新材料不断地出现(如耐热不锈钢、复合材料、钛合金、硬质合金等难加工的材料,红宝石、聚晶金刚石、硅、陶瓷等非金属材料),以及一些特殊具有复杂结构要求的工件也越来越多,依靠传统的机械加工方法已经难以达到所需的技术要求,有的甚至无法加工(如窄缝、型孔、三维型腔、薄壁零件等)。因此,特殊的加工方法不断地被引入到机械加工领域中,逐渐形成了相对于传统加工方法的特种加工。

特种加工工艺是直接利用各种能量(如电能、光能、化学能、电化学能、声能、热能及机械能等)进行加工的方法,它们具有以下特点:

(1)"以柔克刚",特种加工的工具与被加工零件基本不接触,加工时不受工件的强度和硬度的制约,故可加工超硬脆材料和精密微细零件,甚至工具材料的硬度可低于工件材料的硬度。

(2)加工时主要用电、化学、电化学、声、光、热等能量去除多余材料,而不是主要靠机械能量切除多余材料。

(3)加工机理不同于一般金属切削加工,不产生宏观切屑,不产生强烈的弹、塑性变形,其残余应力、冷作硬化、热影响度等也远比一般金属切削加工小。

(4)加工能量易于控制和转换,故加工范围广,适应性强。

13.2 电火花成型加工

电火花加工是在一定介质中,利用两极(工具电极和工件电极)之间脉冲性火花放电时的电腐蚀现象对材料进行加工,以使零件的尺寸、形状和表面质量达到预定要求的加工方法。这种加工方法也被称为放电加工或电蚀加工。

13.2.1 电火花成型加工原理

电火花加工原理如图13-1所示。电火花加工是在液体介质中进行的,机床的自动进给调节装置使工件和工具电极之间保持适当的放电间隙。当工具电极和工件之间施加很强的脉冲电压(达到间隙中介质的击穿电压)时,会击穿介质绝缘强度最低处。由于放电区域很小,放电时间极短,所以,能量高度集中,使放电区的温度瞬时高达 10000～12000℃,工件表面和工具电极表面的金属局部熔化、甚至气化蒸发。局部熔化和气化的金属在爆炸力的作用下抛入工作液中,并被冷却为金属小颗粒,然后被工作液迅速冲离工作区,从而使工件表面形成一个微小的凹坑。一次放电后,介质的绝缘强度恢复等待下一次放电。如此反复使工件表面不断被蚀除,并在工件上复制出工具电极的形状,从而达到成型加工的目的。

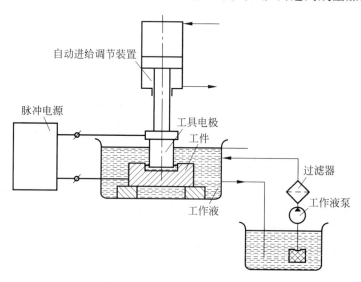

图 13-1　电火花加工原理示意图

13.2.2　电火花加工的特点及应用

1. 电火花加工的特点

(1) 适用于加工一些高硬度、高脆度、高熔点等难以加工的导电材料(如淬火钢、硬质合金、耐热合金等)。

(2) 加工时工件与电极不接触,不产生宏观切削力,适宜于加工薄壁、窄槽、细微精密零件和立体曲面等。

(3) 电极材料不必比工件材料硬。

(4) 加工速度慢,成本高,加工量不宜过大。

2. 电火花加工的主要应用

(1) 加工各种截面形状的型孔、小孔,如图 13-2 所示。

(2) 加工各种锻模、挤压模、压铸模等型腔体及整体叶轮、叶片等各种曲面零件,表面强化和刻字。

(3) 广泛应用于机械(特别是模具制造)、电子、电机电器、航空、精密仪器、汽车、拖拉机、轻工业等行业,以解决难加工材料及复杂零件的加工问题。加工范围已经达到小至几微米的小轴、孔、缝等,大到几米的超大型模具和零件。

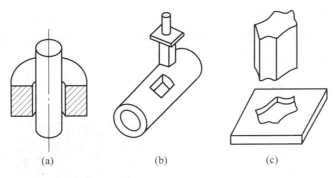

图 13-2　电火花加工应用实例

（a）圆孔；（b）方槽；（c）异形孔

13.2.3　电火花成型加工机床的结构

1. 电火花加工机床的结构

电火花加工机床主要由机床本体、脉冲电源、自动进给调节系统、工作液循环过滤系统等部分组成，如图 13-3 所示。

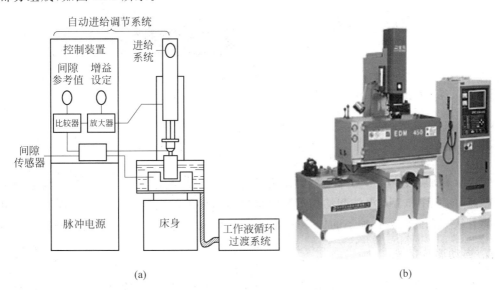

图 13-3　电火花成型加工机床

（a）结构图；（b）外形图

2. 机床本体

机床本体主要由床身、立柱、主轴头及附件、工作台等部分组成。床身、立柱、坐标工作台是电火花机床的骨架，起着支承、定位和便于操作的作用。主轴头用以实现工件和工具电极的装夹、固定和运动。因为电火花加工宏观作用力极小，所以对机械系统的强度无严格要求，但为了避免变形和保证精度，要求具有必要的刚度。主轴头下面装夹的电极是自动调节系统的执行机构，其质量的好坏将影响到进给系统的灵敏度及加工过程的稳定性，进而影响工件的加工精度。

机床主轴头和工作台常安装有一些附件,如可调节工具电极角度的夹头、油杯、平动头等(见图13-4)。

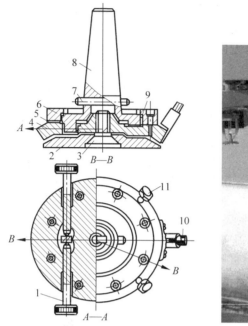

图13-4   电火花平动头

1—调节螺丝；2—摆动法兰盘；3—球面螺钉；4—调角度架；5—调整垫；6—上压板；
7—销钉；8—斜柄座；9—滚珠；10—电源线；11—垂直度调节螺钉

3. 脉冲电源

在电火花加工过程中,脉冲电源的作用是把工频正弦交流电流转变成频率较高的单向脉冲电流,向工件和工具电极间的加工间隙提供所需的放电能量以蚀除金属。脉冲电源的性能直接关系到电火花加工的加工速度、表面质量、加工精度、工具电极损耗等工艺指标。

4. 自动调节系统

在电火花成型加工设备中,自动进给调节系统占有很重要的位置,它的性能直接影响加工稳定性和加工效果。

电火花成型加工的自动进给调节系统主要包含伺服进给系统和参数控制系统。伺服进给系统主要用于控制放电间隙的大小,而参数控制系统主要用于控制电火花成型加工中的各种参数(如放电电流、脉冲宽度、脉冲间隔等),以便获得最佳的加工工艺指标等。

5. 工作液过滤和循环系统

电火花加工中的蚀除产物,一部分以气态形式抛出,其余大部分是以球状固体微粒形式分散地悬浮在工作液中,直径一般为几微米。随着电火花加工的进行,蚀除产物越来越多,充斥在电极和工件之间,或粘连在电极和工件的表面上。蚀除产物的聚集,会与电极或工件形成二次放电。这就破坏了电火花加工的稳定性,降低了加工速度,影响了加工精度和表面粗糙度。为了改善电火花加工的条件,一种办法是使电极振动,以加强排屑作用;另一种方法是对工作液进行强迫循环过滤,以改善间隙状态。

13.2.4 电火花加工的操作及加工工艺

1. 电火花加工的操作

由图 13-5 可以看出,电火花加工主要由三部分组成:电火花加工的准备工作、电火花加工、电火花加工检验工作。其中电火花加工可以加工通孔和盲孔,前者习惯称为电火花穿孔加工,后者习惯上称为电火花成型加工。它们不仅是名称不同,加工工艺方法也有着较大的区别,本节将分别加以介绍。电火花加工的准备工作有电极准备、电极装夹、工件准备、工件装夹、电极工件的校正定位等。

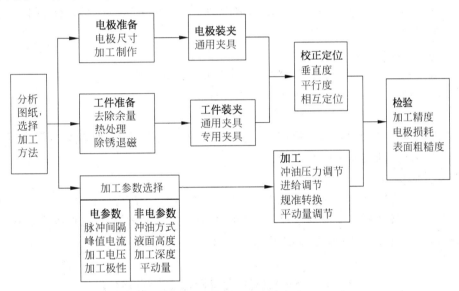

图 13-5 电火花加工的步骤

(1) 开机,数控电火花成型加工机床的开机很简单,一般只需要按下"ON"键或者旋动开关到"ON"的位置,接下来就需要进行回零或机床的复位操作。

(2) 工件安装。

(3) 工具电极安装,具体步骤为:①根据工件的尺寸和外形选择或制造定位基准;②准备电极装夹的夹具;③装夹和校正电极;④调整电极的角度和轴心线。

(4) 加工原点设定。

(5) 程序输入。

(6) 程序运行,需注意:①启动程序前,应仔细检查当前即将执行的程序是否是加工程序;②程序运行时,应注意放电是否正常,工作液液面是否合理,火花是否合理,产生的烟雾是否合理。如果发现问题,应立即停止加工,检查程序并修改参数。

(7) 零件检测,常用的检测工具有游标卡尺、内径千分尺、高度尺、塞规、卡规、三坐标测量机等。

(8) 关机。

2. 电火花成型加工工艺

影响电火花加工精度的因素主要有以下几点。

1) 电极损耗

电极损耗是影响加工精度的重要因素,应尽量减少电极损耗。电火花加工的电极、工件与脉冲电源间有两种接法。

(1) 正极性接法:工件接正极,电极接负极。脉冲$<40\mu s$,加工表面质量高,效率低,用于精加工。

(2) 负极性接法:工件接负极,电极接正极。脉冲$>300\mu s$,加工表面质量低,效率高,用于粗加工。

2) 放电间隙

放电间隙是否稳定和均匀是影响加工精度的又一重要因素。应尽量使加工过程稳定,采用较小的放电间隙。

3) 二次放电

二次放电会导致加工斜度,应减少二次放电的次数和脉冲能量。

影响电火花加工表面质量的工艺因素主要有以下两点。

(1) 加工速度

加工速度的提高会影响表面粗糙度,它们之间存在很大矛盾,如表面粗糙度 $Ra2.5$ 提高到 $Ra1.25$,加工速度要下降十多倍。

(2) 表面变质层

由于电火花放电的瞬间高温和液体介质的冷却作用,会使工件表面产生包括凝固层和热影响层的表面变质层。变质层硬度高,耐腐蚀,但会产生显微裂纹,影响疲劳强度,反复承受较大冲击载荷的零件要通过后续工序去掉变质层。

13.3 数控电火花线切割加工

电火花线切割加工是在电火花加工基础上于 20 世纪 50 年代末最早在苏联发展起来的一种新的工艺形式,是用线状电极丝(钼丝、铜丝)靠火花放电对工件进行切割,故称作电火花线切割,有时简称为线切割。它已获得广泛的应用,目前国内外的线切割机床已占电加工机床的 60% 以上。

13.3.1 电火花线切割加工原理、特点及应用

1. 电火花线切割加工原理

电火花线切割加工的基本原理是利用移动的细金属丝(钼丝或钨丝)做电极,对工件构成的两个电极之间进行脉冲火花放电时产生的电腐蚀效应来对工件进行加工,以达到成型的目的。其基本原理如图 13-6 所示,被加工的工件作为阳极,钼丝作为阴极。脉冲电源发出一连串的脉冲电压加到工件和钼丝上。钼丝与工件之间有足够的具有一定绝缘性的工作

液。当钼丝与工件之间的距离小到一定程度时,在脉冲电压的作用下,工作液被电离击穿,在钼丝与工件之间形成瞬时的放电通道,产生瞬时高温(可高达 10000℃以上),高温使工件金属熔化,甚至有少量气化,高温也使电极丝和工件之间的工作液部分产生气化,这些气化后的工作液和金属蒸气瞬间迅速热膨胀,并具有爆炸的特性。这种热膨胀和局部微爆炸将熔化和气化了的金属材料抛出,从而实现对工件材料进行电蚀切割加工。

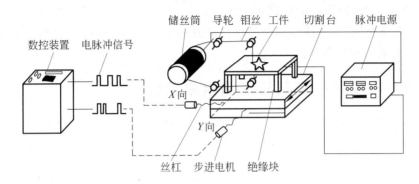

图 13-6　线切割加工原理图

2．电火花线切割加工特点

(1) 用计算机辅助自动编程软件,可方便地加工一般切削方法难以加工或无法加工的复杂零件(如冲模、凸轮、样板及外形复杂的精密零件等)。

(2) 采用直径很小可移动的细金属丝(铜丝或钼丝等)作工具电极,因而具备以下特点：

① 线切割电极简单,省去了成型工具电极的设计和制作费用；

② 缝很窄,利于材料的利用,可加工有细小结构的零件；

③ 可不必考虑电极丝损耗对加工精度的影响(快走丝线切割采用底损耗脉冲电源；慢走丝线切割采用单向连续供丝,在加工区总是保持新线电极加工),因而加工精度高；

④ 靠锥度切割功能,有可能实现凸凹模一次加工成型；

⑤ 电极丝材料不必比工件材料硬,因此无论被加工零件的硬度如何,只要是导体或半导体的材料都能进行加工；

⑥ 零件无法从周边切入时,工件上需钻穿丝孔；

⑦ 电极丝在加工中不直接接触工件,工件几乎没有切削力,加工不易变形。

(3) 依靠数控系统的线径偏移补偿功能,使冲模加工的凹凸模间隙可以任意调节。

(4) 采用四轴联动,可加工上、下面异型体、形状扭曲曲面体、变锥度和球形体等零件。

(5) 粗、中、精加工只需调整电参数即可,操作方便,自动化程度高。

(6) 采用乳化液或去离子水的工作液,而不是煤油,成本低,且不必担心发生火灾,可以昼夜无人连续工作。

(7) 其缺点为加工对象主要是贯通加工,不能加工台阶表面及盲孔型零件,生产效率低,加工成本高,不适合形状简单的大批零件的加工。

3．电火花线切割的应用

(1) 应用于精密机械、汽车、拖拉机、电子、仪器仪表、轻工、航空等行业。

（2）应用最广泛的是加工模具，适用于各种形状的带锥度的模具，如冲模、挤压模、粉末冶金模、弯曲模及塑压模等。

（3）加工电火花成型用的电极，若电极采用铜钨、银钨合金之类的材料，用线切割加工特别经济。另外对微细、复杂形状、带锥度的电极也适合。

（4）加工零件试制新产品时，可直接将某些板类工件切割出，省去了模具、刀具、工夹具等工装，使开发产品周期明显缩短，降低成本。

（5）加工贵重金属，由于线切割金属丝直径细小（0.05～0.18mm），因而加工时省料，特别适用于切割贵重金属材料。

13.3.2　电火花线切割机床的组成部分

电火花线切割机床的组成包括机床、脉冲电源、数控装置和工作液循环系统四部分，如图 13-7 所示。

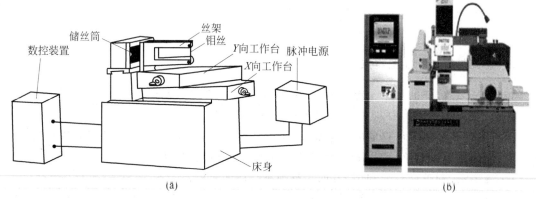

图 13-7　电火花线切割的组成

（a）结构图；（b）外形图

1. 机床部分

机床在床身的支承下由下列各部分组成。

（1）运丝机构

运丝机构的作用是将绕在储丝筒上的钼丝通过联轴节带动储丝筒作高速旋转运动，通过行程开关使电机完成正、反向交替转动，经过上、下丝架安装的导轮，移动托板带动储丝筒相对线架作匀速移动，保证电极丝均匀、平整地排列在储丝筒上。储丝筒的转动是由一只交流电机带动，丝速按高、中、低共分为四挡。高速运丝利于排屑，低速运丝传动平稳。

（2）丝架导丝机构

它的作用是通过丝架把钼丝支撑成垂直于工作台的一条直线，以便对零件进行加工。有些机床丝架上有两个拖板（U、V），分别由两个步进电机带动，可用来加工锥体。任一拖板超出行程范围时，由行程开关断开步进电机电源，致使两拖板停止运动。

（3）数控坐标工作台

用于安装并带动工件在工作台平面内作 X、Y 两方向的移动。工作台分上下两层，分别与 X、Y 向丝杠相连，由两个步进电机分别驱动，变频系统每发出一个脉冲信号，其输出轴就旋转一个步距角,再通过一对变速齿轮带动滚珠丝杠转动,从而使工作台在相应的方向上移动 0.001mm。

（4）机身

机床本身用于支撑和连接工作台、运丝机构、导丝机构、机床电器及安装工作液系统。

2．脉冲电源

脉冲电源是电火花线切割加工的工作能源,它由振荡器及功放板组成。振荡器的振荡频率、脉宽和间隔比均可调。根据加工零件的厚度及材料选择不同的电流、脉宽和间隔比。加工时钼丝接电源的负极,工件接电源的正极。

3．数控装置

数控装置是数控机床的核心,它接收输入装置送来的脉冲信号,经过数控装置的系统软件或逻辑电路进行编译、运算和逻辑处理后,输出各种信号和指令,控制机床的各个部分进行有序的动作。

4．冷却系统

冷却系统由工作液、工作液箱、工作液泵和循环导管组成。工作液起绝缘、排屑、冷却的作用。每次脉冲放电后,工件与钼丝之间必须迅速恢复绝缘状态,否则脉冲放电就会转变成稳定持续的电弧放电,影响加工质量。工作液可把加工过程中产生的金属颗粒迅速从电极之间冲走,使加工顺利进行。工作液还可以冷却受热的电极和工件,防止工件变形。

13.3.3　电火花线切割机床操作

1．数控电火花线切割机安全操作规程

（1）实习时要按规定穿戴好工作服和防护帽。

（2）在开机启动前,必须给机床的各个运动机构加注润滑油,必须熟悉线切割加工工艺,恰当地选取加工参数,按规定操作步骤操作,防止造成断丝等故障。

（3）用摇把操作储丝筒后,应及时将摇把拔出,防止储丝筒转动时将摇把甩出伤人。废丝要放在规定的容器里,防止混入电路和走丝系统中去,造成电气短路、触电和断丝等事故。停机时,要在储丝筒刚换向后尽快按下停止按钮,防止因丝筒惯性造成断丝及传动件碰撞。

（4）正式加工之前,应确认工件位置是否已安装正确,防止碰撞丝架和因超程撞坏丝杠、螺母等传动部件。

（5）不可用手或手持导电工具同时接触加工电源的两端（床身与工件）,防止触电。

（6）禁止用湿手按开关式接触电器部分,防止工作液等导电物进入电气部分,一旦发生因电气短路造成的火灾时,应首先切断电源,立即用四氯化碳等合适的灭火器灭火,不准用水救火。

（7）机床附近不得放置易燃、易爆物品,防止因工作液一时供应不足产生的放电火花引起事故。

（8）停机时,应先停高频脉冲电源,再停工作液,让电极丝运行一段时间。工作结束后,

关掉总电源,擦净工作台及夹具等,并润滑机床。

2.电火花线切割机床操作面板

DK7732高速走丝切割机床的机械操作面板如图 13-8 所示,主要用于机械部分的一些辅助动作的操作控制,如走丝、电参数的调整、切削液等。

电火花线切割机床机械操作面板各个部分的功用说明如下:

（1）总开关:向右旋转此开关,接通总电源,向左则是断开总电源。

（2）启动按钮:按下此开关,机床进入准备状态。

（3）停止按钮:按下此开关,机床进入关闭状态。

（4）急停按钮:用于紧急停止。

（5）电流表:显示加工时电极丝与工件之间的加工电流。

（6）电压表:显示加工时电极丝和工件之间的电压。

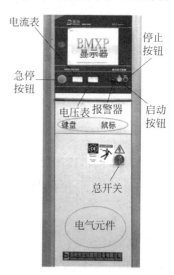

图 13-8　电火花线切割机床的机械操作面板

（7）键盘、鼠标:用于绘图及控制手动操作面板。

（8）显示器:用于界面显示。

3.操作界面

DK7732电火花线切割机床的机床操作界面如图 13-9 所示,主要用于数控加工系统功能的控制。

（1）打开文件:在此目录下右击将出现新的功能键(见图 13-10)。

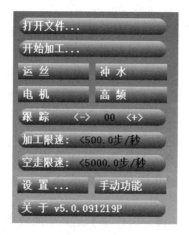

图 13-9　电火花线切割机的手动操作面板

图 13-10　打开文件窗口

① 打开模版：用于直接生成简单的加工轨迹图形(如直线、斜线、矩形、圆等)。

② 编辑 3B 文件：用于手动编辑程序。

③ 旋转镜像：用于界面加工轨迹图旋转角度及镜像。

④ 增加引入线：用于加长图形的入切线。

(2) 开始加工：按下此开关,将开始加工所设置图形。

(3) 运丝：使电极丝开始行走的开关。

(4) 冲水：按下此开关,便可以往加工处供工作液。

(5) 电机：用于控制 X、Y、U、V 轴的电机运行。

(6) 高频：生产脉冲电压的一个高频脉冲信号源。

(7) 跟踪：提高加工的稳定性。

(8) 加工限速：限制切割的速度。

(9) 空走限速：控制步进电机的转动现象。

(10) 设置：用于设置机床操作面板的参数。

(11) 手动功能(见图 13-11)。

① 移轴：用于自动移动机床的 X、Y、U、V 轴。

② 对中：用于自动查找工件的中点。

③ 碰边：用于自动查找工件的边缘,当碰到边缘时有报警声且自动停止坐标的移动。

④ 手动碰边报警：用于手动查找工件的边缘,当碰到边缘时有报警声。

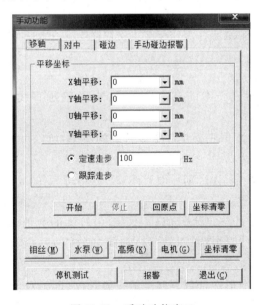

图 13-11　手动功能窗口

4. 电火花线切割机床的基本操作

(1) 电源投入前的准备,打开机床总开关后,再按下操作面板电源 ON 键并启动电脑直至出现显示屏。

(2) 检查系统各部分是否正常,包含运丝、高频、冲水、电机等的运行情况。

（3）工件的装夹与调整,根据工件的厚度调整 Z 轴的高度并锁紧。常见的装夹方式有以下 4 种：①悬臂方式装夹；②两端支撑方式装夹；③桥式支撑方式装夹；④板式支撑方式装夹。

（4）进行储丝筒上丝、穿丝、紧丝和电极丝的校正调整。

（5）移动 XY 轴坐标,确定切割的起始位置。

（6）绘制加工图形并生成加工轨迹发送至加工界面。

（7）开启工作液泵,调节泵嘴流量。

（8）运行加工程序并开始加工,调整加工参数。

13.3.4　电火花线切割机床加工编程

电火花线切割机床的编程方法有手工编程和自动编程两种,近年来,线切割编程大部分采用计算机自动编程。高速走丝线切割机床一般采用 3B 代码格式,而低速走丝线切割机床一般采用国际通用的 ISO(G 代码)格式。

1. 手工编程

目前,中国数控线切割机床常用 3B 程序格式编程,其格式见表 13-1。

表 13-1　3B 程序格式

B	X	B	Y	B	J	G	Z
分隔符号	X 坐标值	分隔符号	Y 坐标值	分隔符号	计数长度	计数方向	加工指令

（1）坐标 X、Y 值的确定

直线的起点为原点,建立正常的直角坐标系,X、Y 表示直线终点的坐标绝对值,单位为 μm。

在直线 3B 代码中,X、Y 值主要是确定该直线的斜率,所以可将直线终点坐标的绝对值除以它们的最大公约数作为 X、Y 的值,以简化数值。

若直线与 X 或 Y 轴重合,为区别一般直线,X、Y 均可写作 0,也可以不写。

（2）计数方向 G 的确定

当计数方向 G 由线段的终点坐标值(X_e、Y_e)中较大的数值来确定,即当 $|X_e| < |Y_e|$ 时,取 GY；$|X_e| > |Y_e|$ 时,取 GX；$|X_e| = |Y_e|$ 时,取 GX 或 GY 均可,如图 13-12(a)所示。

（3）计数长度 J 的确定

计数长度是指被加工图形在计数方向上的投影长度(即绝对值)的总和,以 μm 为单位。

【例】　加工图 13-12(b)所示斜线 OA,其终点为 A(X_e、Y_e),且 $Y_e > X_e$,试确定 G 和 J。

因为 $|Y_e| > |X_e|$,OA 斜线与 X 轴夹角大于 45°,计数方向取 GY。斜线 OA 在 Y 轴上的投影长度为 Y_e,故 $J = Y_e$。

（4）加工指令 Z 的确定

加工直线时,根据直线在不同的象限有四种加工指令：L1、L2、L3、L4。如图 13-13(a)所示,当直线处于第 I 象限(包括 X 轴而不包括 Y 轴)时,加工指令记作 L1,当处于第 II 象限(包括 Y 轴而不包括 X 轴)时,记作 L2。其他两象限为 L3、L4,以此类推。

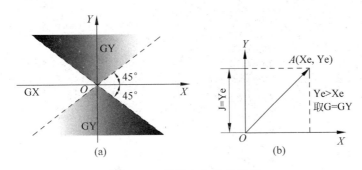

图 13-12　计数方向 G 的确定

加工顺圆弧时,根据圆弧在不同象限有 4 种加工指令:SR1、SR2、SR3、SR4。如图 13-13(b)所示,当圆弧的起点在第Ⅰ象限(包括 Y 轴不包括 X 轴)时,加工指令记作 SR1;当起点在第Ⅱ象限(包括 X 轴而不包括 Y 轴)时,记作 SR2。其他两象限为 SR3、SR4,以此类推。

加工逆圆弧时,根据直线在不同的象限有四种加工指令:NR1、NR2、NR3、NR4。如图 13-13(c)所示,当直线处于第Ⅰ象限(包括 X 轴而不包括 Y 轴)时,加工指令记作 NR1;当处于第Ⅱ象限(包括 Y 轴而不包括 X 轴)时,记作 NR2。其他两象限为 NR3、NR4,以此类推。

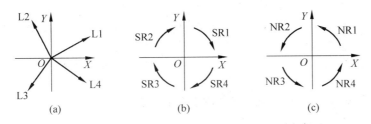

图 13-13　加工指令 Z 的确定

2．BMXP 编程软件简介

BMXP 编程软件是宝玛机床有限责任公司自行开发的线切割自动编程软件。软件用图形交互方式进行线切割编程,直观、方便、快捷,具有丰富的 CAD 功能,可以对各种图形进行自动编程,自动生成切割轨迹,直接用于线切割机床加工。

图 13-14 所示为 BMXP 线切割自动编程软件的基本操作界面菜单系统栏。

图 13-14　CAD 菜单系统栏

"BMXP"主菜单如图 13-15 所示。

BMXP 的主要功能说明如下:

(1) 生成加工轨迹:用于生成图形加工的轨迹路线。

(2) 多次加工轨迹:用于图形多次切割的轨迹路线。

(3) 修改加工参数:用于加工参数的修改。

图 13-15   线切割主菜单

（4）发送加工任务：用于一次及多次加工轨迹路线的发送。

（5）运行加工程序：运行到加工面板的操作。

（6）生成锥度加工轨迹：用于锥度、变锥、上下异面的图形加工轨迹路线设置。

（7）发送锥度加工任务：用于锥度轨迹路线的发送。

（8）绘制特殊曲线：用于绘制一些特殊曲线、齿轮、花键、文字等。

13.3.5   电火花线切割零件加工训练

按照技术要求，完成图 13-16 所示图形的加工。加工步骤如下。

（1）零件图工艺分析：该零件尺寸要求严格，材料为铝板，因此装夹比较方便。但编程时需注意补偿值的偏移方向。

（2）确定装夹位置和走刀路线。

（3）调试机床。

（4）装夹工件。

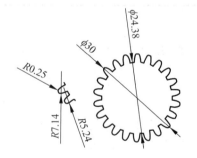

图 13-16   电火花线切割加工零件图

13.4   激 光 加 工

13.4.1   激光加工原理、特点及应用

1. 激光加工原理

激光加工是一种将激光束照射到工件的表面，以激光的高能量来切除、熔化材料及改变物体表面性能的技术。由于激光加工是无接触式加工，工具不会与工件的表面直接摩擦产

生阻力,所以激光加工的速度极快,加工对象受热影响的范围较小且不会产生噪声。由于激光束的能量和光束的移动速度均可调节,因此激光加工可应用到不同层面和范围上。目前,公认的激光加工原理有两种,分别为激光热加工和光化学加工(又称冷加工)。

激光热加工是利用光的能量经过透镜聚焦后在焦点上达到很高的能量密度,当激光束照射到物体表面时,引起快速加热,热力把对象的特性改变或把物料熔解蒸发。热加工具有较高能量密度的激光束,照射在被加工材料表面上,材料表面吸收激光能量,在照射区域内产生热激发过程,从而使材料表面温度上升,产生变态、熔融、烧蚀、蒸发等现象。利用激光束对材料可进行各种加工,如激光焊接、激光雕刻切割、表面改性、激光打标、激光钻孔和微加工等。

光化学反应加工是指激光束照射到物体,借助高密度激光高能光子引发或控制光化学反应的加工过程。冷加工具有很高负荷能量的(紫外)光子,能够打断材料或周围介质内的化学键,致使材料发生非热过程破坏。这种冷加工对被加工表面的里层和附近区域不产生加热或热变形等作用。冷加工包括光化学沉积、立体光刻、激光雕刻刻蚀等。例如,电子工业中使用准分子激光器在基底材料上沉积化学物质薄膜,在半导体基片上开出狭窄的槽。

2. 激光加工特点

激光加工技术与传统加工技术相比具有很多优点,因此得到广泛的应用。尤其适合新产品的开发,一旦产品图纸形成后,马上可以进行激光加工,可以在最短的时间内得到新产品的实物。

(1) 它是无接触加工,且高能量激光束的能量及其移动速度均可调。

(2) 它可以对多种金属、非金属加工,特别是可以加工高硬度、高脆性及高熔点的材料。

(3) 激光加工过程中无“刀具”磨损,无“切削力”作用于工件。

(4) 激光加工过程中,激光束能量密度高,加工速度快,且是局部加工,对非激光照射部位没有影响或影响极小。因此,其热影响区小,工件热变形小,后续加工量小。

(5) 它可以通过透明介质对密闭容器内的工件进行各种加工。

(6) 由于激光束易于导向、聚集,实现作各方向变换,极易与数控系统配合,对复杂工件进行加工,因此是一种极为灵活的加工方法。

(7) 使用激光加工,生产效率高,质量可靠,经济效益好。

3. 激光加工的应用

激光因具有单色性、相干性和平行性三大特点,特别适用于材料加工。激光加工是激光应用最有发展前途的领域,国外已开发出 20 多种激光加工技术。激光的空间控制性和时间控制性很好,对加工对象的材质、形状、尺寸和加工环境的自由度都很大,特别适用于自动化加工。激光加工系统与计算机数控技术相结合可构成高效自动化加工设备,它已成为企业实行适时生产的关键技术,为优质、高效和低成本的加工生产开辟了广阔的前景。

已成熟的激光加工技术包括:激光快速成型技术、激光焊接技术、激光打孔技术、激光切割技术、激光打标技术、激光去重平衡技术、激光蚀刻技术、激光微调技术、激光存储技术、激光划线技术、激光清洗技术、激光热处理和表面处理技术。

激光切割技术广泛应用于金属和非金属材料的加工中,可大大减少加工时间,降低加工成本,提高工件质量。脉冲激光适用于金属材料,连续激光适用于非金属材料,后者是激光切割技术的重要应用领域。激光加工发展趋势如下。

（1）数控化和综合化

把激光器与计算机数控技术、先进的光学系统以及高精度和自动化的工件定位相结合,形成研制和生产加工中心,已成为激光加工发展的一个重要趋势。

（2）小型化和组合化

国外已把激光切割和模具冲压两种加工方法组合在一台机床上,制成激光冲床,它兼有激光切割的多功能性和冲压加工的高速高效特点,可完成切割复杂外形、打孔、打标、划线等加工。

（3）高频度和高可靠性

国外 YAG 激光器的重复频度已达 2000 次/秒,二极管阵列泵浦的 Nd：YAG 激光器的平均维修时间已从原来的几百小时提高到 1 万～2 万小时。

（4）采用激元激光器进行金属加工

这是国外激光加工的一个新课题。激元激光器能发射出波长 157～350nm 的紫外激光,大多数金属对这种激光的反射率很低,吸收率相应很高,因此,这种激光器在金属加工领域有很大的应用价值。

13.4.2　激光加工机床的组成部分

激光加工机床(如激光打孔机和激光切割机)除具有一般机床所需有的支承构件、运动部件及相应的运动控制装置外,主要应备有激光加工系统,它是由激光器、聚焦系统和电气系统三部分组成的。

1. 激光器

激光器由激光光源、光泵、聚光器和谐振腔组成。应用于加工的激光器主要有以下两种。

（1）固体激光器

固体激光器具有稳定性好的特点,但能量效率低。由于输出能量小,主要用于打孔、点焊及薄板的切割,也可用于切削、焊接和光刻等。由于聚光性好,可通过光导纤维传递能量,适用于内腔加工等特定场合,其能量效率不及 CO_2 气体激光源,最多不超过 3%,目前产品的输出功率大多在 600W 以下,最大已达 4kW。

（2）气体激光器

气体激光器常用的工作物质有分子激光的二氧化碳(CO_2)和离子激光的氩气(Ar)。后者输出功率为 25W,它可发出 10ns 级短脉冲,从而使热影响区域小,可用于半导体、陶瓷和有机物的高精度微细加工。而 CO_2 激光器的功率在连续方式工作时可达 45kW,脉冲式工作时可达 5kW,故在加工中应用最广。

2. 聚焦系统

聚焦系统的作用是把激光束通过光学系统精确地聚焦至工件上,具有调节焦点位置和观察显示的功能。CO_2 激光器输出的是红外线,故要用锗单晶、砷化镓等红外材料制造的光学透镜才能通过。为减少表面反射需镀增速膜。在光束出口处装有喷吹氧气、压缩空气或惰性气体（N$_2$）的喷嘴，用以提高切割速度和切口的平整光洁。工作台用抽真空方法使薄板工件能紧贴在台面上。

3. 电气系统

电气系统包括激光器电源和控制系统两部分，其作用是供给激光器能量（固体激光器的光泵或 CO$_2$ 激光器的高压直流电源）和输出方式（如连续或脉冲、重复频率等），进行控制。此外，工件或激光束的移动大多采用 CNC 控制。为了实现聚焦点位置的自动调整，尤其当激光切割的工件表面不平整时，需采用焦点自动跟踪的控制系统。

轴快流 CO$_2$ 激光器的气流方向、放电方向和激光束输出方向都是一致的，有两种常用的结构，主要区别在于一种是直流放电激励，另一种是射频放电激励。图 13-17 给出了直流放电激励轴快流 CO$_2$ 激光器的框图。轴快流 CO$_2$ 激光器由谐振腔、放电管、热交换器、风机、气源、真空泵、电源和控制等几部分组成。影响激光器工作性能的关键因素是气流方式、放电结构、谐振腔的稳定性等。

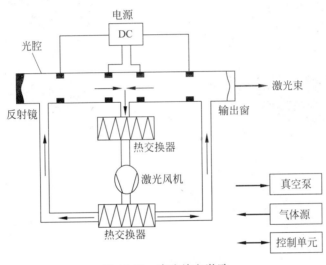

图 13-17　直流放电激励

13.4.3　激光加工机床操作

以 I. LASER 3000 型号的激光雕刻切割机（外形见图 13-18）为例，简介其操作。

1. 简介与准备工作

（1）控制面板（见图 13-19）：1 为显示面板，2 为返回按钮，3 和 4 分别为向上和向下选择按钮，5 为选中确定按钮，6 为选择文档按钮，7 为停止按钮，8 为开始和暂停按钮，9 和 11 可调节加工平台的上升和下降，10 为自动对焦按钮，12（星号按钮）可将红色定位激光打开，13（P2 按钮）可将激光探头移至加工区域中心位置，

图 13-18　激光雕刻切割机

14(P1 按钮)可将激光探头调至右上方原点处。

（2）接线、抽风：按要求连接好转接线，确认小泵和抽风机与仪器连接正确，检查抽风机排气终端位置是否合理，确认控制卡安装正确，驱动程序安装正确。

（3）对焦：将要加工的材料放入激光切割机内，打开激光雕刻机开关按钮，单击图 13-19 中控制面板中的 P2 按钮 13，将激光探头移至加工区域中心位置，确保激光探头下方有加工材料，按下对焦按钮 10 进行自动对焦，也可利用对焦工具和上三角按钮 9、下三角按钮 11 进行手动对焦，如图 13-20 所示。

（4）启动小泵和抽风机，确认激光切割机盖子是否合上。

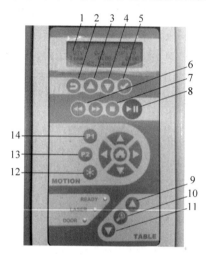

图 13-19　控制面板

图 13-20　对焦

1—显示面板；2—返回按钮；3—向上选择按钮；4—向下选择按钮；5—选中确定按钮；6—选择文档按钮；7—停止按钮；8—开始和暂停按钮；9—上三角按钮；10—自动对焦按钮；11—下三角按钮；12—星号按钮；13—P2 按钮

2. 加工操作

（1）启动计算机，运行 CorelDRAW X4 绘图软件，将图片或事先制作好的图形导入进去。

（2）加工前需设置激光加工时的功率与速度，它们将根据材料和厚度而进行相应的设置。以厚度为 3mm 的材料为例，对于轻木板材料，雕刻功率为 30，雕刻速度为 60，切割功率为 80，切割速度为 6；加工亚克力板时，雕刻功率为 30，雕刻速度为 50，切割功率为 80，切割速度为 3；加工双色板时，雕刻功率为 30，雕刻速度为 45，切割功率为 80，切割速度为 3。以上参数仅作参考，如果厚度有所变化，参数也应进行相应的变化。功率和速度设置如图 13-21 所示。

（3）设置完参数后可进行模式设定，如图 13-22 所示。可根据加工的种类选择工作模式，图片类雕刻加工在工作模式选择一般模式和半色调，字体雕刻可选择橡皮模式。三维雕刻可选择立体模式。切割/雕刻选项可根据图形颜色在切割和雕刻对应的颜色打对勾。

（4）参数设置完后单击开始按钮，雕刻完后打开激光雕刻机盖子，取出物料。

（5）关闭小泵和抽风机，关闭激光雕刻机，清洁现场，关闭计算机，断开电源。

图 13-21　镭射设定面板

图 13-22　模式设定面板

作业与思考

1. 简述电火花加工的定义以及物理本质。
2. 线切割机床有哪些常用的功能？
3. 什么是极性效应？在电火花加工中如何充分利用极性效应？
4. 简述电火花线切割加工时进给速度对加工速度的影响。
5. 简述快走丝线切割机床在加工中间阶段断丝的原因。
6. 简述电火花成形加工与电火花线切割加工的异同点。
7. 电火花穿孔加工时常采用哪些加工方法？
8. 简述线切割加工时提高切割形状精度的方法。
9. 简述快走丝线切割机床加工中避免断丝的方法。
10. 创意作品制作，可参考图 13-23 中的一些样品。

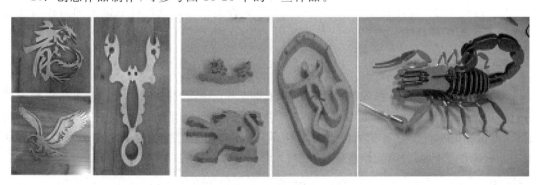

图 13-23　样品图

第14章

柔性制造

14.1 概　　述

柔性制造技术是 1967 年英国莫林斯（MOLINS）提出来的用于机械制造行业的一种先进制造技术，此后这一理念在各行各业得到了广泛应用，并已成为现代制造的一种科学。柔性制造技术的应用范围十分广泛，凡是侧重于快速转换的柔性要求、适合多品种、小批量生产的加工技术都属于柔性制造技术的范畴，如柔性制造单元、柔性制造系统、柔性制造线和柔性制造工厂等。柔性是它的最大特点，即系统对内部及外部环境的适应能力，具体体现在以下几方面。

（1）机器柔性：当要生产一系列不同类型产品时，机器随着产品变化而加工不同零件的能力。

（2）工艺柔性：工艺流程不变时，自身适应产品或原材料变化的能力；制造系统内为适应产品或原材料变化而改变相应工艺的能力。

（3）产品柔性：产品更新或完全换型，系统能够非常经济、迅速地生产出新产品的能力；产品更新后，对老产品具有特性的传承和兼容能力。

（4）维修柔性：通过多种途径寻找、解决故障，使生产正常进行的能力。

（5）生产能力柔性：生产量改变时，技术装备系统能够经济运行的能力。

（6）扩展柔性：生产需要时，易于扩展系统结构，增加模块，构成更大技术装备系统的能力。

（7）运行柔性：用不同的机器、原材料、工艺流程生产一系列产品的能力和同样的产品以不同工序加工的能力。

1. 柔性制造单元

柔性制造单元是由一台或数台数控机床或加工中心构成的加工单元。该单元根据需要可自动更换刀具和夹具来加工不同的工件。它适合加工形状复杂、加工工序简单、加工工时较长、批量小的零件。它有较大的设备柔性，但人员和加工柔性低。图 14-1 所示为带有加工中心机床的柔性制造单元示意图。

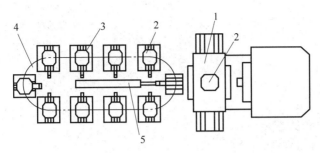

图 14-1　柔性制造单元示意图

1—加工中心；2—托盘；3—托盘站；4—环形工作台；5—工件交换台

2. 柔性制造系统

柔性制造系统是以数控机床或加工中心为基础,配以物料传送装置组成的生产系统。该系统在电子计算机的自动控制下,能在不停机的情况下,满足多品种的加工。柔性制造系统适合加工形状复杂、工序多、批量大的零件。其加工和物料传送柔性大,但人员柔性仍然较低。图 14-2 所示为典型柔性制造系统示意图。

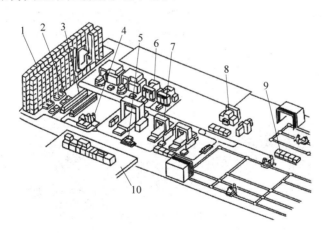

图 14-2　典型柔性制造系统示意图

1—自动仓库；2—装卸站；3—托盘站；4—检验机器人；5—自动小车；6—卧式加工中心；

7—立式加工中心；8—磨床；9—组装交付站；10—计算机控制室

3. 独立制造岛

独立制造岛是以成组技术为基础,由若干台数控机床和普通机床组成的制造系统,其特点是将工艺技术装备、生产组织管理和制造过程结合在一起,借助计算机进行工艺设计、数控程序管理、作业计划编制和实时生产调度等。其使用范围广,各方面柔性较高。图 14-3 所示为独立制造岛示意图。

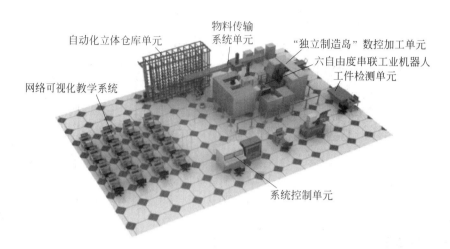

图 14-3　独立制造岛示意图

14.2　柔性制造系统组成

图 14-4 所示为教学实践的柔性制造系统,它主要由加工系统(数控车床、数控铣床和装配站)、物料储运系统(立体仓库、KUKA 机器人和机器人地轨)、信息系统(信息终端计算机、总控台计算机及各种接口和控制装置)以及操作人员等组成。

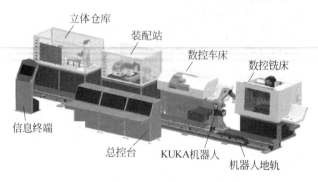

图 14-4　柔性制造系统组成

1. 加工系统

加工系统指以成组技术为基础,把外形尺寸大致相似、材料相同、工艺相似的零件集中在一台或数台数控机床或专用机床等设备上加工的系统。它主要由数控车床、数控铣床和装配站等组成,是柔性制造系统的基础部分。图 14-5 所示为自动装配站。

2. 物料储运系统

物料储运系统在计算机控制下可以实现工件和刀具的输送及入库存放,它由自动化仓库(见图 14-6)、自动输送小车、KUKA 机器人(见图 14-7)等组成。

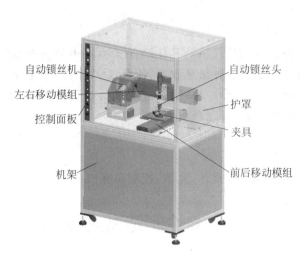

图 14-5 自动装配站

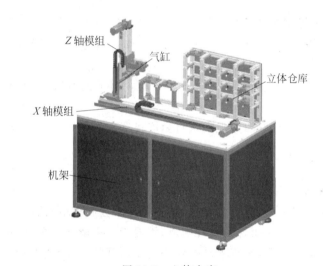

图 14-6 立体仓库

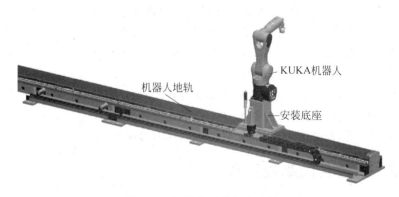

图 14-7 机器人及其行走地轨

3. 信息系统

信息系统由主计算机、分级计算机及其接口、外部设备和各种控制装置的硬件和软件组成,是对加工和运输过程中所需各种信息收集、处理、反馈,并通过电子计算机或其他控制装置(液压、气压装置等)对机床或运输设备实行分级控制的系统。其主要功能是实现各系统之间的信息联系,确保系统的正常工作。

4. 操作人员

操作人员的主要作用是编程、操作、监测、控制和维护系统。

14.3　柔性制造基本操作

14.3.1　柔性制造系统安全操作规程及维护保养

(1) 操作前务必做好理论知识的储备,了解整个柔性制造系统的工作流程及操作规章制度。

(2) 该系统软件部分由 Wincc V7.0 来完成,操作人员必须受过软件方面的专业培训,具备软件方面的理论与实践经验,否则不可轻易操作该设备。

(3) 系统自动运行中不要随意触碰电气柜和触摸屏上的按键,除非紧急情况下的停止操作。

(4) 当需要停止设备的运行时,观察六自由度机器人的位置。一般情况下,在机器人完全退出车床、加工中心、装配站、立体仓库后再进行停止操作。

(5) 在机器人自动运行前,请先检查机器人的位置,若机器人所在位置易发生碰撞,请务必先通过手动将机器人移至没有障碍物的位置。

(6) 机器人运行时间过长,电机会发热,请不要用手去触摸电机,以防灼伤皮肤。

(7) 在机器人夹爪张开和闭合的过程中,请不要用手去触碰夹爪,防止夹伤手指。

(8) 机器人在自动状态下,所有手动按钮均处于断开状态,无法点动控制机器人。

(9) 工作过程中,出现问题应立即停止设备,排查故障。

(10) 立体仓库停止或急停后,再次按下启动按钮必须重新复位回零,才可开始移动。

(11) 装配站停止或急停后,再次按下启动按钮必须重新复位回零,才可开始移动。

(12) 机器人滑轨停止或急停后,再次按下启动按钮必须重新复位回零,才可开始移动。

(13) 工作过程中,禁止进入到机器人地轨上行走。

(14) 六自由度机器人运行过程中不要靠近,需要保持一定距离。

(15) 该设备中大部分的电气控制元件不可带电操作或插拔。

(16) 工作结束后,及时清理现场,做好设备的保养和维护。

14.3.2　总控台的基础操作

1. 总控台上电前的准备工作

(1) 确保各从站准备完毕:总控台首次上电前先把所有从站电源关闭。检查无误,确保人身安全。

（2）确保总控主电路电源正常：使用合格无损坏的万用表测量总控入口电源，确保电路无欠压，无缺相，电压稳定。

（3）确保总控内的空开全部关闭：因为上电会造成瞬间电流很高，对整个电网、电路造成冲击，出现跳闸现象，所以务必关闭空开，进行推闸上电。

2．总控台电源开启流程

（1）打开总控台电控柜后门，将内部标有"总电源开关"的控制器推至 ON 状态，总控电源推起后，检查面板电路指示是否正常。

（2）依次推起各从站空开，检查是否出现跳闸。如果跳闸请找出原因，再进行送电。正常推起之后，电路就已经充电，务必禁止一切维修工作。

（3）缓慢依次地按下各从站电源按钮，各按钮启动之间隔几秒钟，防止开机瞬间电流过大，冲击电网和总控电路。

3．总控台操作步骤

（1）将手/自动旋钮打到自动状态。
（2）按下系统启动按钮。
（3）如需停止，按下系统停止按钮。
（4）如需断开联机操作，按下系统停止按钮，之后将手/自动按钮打到手动状态。

14.3.3　立体仓库的基础操作

1．立体仓库上电前的准备工作

（1）小型立库的滑轨清理：由于立库动力来源于伺服电机，请务必检查、清理导轨的任何杂物。防止滑轨组件损坏。

（2）仓库内物品清理：如果在无法确保仓库中是否为仓库自动放置的物品时，请先把所有的物品清理出来。防止人为干预放置，造成出入库撞车事故。

（3）检查气压是否正常：防止压力低，系统报警，启动失败。

（4）电路无损坏、无故障：对电路整改或者有接线被更改，确保电路正确，无故障、无短路，排除之后方可继续下一步，禁止携带故障运行。

2．立体仓库的上电流程

（1）开启总控台电控柜后门的总控台电源和立体仓库电源。

（2）开启立体仓库下部电控柜里的工作电路空开，送电顺序从左到右依次为 QF1、QF2、QF3。

（3）先检查 X 轴和 Z 轴的检测点是否在正限位和负限位之间，如果检测点不在正限位和负限位之间，请把 PLC 拨至 STOP 状态，X 轴直接推至正确位置范围，Z 轴要把十七号抱闸继电器强制打开，推至正确位置范围即可。

（4）上电之后三色指示灯红灯点亮。如果此时黄灯点亮，请检查气压、急停旋钮和总控台急停旋钮。三色指示灯同时对应为面板三色灯。如果指示灯没有亮起来并确定电源已开启,请检查总控台是否在手动状态,在自动状态下才可启动。

(5)故障确认之后,此时面板按下启动按钮(或总控柜按下启动按钮),立体仓库消除故障报警并回零,运行指示灯亮起。

(6)发现运行错误,请立即按下急停按钮或者停止按钮。总控台也可执行同样动作。然后找出故障原因,待报警解除后,方可再次启动运行。

14.3.4　装配站的基础操作

1. 装配站上电前的准备工作

(1)装配站的滑轨清理:由于装配站动力来源于步进电机,请务必检查、清理导轨的任何杂物。防止滑轨组件损坏。

(2)物品清理:开机前请清理工作平台内所有物品,防止撞坏气动夹具。

(3)检查气压是否正常:防止压力低,系统报警,启动失败。

(4)电路无损坏、无故障:对电路整改或者有接线被更改,确保电路正确、无故障、无短路。排除之后方可继续下一步,禁止携带故障运行。

2. 装配站的上电流程

装配站的上电流程与立体仓库大致相同。

14.3.5　六自由度 KUKA 机器人的基础操作

1. 手动控制机器人

(1)将示教器上方黑色旋钮由竖向旋为横向,如图 14-8 所示。

(2)选择模式中的第一个——T1 模式(手动慢速运行),如图 14-9 所示。

(3)按下底部的伺服 ON,点动控制机器人,如图 14-10 所示。

(4)按下方向键,移动机器人,如图 14-11 所示。

图 14-8　机器人示教器模式选择

图 14-9　机器人四种模式

图 14-10　机器人示教器底部伺服启动按键

图 14-11　机器人示教器方向键

2．自动控制机器人

（1）将示教器上方黑色旋钮由竖向旋为横向，如图 14-8 所示。

（2）选择模式中的第三个——AUT 模式（内部自动），如图 14-9 所示。

（3）启动程序。

（4）按下机器人启动按钮。自动状态下，按下急停按钮时，机器人停止运行，只有复位急停按钮并消除报警，激活驱动装置才可重新操作运行；自动状态下，按下停止按钮时，机器人停止运行，只有重新按下启动按钮后，机器人方可继续运行。

14.3.6　机器人滑轨的基础操作

1．机器人滑轨上电前的准备工作

（1）清除机器人滑轨轨道上影响机器人移动的杂物。

（2）检查硬件连接及工作电路（此步骤可每周进行一次）。

（3）了解机器人滑轨与机器人的工作流程（详见机器人滑轨工作流程图与机器人工作流程图）。

（4）了解总控台电控柜面板上机器人滑轨控制按钮及机器人控制按钮的作用，如图 14-12 所示，图中①区域为机器人滑轨控制按钮部分，②区域为机器人控制按钮部分。

图 14-12　机器人滑轨及机器人控制按钮和指示灯

A—手/自动旋钮；B—启动按钮；C—停止按钮；D—手动右移按钮；E—急停按钮；

F—运行指示灯；G—停止指示灯；H—手动左移按钮；I—急停指示灯；K—机器人运行中；

L—机器人伺服启动；M—机器人伺服停止；N—机器人伺服急停

（5）学习机器人滑轨 PLC 源程序。

（6）学会操作库卡机器人。

2．机器人滑轨的上电流程

（1）开启总控台电控柜后门的总控台电源和机器人滑轨电源。

（2）按下总控台电控柜面板上标有"机器人滑轨启动"的按钮，此时总控台电控柜面板上标有"机器人滑轨电源"的指示灯处于亮起状态。

（3）打开总控台电控柜后门，将控制机器人滑轨工作电路的空开推至 ON 状态。

（4）检查机器人滑轨工作电路是否正常得电，机器人滑轨工作电路正常得电应符合：PLC 电源指示灯应处于亮起状态，即 SF/DIAG 指示灯处于亮起状态；合信 E10 系列伺服驱动器的报警指示灯处于熄灭状态；电源指示灯和脉冲指示灯正常指示，即 PWR/AL1 为绿色指示灯亮，REF/AL2 也为绿色指示灯亮；＋24VDC 控制电源指示灯处于亮起状态。

3. 选择机器人滑轨控制类型

（1）将总控台电控柜面板上的机器人滑轨手/自动旋转开关旋到手动，使机器人滑轨处于手动控制。

（2）将总控台电控柜面板上的机器人滑轨手/自动旋转开关旋到自动，使机器人滑轨处于自动控制。

（3）机器人滑轨处于手动控制，由总控台电控柜面板上的手动控制按钮及触摸屏上的手动界面控制机器人左右移动。

（4）机器人滑轨处于自动控制，由上位机控制其完成系统设计要求。

4. 机器人滑轨触摸屏的基本操作

（1）触摸屏概述

机器人滑轨采用的人机界面是 Kinco MT4414T 触摸屏。人机界面是操作人员和机器设备之间进行信息交流的桥梁，操作人员可以在屏幕上自由地组合文字、按钮、图形、数字等来处理或监控随时可能变化的信息。

（2）触摸屏主要操作界面

① 主界面：触摸屏主界面不用于操作，如图 14-13 所示。

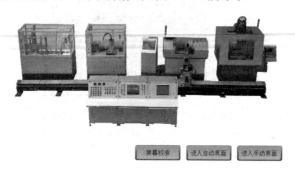

图 14-13　滑轨触摸屏主界面

② 自动操作界面：可以用于查收各信号接收与发送是否正常，如图 14-14(a)所示；还能够用来查看机器人滑轨当前所处位置的绝对值，如图 14-14(b)所示。

③ 手动操作界面：用于使机器人滑轨脱离上位机的情况下，可以单独左右移动，如图 14-15 所示。

14.3.7　柔性制造加工实例

图 14-16 所示为学生实习件——圆形型腔的零件图，学生实习内容包括：生产路径规划操作、立体仓库出入库操作、零件加工程序的编写和调试、KUKA 机器人的编程和调试以及总控台的基本操作等。

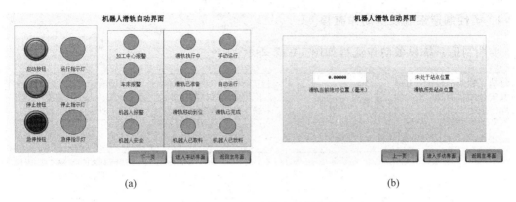

图 14-14　机器人滑轨自动操作界面

（a）机器人滑轨自动操作界面 1；（b）机器人滑轨自动操作界面 2

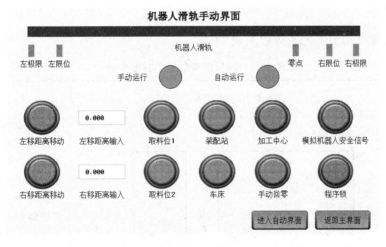

图 14-15　机器人滑轨手动界面

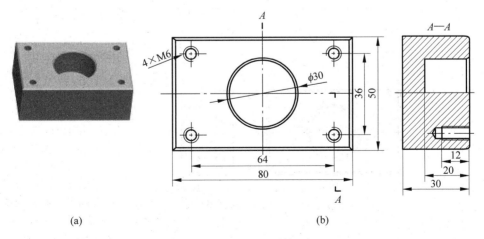

图 14-16　圆形型腔零件图

（a）圆形型腔三维图；（b）圆形型腔二维图

1. 柔性制造系统设备动作流程

柔性制造系统设备动作流程如图 14-17 所示。

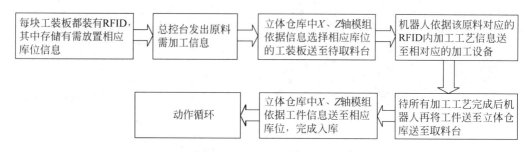

图 14-17　柔性制造系统设备动作流程图

2. 工艺流程

圆形型腔零件的加工工艺流程见表 14-1。

表 14-1　圆形型腔加工工艺流程表

设备名称	工序加工完成附图	工艺说明
智能仓库原材料出库和传输	（附图：尺寸 80、50、32）	毛坯料从智能仓库通过自动堆垛机将原材料从立体仓库中取出，经编码识别确认无误后，传输线将原材料从底层原材料传输线传送到加工中心工位的分流线上，六轴行走机器人自动将毛坯料夹取放进加工中心加工
加工中心——加工1	（附图：φ30、80、50、20、30，剖面 A—A）	粗铣、粗钻、半精铣、精铣、铰孔——上端面、中心孔、倒角。工步： (1) 加工中心粗铣上端面，吃刀深度为 1mm； (2) 换钻头 φ10～15mm 钻头粗钻孔，吃刀深度为 0.5mm，钻深 18mm； (3) 加工中心半精铣端面，吃刀深度为 0.8mm； (4) 加工中心精铣端面，吃刀深度为 0.2mm； (5) 加工中心精铰 φ30 孔，深度 20mm

续表

设备名称	工序加工完成附图	工艺说明
加工中心——加工2	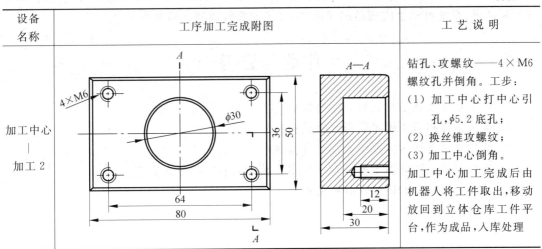	钻孔、攻螺纹——4×M6螺纹孔并倒角。工步： (1) 加工中心打中心引孔，$\phi 5.2$ 底孔； (2) 换丝锥攻螺纹； (3) 加工中心倒角。 加工中心加工完成后由机器人将工件取出，移动放回到立体仓库工件平台，作为成品，入库处理

3. 仓库物流作业系统操作流程

(1) 原料入库：立体仓库操作页面中下达原料入库命令，指定原料类型、入库目标库位，如果入库位有物料，发出入库请求，即可完成入库操作。

(2) 原料移库：原料入库后，每个有料仓位都有移库操作选项，在立体仓库操作页面中下达原料移库命令后，指定移库的目标库位，完成移库操作。

(3) 成品出库：当仓位有物料时，该仓位有出库选项，下达出库命令后，通过传感器判断出库位是否有空闲库位可以堆放该物料，如有空位优先选择序号较小的库位出库，完成出库操作。

(4) 成品出库到位：仓库出库到出库位后发出出库完成信号和出库位地址，RFID获取物料信息，机器人滑轨和机器人即可收到取料命令。

(5) 回库：经过一轮生产加工完成，物料回到小型立体仓库的回库位，立体仓库自动发起回库请求，系统自动生成成品回库命令，并优先执行成品回库命令。

4. 加工作业系统操作流程

(1) 取料：在机器人处于待命状态时，接收上料命令，并移动到该工位位置，抓取物料，并上料到数控机床上，同时通知数控机床启动加工。运行过程中的已开始、已取料、已放料信号也将实时显示。

(2) 移动到位：滑轨接收到移动信号后，开始移动，到达目的地时发出移动到位信号，继续下一步取料上料或者放料动作。

(3) 上料：机器人取料完成后，滑轨开始工作，如果目标机床处于准备状态，即可移动，移动到位后，发出上料命令。机器人接收到上料信号，开始机床上料操作，机床接收物料。

(4) 生产：上料完成后数控机床获得启动加工信号后，开始生产加工。

(5) 完工：数控机床完工后，发出完工信号。系统接收该信号通知行走机器人下料。

(6) 下料：在机器人处于待命状态时，接收下料命令，并移动到位，抓取物料。运行过程中的已开始、已取料、已放料信号也将实时显示。

(7) 回库：经过一轮生产加工完成，物料回到小型立体仓库的回库位，立体仓库自动发起回库请求，系统自动生成成品回库命令，并优先执行成品回库命令。

作业与思考

1. 什么是柔性制造？它具有哪些特点？
2. 应用柔性制造系统可获得哪些效益？
3. 柔性制造系统的主要组成部分有哪些？
4. 柔性制造系统的加工系统有何作用？其加工能力由什么决定？
5. 柔性制造系统的运储任务有哪些？

第15章

CHAPTER 15

电工电子技术

15.1 安全用电常识

人体是带电阻的导体,人体碰触到带电体,一旦电流流过我们人体时,将会受到触电伤害。由于触电的类型、部位和条件的不同,触电伤害的程度也不一样。

15.1.1 触电伤害

人体触电主要分为电击和电伤两类。

1. 电击

电击是指电流对人体内部产生伤害。它可以造成发热发麻,使神经麻痹,肌肉抽搐,内部组织损伤等。严重时将引起昏迷、窒息,甚至心脏停止跳动而死亡。通常说的触电就是电击。电击是造成大部分触电死亡的原因。

2. 电伤

电伤主要分为电灼伤、电烙伤和皮肤金属化等。电伤是指电流的热效应、化学效应、机械效应以及电流本身作用下造成的人体外伤。

15.1.2 人体触电的类型

1. 单相触电

大部分触电都是由单相触电引起的。人体的某个部位接触到带电体时,电流从带电体流过人体,并从人体流到大地形成回路,这就是所谓的单相触电。单相触电主要跟人体与大地的绝缘电阻有关,如图 15-1 所示。

2. 两相触电

人体两个不同的部位同时接触两条相线时造成的触电称为两相触电,两相触电加载在人体的电压高于单相触电,且漏电保护器不起作用,危害更大,如图 15-2 所示。

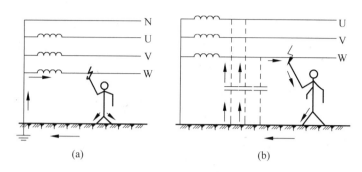

图 15-1　单相触电

（a）中性点接地系统中的单相触电；（b）中性点不接地系统中的单相触电

3．跨步电压触电

当高压线掉落在地面时，以落地点为圆心，半径 20m 以内形成电场，当人进入区域时，两脚之间会有电位差，即跨步电压，如图 15-3 所示。电流从接触高电位的脚流进，从接触低电位的脚流出，从而形成触电。人体与接地点越近，两脚之间的跨步电压越大，对人的伤害也就越大。

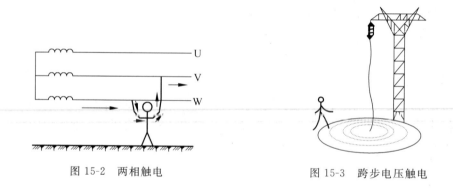

图 15-2　两相触电　　　　　　　　　　图 15-3　跨步电压触电

15.1.3　触电急救

人体触电时切不可惊慌失措、束手无策。首先让触电者尽快摆脱带电体，在安全的环境下对触电者做进一步的抢救。

1．摆脱低压电源的常用方法

（1）触电地点附近有电源开关或插头，可立即断开关或拔掉电源插头，切断电源。

（2）电源开关不在触电地点，可用有绝缘柄的电工钳或干燥木柄的斧头切断电线，断开电源；或者戴上绝缘手套将触电者拉离电源。

（3）电线搭落在触电者身上或被压在身下时，可用干燥的衣服、手套、绳索、木板、木棒等绝缘物作为工具，拉开触电者或挑开电线，使触电者脱离电源。

2．现场急救方法

当触电者脱离电源后，应当根据触电者的具体情况，迅速地对症进行救护。现场应用的主要救护方法是人工呼吸法和胸外心脏按压法。

触电者需要救治时，大体上按照以下三种情况分别处理：

（1）如果触电者伤势不重，神志清醒，但是有些心慌、四肢发麻、全身无力，或者触电者在触电的过程中曾经中度昏迷，但已经恢复清醒。在这种情况下，应当使触电者安静休息，不要走动，严密观察，并请医师前来诊治或送往医院。

（2）如果触电者伤势比较严重，已经失去知觉，但仍有心跳和呼吸。这时应当使触电者舒适、安静地平卧，保持空气流通。同时揭开他的衣服，以利于呼吸，如果天气寒冷，要注意保温，并要立即请医师诊治或送医院。

（3）如果触电者伤势严重，没有呼吸也没有心跳时，应立即实行人工呼吸和胸外心脏按压，如表 15-1 所示。并迅速请医师诊治或送往医院。应当注意，急救要尽快地进行，不能等候医师的到来，在送往医院的途中，也不能中止急救。

表 15-1 现场急救法

	图 示	说 明
人工呼吸法	(a) (b) (c) (d)	使触电者仰卧，救护人员一只手捏紧触电者的鼻子，另一只手掰开触电者的嘴，直接用嘴向触电者口内反复吹气，吹气频率为每 5 秒吹一次
胸外心脏按压法	(a) (b) (c) (d)	救护人员两手相叠从触电者侧面将掌心放在其心窝上，掌根用力向下挤压，然后掌根迅速放松，让触电者胸部自动复原，血液充满心脏，按压的频率为每分钟 100 次以上

15.2 电工常用工具

电工常用工具是指一般专业电工经常使用的工具。撇开工具本身质量因素，对电气操作人员来说，能否熟悉和掌握电工常用工具的结构、性能、使用方法和规范操作，将直接影响工作效率和电气工程的质量乃至人身安全。

1. 尖嘴钳

尖嘴钳的头部尖细,适用于在狭小的空间操作,其形状如图 15-4 所示。钳头用于夹持较小螺钉、垫圈、导线和把导线端头弯曲成所需形状,小刀口用于剪断细小的导线、金属线等。尖嘴钳规格通常按其全长分为 130,160,180,200mm 四种。尖嘴钳手柄套有绝缘耐压 500V 的绝缘套。

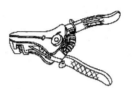

图 15-4　尖嘴钳　　　　　　　　　　　图 15-5　剥线钳

2. 剥线钳

剥线钳用来剥削直径 3mm(截面积 6mm^2)及以下绝缘导线的塑料或橡胶绝缘层,其外形如图 15-5 所示。它由钳口和手柄两部分组成。剥线钳钳口有 0.5~3mm 的多个直径切口,用于不同规格线芯的剥削。使用时应使切口与被剥削导线芯线直径相匹配,切口过大难以剥离绝缘层,切口过小会切断芯线。剥线钳手柄也装有绝缘套。

3. 钢丝钳

钢丝钳又称老虎钳,是电工应用最频繁的工具。常用的规格有 150,175,200mm 三种。

电工钢丝钳由钳头和钳柄两部分组成,钳头包括钳口、齿口、刀口和铡口四部分,其结构和用途如图 15-6 所示。钳口可用来钳夹和弯绞导线;齿口可代替扳手来拧小型螺母;刀口可用来剪切电线、掀拔铁钉;铡口可用来铡切钢丝等硬金属丝。钢丝钳柄部一般装有耐压 500V 的塑料绝缘套。

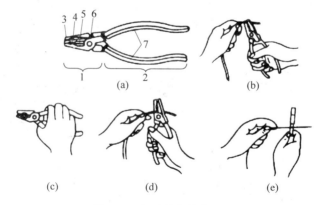

图 15-6　钢丝钳的结构用途

(a)结构;(b)弯绞导线;(c)紧固螺母;(d)剪切导线;(e)铡切钢丝
1—钳头;2—钳柄;3—钳口;4—齿口;5—刀口;6—铡口;7—绝缘套

4. 螺丝刀

按头部形状的不同,常用的螺丝刀的式样和规格有一字和十字两种,如图 15-7 所示。

一字形螺丝刀用来紧固或拆卸带一字槽的螺钉,十字形螺丝刀专供紧固和拆卸带十字槽的螺钉。

图 15-7　螺丝刀

（a）一字形；（b）十字形

5. 低压验电器

低压验电器又称试电笔,是检验导线、电器是否带电的一种常用工具,检测范围为 50～500V,有钢笔式、旋具式和组合式等。

低压验电笔主要由笔尖、降压电阻、氖管、弹簧和金属螺帽等部件组成,其结构如图 15-8 所示。当用验电笔判断被测物体是否带电时,将工作触点接触被测体,如果被测体带电,则被测体通过验电笔、人体、大地形成回路,使氖管发光工作。

使用低压验电器时,必须按照图 15-9 所示的握法操作。注意手指必须接触笔尾的金属体。这样,只要带电体与大地之间的电位差超过 50V 时,电笔中的氖泡就会发光。

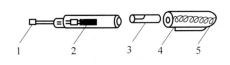

图 15-8　低压验电器

1—笔尖；2—降压电阻；3—氖管；4—弹簧；5—笔尾金属体

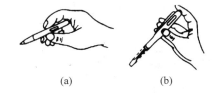

图 15-9　电笔的握法

（a）钢笔式握法；（b）螺丝刀式握法

低压验电器的使用方法和注意事项如下。

（1）使用前,先要在有电的导体上检查电笔能否正常发光,检验其可靠性。

（2）在明亮的光线下往往不容易看清氖泡的辉光,应注意避光。

（3）电笔的笔尖虽与螺丝刀头形状相同,但它只能承受很小的扭矩,不能像螺丝刀那样使用,否则会损坏。

（4）低压验电器可用来区分相线和零线,氖泡发亮的是相线,不亮的是零线。低压验电器也可用来判别接地故障。如果在三相四线制电路中发生单相接地故障,用电笔测试中性线时,氖泡会发亮;在三相三线制线路中,用电笔测试三根相线,如果两相很亮,另一相不亮,则这相可能有接地故障。

（5）低压验电器可用来判断电压的高低。氖泡越暗,则表明电压越低;氖泡越亮,则表明电压越高。

15.3　低压电器

低压电器是指在由供电系统和用电设备等组成的电路中起到保护、控制、调节、转换和通断作用，用于额定电压交流 1200V 和直流 1500V 及以下的电器。

15.3.1　断路器

断路器（也称自动开关）是一种可以自动切断故障线路的保护开关。当电路发生过载、短路和失压等故障时，断路器能自动切断电路，起保护作用。正常情况下，断路器也可以用来控制电动机的启动和停止以及接通和断开电路。

断路器主要由触头系统、操作机构、各种脱扣器和灭弧装置等组成。它的形式各种各样，但其基本结构和动作原理大体相同，如图 15-10 所示。

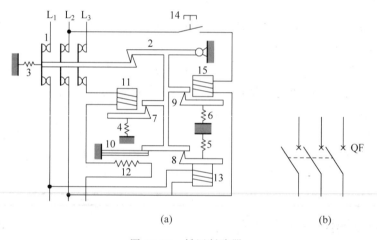

图 15-10　低压断路器

(a) 动作和原理图；(b) 低压断路器图形、符号

1—触头；2—搭钩；3～6—弹簧；7～9—衔铁；10—双金属片；11—过流脱扣线圈；
12—加热电阻丝；13—失压脱扣线圈；14—按钮；15—分励线圈

图 15-10 中，断路器有三对主触头，在断路器合闸后，搭钩钩住钩子，以克服弹簧的拉力，保持闭合状态。过流脱扣器吸合、双金属片受热变形弯曲或失电压脱扣器释放，只要其中一个动作都会使搭钩脱开，从而使主触头断开电路。过流脱扣器在电路发生短路故障时会使衔铁吸合，使主触头断开。线路出现过载的情况时，流过加热电阻丝的过载电流能使双金属片受热弯曲顶起杠杆，进而触头分开而切断电路，起到过载保护。如果发生欠电压故障时，电源电压降到某一值时，失压脱扣器的吸力减小，衔铁释放，导致触头分开而切断电路，起到了欠压或失压保护作用。

15.3.2　熔断器

熔断器俗称保险丝，它的作用是在低压配电网络和电力拖动系统中用来作短路保护。使用时，熔断器应串联在所保护的电路中。当线路或设备发生短路时，通过熔断器的电流达到或超过某一规定值，以其自身产生的热量使熔体熔断，使线路或电气设备脱离电源，起到短路保护作用。熔断器具有结构简单、分断能力高、安装体积小、动作可靠、使用维护方便等特点。常见熔断器的外形、结构及符号如图 15-11 所示。

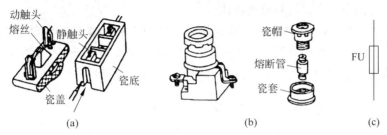

图 15-11　熔断器

（a）插入式；（b）螺旋式；（c）熔断器符号

选择熔断器的额定电流时，要考虑线路的负载。

（1）在无冲击电流的场合下，熔断器的额定电流 I_F 可按下式计算：

$$I_F \geqslant I_L \tag{15-1}$$

式中，I_F 为额定电流，单位为 A；I_L 为负载的额定电流，单位为 A。

（2）启动不频繁或启动时间较短的电动机回路中，熔断器的额定电流 I_F 可按下式计算：

$$I_F = I_{ST}/(2.5 \sim 3) \tag{15-2}$$

式中，I_F 为额定电流，I_{ST} 为电动机的启动电流。

（3）频繁启动及启动时间较长的电动机

在频繁启动时间较长的电动机回路中，熔断器额定电流 I_F 可按下式计算：

$$I_F = I_{ST}/(1.6 \sim 2) \tag{15-3}$$

电动机启动时应尽量采取轻载启动方式，保证供电线路的可靠性。

15.3.3　按钮

按钮是一种手动操作接通或分断小电流控制电路，具有储能复位的一种控制开关。常见按钮的外形、结构和图形符号如图 15-12 所示。

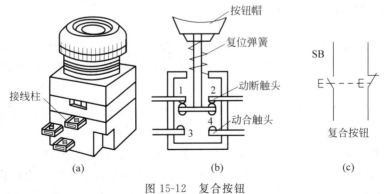

图 15-12　复合按钮

（a）外形图；（b）结构图；（c）符号

按钮的种类：按静态时触点分合状态，可分为动合按钮、动断按钮和复合按钮。动合按钮未按下时，触点是断开的；按下时触点闭合；当松开后，按钮自动复位。动断按钮未按下时,触点是闭合的;按下时触点断开;当松开后,按钮自动复位。复合按钮将动合按钮和动断按钮组合为一体。按下复合按钮时,其动断触点先分断,然后动合触点再闭合;当松开按钮时,动合触点先断开,然后动断触点再闭合。

按钮的使用:为了避免误操作,通常在按钮上涂以不同的颜色加以区分,避免误动作,其颜色有红、黄、蓝、白、绿及黑等。停止按钮用红色,启动按钮用绿色。按钮必须有金属的防护挡圈,且挡圈要高于按钮帽,防止意外触动按钮而产生误动作。

15.3.4　热继电器

热继电器是一种应用比较广泛的保护电器,即对电动机和其他用电设备进行过载保护的可控制电器。它的热元件串联在电动机或其他用电设备的主电路中,常闭触点串联在被保护的控制电路中。一旦电路过载,有较大电流通过热元件,热元件形变向上弯曲,使扣板在弹簧拉力作用下带动连杆,分断接入控制电路中的常闭触点,切断控制电路,从而起过载保护作用。常见热继电器的外形、结构及符号,如图 15-13 所示。

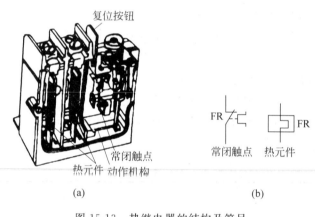

图 15-13　热继电器的结构及符号

(a) 热继电器的结构图;(b) 符号

15.3.5　交流接触器

交流接触器是执行元件,可以频繁地接通和分断带有负载的主电路,并可实现远距离的自动控制。交流接触器是电力系统和自动控制系统中应用最普遍的一种电器,如图 15-14 所示。

电磁机构由吸引线圈、动铁芯(衔铁)和静铁芯组成。其作用是利用电磁线圈的通电或断电,使衔铁和铁芯吸合或释放,从而带动动触点与静触点闭合或分断,实现接通或断开电路的目的。当电磁线圈中通过交流电时产生交变的磁通,使下铁芯磁化产生电磁吸力将上铁芯吸下,上铁芯带动动触头向下运动与静触头闭合,从而接通主电路中的负载;当电源断开后,线圈中的电流消失,上铁芯在弹簧的作用下复位,动、静触头分开,主电路被切断。

触点系统由主触点和辅助触点组成。触点的作用是接通或者断开电路。主触点的接触面积较大,用于通/断电流较大的主电路;辅助触点用于通/断电流较小的控制电路,起电气联锁作用,故又称联锁触点,一般动合、动断各两对。

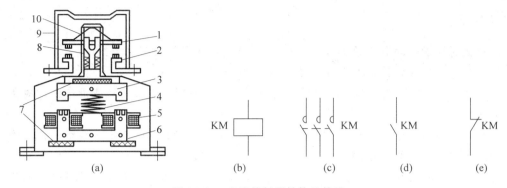

图 15-14　交流接触器结构及符号

(a) 结构图；(b) 接触器线圈；(c) 主触头；(d) 常开辅助触头；(e) 常闭辅助触头

1—动触头；2—静触头；3—衔铁；4—弹簧；5—线圈；6—铁芯；7—垫毡；

8—触头弹簧；9—灭弧罩；10—触头压力弹簧

灭弧装置：用耐火材料制成，里面有隔栅，隔栅把各触头分开，起到切断电源并消除电弧的作用。

其他部件：包括反作用弹簧、缓冲弹簧、触点压力弹簧、传动机构及外壳。

工作原理：当线圈通电后，线圈电流产生磁场，使静铁芯产生电磁吸力，将衔铁吸合；衔铁带动触点动作，使动断触点断开，动合触点闭合；当线圈断电时，电磁吸力消失，衔铁在反作用弹簧力的作用下释放，各触点随之复位。

电磁线圈额定电压有 36,110,220,380V 等，选用时必须使线圈的额定电压等于控制线路的电压；主触头额定电流有 10,20,40,60A 等，选用时主触头额定电流值应略大于或等于主电路额定电流值。

交流接触器还有一定的欠压保护作用。当电路中的电压降到一定程度时，电磁铁因吸力不足而跳开，使动、静触头分离。

15.3.6　三相交流异步电动机

三相交流异步电动机主要由定子和转子两部分组成，其中固定部分称为定子，转动部分称为转子。三相交流异步电动机的主要结构部件如图 15-15 所示。

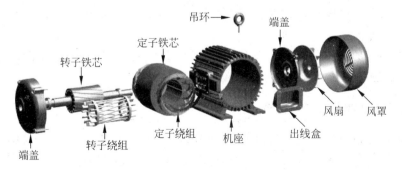

图 15-15　三相交流异步电动机结构

1. 定子

三相交流异步电动机的定子是由机座、定子铁芯和定子绕组三部分组成。

（1）机座用来固定定子铁芯和端盖，并起支撑作用。

（2）定子铁芯是三相异步电动机磁路的一部分。它是用 0.5mm 厚、表面绝缘的硅钢片叠压而成。

（3）定子绕组是电动机的电路部分。小型三相交流异步电动机的定子绕组通常是由高强度的漆包线按一定的规律绕制而成的许多线圈，这些线圈按一定的空间角度依次嵌放在定子槽内，并与铁芯绝缘，三相定子绕组有三个始端 U1、V1、W1 和三个末端 U2、V2、W2，都从机座的接线盒内引出。三相定子绕组可接成星形，也可接成三角形，这要根据电源的线电压和各相绕组的额定电压而定，如图 15-16 所示。

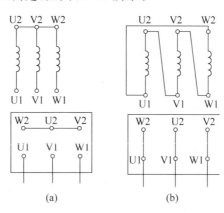

图 15-16 电动机绕组的连接法
（a）星形接法；（b）三角形接法

2. 转子

三相交流异步电动机的转子是由转轴、转子铁芯和转子绕组三部分组成。

（1）转轴是用来固定转子铁芯的，并对外输出机械转矩。转轴要求既有一定的强度又有一定的韧性。

（2）转子铁芯也是电动机磁路的一部分，用 0.5mm 厚表面绝缘的硅钢片冲制叠压而成，并固定在转轴上。

（3）转子绕组的作用是产生感应电动势从而产生电磁转矩。因为其形状与鼠笼相似，所以又称为鼠笼式转子。

3. 电动机启动前的准备与检查

（1）检查电动机及启动设备接地装置是否可靠和完整，接线是否正确，接触是否良好。

（2）检查电动机铭牌所示电压、频率与电源电压、频率是否相符。

（3）新安装或长期停用的电动机（停用三个月以上）启动前应检查绕组各相之间及其对地绝缘电阻。对额定电压为 380V 的电动机，采用 500V 兆欧表测量。绝缘电阻应大于 0.5MΩ，如果过低则需将绕组烘干。

（4）检查轴承是否有油，滑动轴承应检查是否达到规定油位。

（5）检查电动机内部有无杂物，可用压缩空气或吹风机将内部吹净。

（6）检查电动机能否自由转动。

（7）检查电动机紧固螺钉是否拧紧。

（8）检查电动机所用熔丝的额定电流是否符合要求。

上述各项检查完毕后，方可启动电动机。启动后电动机如果不转，则应迅速拉闸，防止启动电流将绕组烧坏。

15.4　电气控制电路

电气控制电路是由各种有触点电器（如接触器、继电器、按钮、开关等）组成，它能实现电力拖动系统的启动、反向、制动和保护，实现生产自动化。

根据工业现场中的加工工艺要求，利用各种控制电器的功能，实现对电动机的控制电路是多种多样的。控制电路有的比较简单，也有的相对复杂。任何复杂的控制电路都是由一些比较简单的基本控制电路组成。所以，熟悉和掌握这些控制电路是学习和分析电气控制电路的有利工具。

三相异步电动机常见的基本控制电路有：点动控制、自锁控制、两地控制、正反转控制等。

15.4.1　点动控制电路

1. 工作原理

图 15-17 中，点动控制电路可分为主电路和控制电路两部分。

主电路主要由电源开关、保护元件、接触器主触点及电动机组成。电源开关主要用于电动机和电源的连接，可采用刀开关、组合开关、隔离开关或断路器等。

控制电路为最简单的点动控制电路，控制电路的额定电压为 220V。

启动时，合上刀开关 Q，引入三相电源。按下启动按钮 SB2 时，交流接触器 KM1 的线圈通电，主触头 KM1 闭合，电动机接通电源启动。当手松开按钮时，接触器 KM1 线圈断电释放，主触头 KM1 断开，电动机电源被切断而停止运转。

2. 操作步骤

（1）读懂电路原理图，分析工作原理。

（2）登记所选用的元器件和需要的导线。

（3）测试电动机和交流接触器、热继电器，明确其结构和用途。

（4）在维修电工实训装置台上合理布置元器件。

（5）开始安装和布线。

（6）用万用表检测接线是否正确。

（7）在教师允许的情况下通电运行。

（8）清理工作场地。

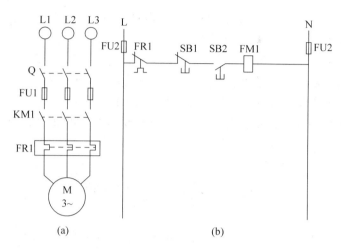

图 15-17　点动控制

（a）主电路；（b）控制电路

15.4.2　自锁控制电路

1．工作原理

自锁控制电路如图 15-18 所示。

启动时，合上刀开关 Q，引入三相电源。按下启动按钮 SB2，交流接触器 KM1 线圈通电，主触头 KM1 闭合，电动机接通电源直接启动。控制电路中 KM1 常开触头闭合，自锁，松开启动按钮 SB2 时接触器 KM1 线圈仍得电，接触器主触头仍闭合，电动机仍然工作。要使电动机停止运转，按下开关 SB1，接触器线圈 KM1 失电，接触器主触头、常开辅助触头断开，电动机停止运行。由于控制电路中的辅助触头已经断开，松开停止按钮 SB1 时，由于辅助触头 KM1 已经断开，线圈不得电。

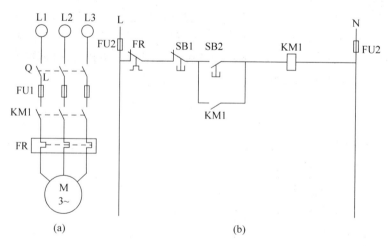

图 15-18　自锁控制电路

（a）主电路；（b）控制电路

2．电路的保护环节

（1）短路保护：在回路中,熔断器 FU 起到短路保护作用。在使用熔断器保护时,其熔体的额定电流应保证在正常启动时不熔断,主电路中一般可选取电动机额定电流的 1.5～2.5 倍。控制电路中的熔断器可选取大于或等于接触器的额定电流。

（2）过载保护：电动机常用热继电器 FR 起过载保护作用。

（3）失压与欠压保护：电动机应在额定范围内工作,接触器本身具有失压与欠压保护功能。当电源电压由于某种原因下降时,接触器线圈产生的电磁力减小,当电场力小于弹簧的反力时衔铁释放,使接触器主触头断开而切断电动机的电源。

3．操作步骤

（1）读懂电路原理图,分析工作原理。

（2）登记所选用的元器件和需要的导线。

（3）测试电动机和交流接触器、热继电器,明确其结构和用途。

（4）在维修电工实训装置台上合理布置元器件。

（5）开始安装和布线。

（6）用万用表检测接线是否正确。

（7）在教师允许的情况下通电运行。

（8）清理工作场地。

15.4.3　两地控制电路

1．工作原理

两地控制电路如图 15-19 所示。启动时,合上刀开关 Q,引入三相电源。按下甲地启动按钮 SB4,接触器 KM1 的线圈通电,主触头闭合且 KM1 通过与开关 SB3 和 SB4 并联的辅助常开触点 KM1 实现自锁,电动机在甲地启动。要使电动机停止运转,按下甲地的开关 SB1 或按乙地的开关 SB2 即可。按下启动开关 SB3,接触器 KM1 线圈通电,主触头闭合且其通过与开关 SB3 和 SB4 并联的辅助常开触点 KM1 实现自锁,电动机在乙地启动。要使电动机停止运转,按下乙地的开关 SB2 或甲地的开关 SB1 即可。

2．操作步骤

（1）读懂电路原理图,分析工作原理。

（2）登记所选用的元器件和需要的导线。

（3）测试电动机和交流接触器、热继电器,明确其结构和用途。

（4）在维修电工实训装置台上合理布置元器件。

（5）开始安装和布线。

（6）用万用表检测接线是否正确。

（7）在教师允许的情况下通电运行。

（8）清理工作场地。

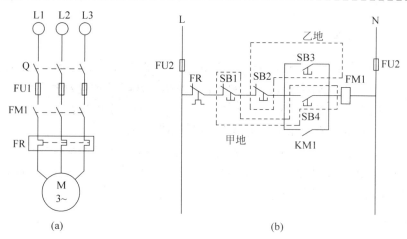

图 15-19　两地控制
（a）主电路；（b）控制电路

15.4.4　正反转控制电路

1. 工作原理

生产过程中，生产机械的运动部件往往要求能进行正反方向的运动，这就是拖动电机能作正反向旋转。由电动机原理可知，将接至电动机的三相电源进线中的任意两相对调，即可改变电动机的旋转方向。但为了避免误动作引起电源相间短路，往往在这两个相反方向的单相运行线路中加设必要的机械及电气互锁。按照电动机正、反转操作顺序的不同，分别有"正—停—反"和"正—反—停"两种控制线路。对于"正—停—反"控制线路，要实现电机有"正转—反转"或"反转—正转"的控制，都必须按下停止按钮，再进行方向启动。然而对于生产过程中要求频繁地实现正反转的电动机，为提高生产效率，减少辅助工时，往往要求能直接实现电动机正反转控制。

图 15-20 所示为具有双重联锁的三相异步电动机正反转控制线路。

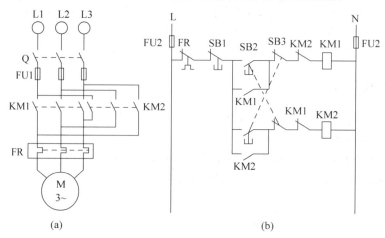

图 15-20　正反转控制
（a）主电路；（b）控制电路

启动时,合上刀开关 Q,引入三相电源。按下启动按钮 SB2,接触器 KM1 线圈通电,其主触头 KM1 闭合,同时线圈 KM1 通过与开关 SB2 并联的辅助常开触点 KM1 实现自锁并且通过接触器 KM2 的辅助触点与接触器 KM2 形成互锁,电动机正转。当按下开关 SB3 时,接触器 KM2 线圈通电,其主触点 KM2 闭合,与开关 SB3 并联的辅助常开触点 KM2 使接触器 KM2 自锁。同时与接触器 KM1 互锁的辅助常闭触点 KM2 断开,使接触器 KM1 断电释放,主触头 KM1 断开,同时其辅助常闭触点 KM1 导通,电动机反转。要使电动机停止运行,按下开关 SB1 即可。

2．操作步骤

(1) 读懂电路原理图,分析工作原理。
(2) 登记所选用的元器件和需要的导线。
(3) 测试电动机和交流接触器、热继电器,明确其结构和用途。
(4) 在维修电工实训装置台上合理布置元器件。
(5) 开始安装和布线。
(6) 用万用表检测接线是否正确。
(7) 在教师允许的情况下通电运行。
(8) 清理工作场地。

15.5　焊接技术

15.5.1　元器件的基本要求和整形

1．元器件整形的基本要求

(1) 所有元器件引脚均不得从根部弯曲,一般应留 1.5mm 以上。因为制造工艺上的原因,根部容易折断。

(2) 手工组装的元器件可以弯成直角,但机器组装的元器件弯曲一般不要成死角,圆弧半径应大于引脚直径的 1～2 倍。

(3) 要尽量将有字符的元器件面置于容易观察的位置。

2．元器件的引脚整形

(1) 手工加工的元器件整形：弯引脚时可以借助镊子或小螺丝刀对引脚整形,如图 15-21 所示。

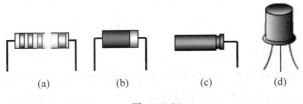

(a)　　　(b)　　　(c)　　　(d)

图　15-21

（2）机器元器件的加工整形：元器件的机器整形是专用的整形机械来完成，其工作原理是，送料器用振动送料方式送三极管，用分割器定位三极管，第一步先把左右两边的引脚折弯成型；第二步将中间引脚向后或向前折弯成型。

15.5.2　插件技术

1．元器件插装的原则

（1）手工插装、焊接时，应该先插装那些需要机械固定的元器件，如功率器件的散热器、支架、卡子等，然后再插装需焊接固定的元器件。印制电路板的元器件装配顺序如图 15-22 所示，插装时不要用手直接碰元器件引脚和印制板上铜箔。

（2）自动机械设备插装、焊接时，就应该先插装那些高度较低的元器件，后安装那些高度较高的元器件，贵重的关键元器件应该放到最后插装，散热器、支架、卡子等的插装，要靠近焊接工序。

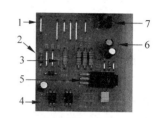

图 15-22　印制电路板的元器件装配顺序

1—跳线；2—检波二极管；

3—电阻；4—光耦；5—大功率三极管；

6—电解电容；7—滤波电容

2．元器件插装的方式

（1）直立式

电阻器、电容器、二极管等元器件都是竖直安装在印制电路板上的插装，称为直立式插装，如图 15-23 所示。

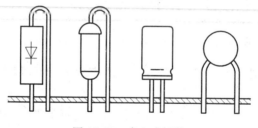

图 15-23　直立式插装

（2）俯卧式

二极管、电容器、电阻器等元器件均是俯卧式安装在印制电路板上的插装，称为俯卧式插装，如图 15-24 所示。

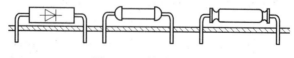

图 15-24　俯卧式插装

（3）混合式

为了适应各种不同条件的要求或某些位置受面积所限，在一块印制电路板上，有的元器件采用直立式安装，也有的元器件则采用俯卧式安装，称为混合式插装，如图 15-25 所示。

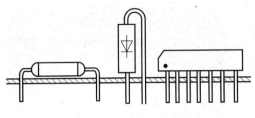

图 15-25　混合式插装

3．长短脚的插焊方式

（1）长脚插装（手工插装）

插装时可以用食指和中指夹住元器件，再准确插入印制电路板，如图 15-26 所示。

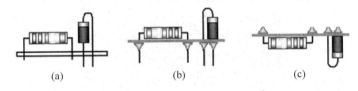

（a）　　　　　　　　　（b）　　　　　　　　　（c）

图 15-26　长脚插装

（a）插装；（b）焊接；（c）剪脚

（2）短脚插装

短脚插装的元器件整形后，引脚很短，所以都用自动化插件机器插装，且靠板插装。当元器件插装到位后，机器自动将穿过孔的引脚向内折弯，以免元器件掉出，如图 15-27 所示。

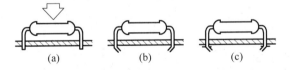

（a）　　　　　　　　　（b）　　　　　　　　　（c）

图 15-27　短脚插装

（a）插装；（b）弯脚；（c）焊接

15.5.3　数字万用表、电烙铁及焊锡丝的使用

1．UT151A 型数字万用表

UT151A 型数字万用表是一种操作方便、读数准确、功能齐全、体积小巧、携带方便、用电池作电源的手持袖珍式大屏幕液晶显示三位半数字万用表。该仪表可用来测量直流电压、电流、交流电压、电流、电阻、电容、二极管正向压降，晶体三极管 hfe 参数及电路通断等。UT151A 的面板如图 15-28 所示。

使用注意事项如下。

（1）测量前注意选择合适的挡位和量程，以便读出精确的数值。

（2）测量电压时，应将表笔并接在待测电路的两端。

（3）为了保证人身安全，测量交流电压时必须单手操作。

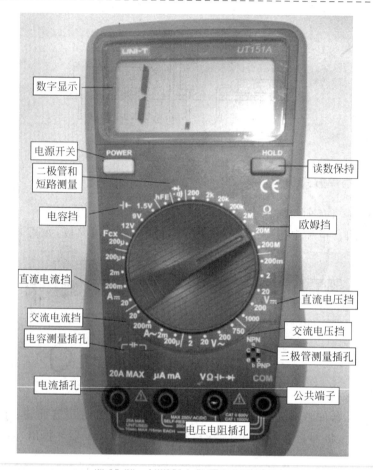

图 15-28　UT151A 数字万用表面板

（4）输入电压最大不可超过直流 1000V,交流 750V（有效值）。

（5）注意挡位的选择,特别是不可用电阻挡测量电压。

（6）推荐多使用通断挡。

（7）每次使用完毕,注意挡位的复位,注意关闭电源。

2.电烙铁的使用

电烙铁拿法有 3 种,如图 15-29 所示。反握法动作稳定,长时操作不易疲劳,适于大功率烙铁的操作。正握法适于中等功率电烙铁或带弯头电烙铁的操作。通常,在操作台上焊印制电路板等焊件时,多采用笔握法。

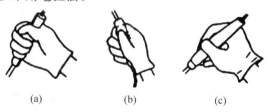

　　　(a)　　　　　　(b)　　　　　　(c)

图 15-29　电烙铁拿法

(a) 反握法；(b) 正握法；(c) 笔握法

3．焊锡丝的使用

焊锡丝通常有两种拿法，如图 15-30 所示。

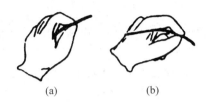

图 15-30　焊锡丝的拿法
(a) 连续锡焊时焊锡丝的拿法；(b) 断续锡焊时焊锡丝的拿法

15.5.4　印制电路板的焊接工艺及操作安全

1．印制电路板的焊接工艺

1) 焊前准备

要熟悉所焊印制电路板的装配图，并按图纸配料检查元器件型号、规格及数量是否符合图纸上的要求。

2) 装焊顺序

元器件的装焊顺序依次是电阻器、电容器、二极管、三极管、集成电路、大功率管，其他元器件时先小后大。

3) 对元器件焊接的要求

(1) 电阻器的焊接。按图将电阻器准确地装入规定位置，并要求标记向上，字向一致。装完一种规格再装另一种规格，尽量使电阻器的高低一致。焊接后将露在印制电路板表面上多余的引脚齐根剪去。

(2) 电容器的焊接。将电容器按图纸要求装入规定位置，并注意有极性的电容器，其"＋"与"－"极不能接错。电容器上的标记方向要易见。先装玻璃釉电容器、金属膜电容器、瓷介电容器，最后装电解电容器。

(3) 二极管的焊接。正确辨认正负极后按要求装入规定位置，型号及标记要易看得见。焊接立式二极管时，对最短的引脚焊接时，时间不要超过 2 秒钟。

(4) 三极管的焊接。按要求将 e、b、c 三根引脚装入规定位置，焊接时间应尽可能地短些。焊接时用镊子夹住引脚，以帮助散热。焊接大功率三极管时，若需要加装散热片，应将接触面平整，打磨光滑后再紧固，若要求加垫绝缘薄膜片时，千万不能忘记引脚与线路板上焊点需要连接时，要用塑料导线。

(5) 集成电路的焊接。将集成电路插装在印制线路板上，按照图纸要求，检查集成电路的型号、引脚位置是否符合要求。焊接时先焊集成电路边沿的两只引脚，以使其定位，然后再从左到右或从上至下进行逐个焊接。焊接时，烙铁一次蘸取锡量为焊接 2～3 只引脚的量。烙铁头先接触印制电路的铜箔，待焊锡进入集成电路引脚底部时，烙铁头再接触引脚，接触时间以不超过 3 秒钟为宜，而且要使焊锡均匀包住引脚。焊接完毕后要查一下，是否有漏焊、碰焊、虚焊之处，并清理焊点处的焊料。

2．操作安全

（1）接通电源前，要注意严格检查工具或仪表引线有无破损、漏电、短路等现象，以免发生事故。

（2）在使用万用表进行测量时，当不能估计电流和电压的大概数值时，要用最大量程测量一次，再使用准备量程进行测量。

（3）在使用仪器、仪表测量或调试的过程中，不得随意扳动开关和旋转，以免损坏仪器。

（4）仪器或仪表使用完毕后，要将各种旋钮恢复原位或零位，要关掉电源开关。

（5）电烙铁使用前，要检查是否漏电，以免发生事故。

（6）元器件上机后焊接前，必须经检查合格，然后再刮腿、上锡、整形，最后上机，不得超越程序。

（7）一般元器件的焊接应选择 20～25W 电烙铁，不要太大，也不要太小，以免损坏元器件和造成虚焊或假焊。

（8）电烙铁使用前，应检查使用电压是否与电烙铁的标称电压相符。

（9）电烙铁通电后，不能任意敲击、拆卸及安装其电热部分零件。

（10）焊接时要用镊子夹住元器件的引脚，以帮助散热，焊接时间不要太长，以免烧坏元器件。

（11）电烙铁应保持干燥，不宜在过分潮湿或淋雨环境中使用。

（12）拆烙铁头时，要关掉电源。

（13）关闭电源后，利用余热在烙铁头上上一层锡，以保护烙铁头。

（14）实验完毕后，将烙铁电源插头拔下，等放凉后再收起。

（15）由于焊丝成分中铅占一定比例，众所周知，铅是对人体有害的重金属，因此操作时应戴手套或操作后要洗手，避免食入。

（16）焊剂加热挥发的化学物质对人体是有害的，如果操作时鼻子距离烙铁头太近，则很容易将有害气体吸入。一般烙铁离开鼻子的距离应不少于 30cm，通常以 40cm 为宜。

（17）使用电烙铁要配置烙铁架，一般放置在工作台右前方。电烙铁用后一定要稳妥地放在烙铁架上，并注意导线等不要碰烙铁头。

15.6　电子产品的安装实训

15.6.1　电子产品装配工艺技术基础

电子产品装配的目的是以较合理的结构安排、最简化的工艺，实现整机的技术指标，快速有效地制造出稳定可靠的产品。电子产品装配完成后，必须经过调试才能达到规定的技术要求。装配工作仅仅是将成百上千的元器件按照设计图纸的要求连接起来，但是由于每个元器件的特性参数不可避免地存在着微小的差异，加之在装配过程中产生的分布参数的影响，其结果往往是装配好的产品不能马上正常使用，所以必须经过调试。

1. 整机装配内容

电子产品整机装配的内容包括电气装配和机械装配两个部分。电气装配部分包括元器件布局,元器件、连接线安装前的处理,各种元器件的安装、焊接、单元装配,连接线的布置与固定等。机械装配部分包括机箱和面板的加工,各种电气元件固定支架的安装,各种机械连接和面板控制元器件的安装,以及面板上必要的文字、图标的喷涂等。

2. 装配技术要求

(1) 元器件的标志方向应按照图纸规定的要求,安装后能看清元器件上的标志。若装配图上没有指明方向,则应标记向外,以便辨认,并按照从左到右、从上到下的顺序读出。

(2) 元器件的极性不得装错,安装前应套上相应的套管。

(3) 安装高度应符合规定要求,同一规格的元器件应尽量安装在同一高度上。

(4) 安装顺序一般为先低后高,先轻后重,先易后难,先一般后特殊。

(5) 元器件在印制电路板上的分布应尽量均匀,疏密一致,排列整齐美观,不允许斜、立体排交叉和重叠排列。元器件外壳和引线不能相碰,应保证 1mm 左右的安全间隙。

(6) 元器件引线穿过焊盘后应至少保留 2mm 以上的长度,建议不要先把元器件的引线剪断,而应待焊好后再剪断元器件的引线。

(7) 对一些特殊元器件的安装处理,如 MOS 集成电路的安装,应在等电位工作台上进行,以免静电损坏器件,发热元器件在安装时要与印制板保持一定距离,不要贴面安装。

(8) 装配过程中,不能将焊锡、线头、螺钉、垫圈等导电异物落在机器中。

15.6.2　电子产品的调试

调试工作是按照调试工艺对电子产品进行调整和测试,使之达到技术文件所规定的功能和技术指标。调试既是保证并实现电子产品的功能和质量的重要工序,又是发现电子产品的设计不足和工艺缺陷的重要环节。从某种程度上说,调试工作也是为电子产品定型提供技术性能参数的可靠依据。

1. 调试的内容

调试工作包括调整和测试两个部分。调整主要是指对电路参数的调整,即对整机内可调元器件及与电气性能指标相关的调谐系统、机械传动部分进行调整,使之达到规定的性能要求。测试则是在调整的基础上,对电路的各项技术指标进行系统的测试,使电子设备的各项技术指标符合规定的要求。具体来说,调试工作的内容有以下几点:

(1) 明确电子设备调试的目的和要求。

(2) 正确合理地选择和使用测试仪器和仪表。

(3) 按照调试工艺对电子设备进行调整和测试。

(4) 运用电路和元器件的基础理论分析和排除调试中出现的故障。

(5) 对调试数据进行分析、处理。

(6) 写出调试工作报告,提出改进意见。

简单的小型整机调试工作比较简单,一般在装配完成后可直接进行整机调试;而复杂的整机调试工作较为繁重,通常先对单元板或分机进行调试,达到要求后进行总装,最后进行整机总调。

2. 调试的特点

调整主要是对电路参数的调整,一般是对电路中可调元器件(例如电位器、电容器、电感等)以及有关机械部分进行调整,使电路达到预定的功能和性能要求。

测试主要是对电路各项技术指标和功能进行测量和试验,并同设计性能指标进行比较,以确定电路是否合格。

调整与测试是相互依赖、相互补充的。通常统称为调试,是因为在实际工作中,二者是一项工作的两个方面,测试、调整、再测试、再调整,直到实现电路设计指标。

调试是对装配技术的总检查,装配质量越高,调试的直通率越高。各种装配缺陷和错误都会在调试中暴露。调试又是对设计工作的检验,凡是设计工作中考虑不周或存在工艺缺陷的地方,都可以通过调试发现,并为改进和完善产品提供依据。

调试工作与装配工作相比,前者对工作者技术等级和综合素质要求较高,特别是样机调试,它是技术含量很高的工作,没有扎实的电子技术基础和一定的实践经验是难以胜任的。

15.6.3　超外差式收音机的装调实训

1. 实训目的

(1) 熟悉超外差式收音机的工作原理。
(2) 掌握超外差式收音机的焊接步骤。
(3) 学会超外差式收音机的调试方法。

2. S66E 六管超外差式收音机电路原理图(见图 15-31)

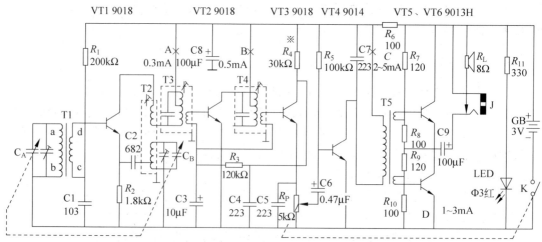

注: (1) 调试时请注意连接集电极回路A、B、C、D(测集电极电流用);
　　(2) 中放增益低时, 可改变R_4的阻值, 声音会提高;
　　(3) "×"为集电极电流测试点, 电流参考值见图上方。

图 15-31　S66E 六管超外差式收音机电路原理图

3. 焊接步骤

焊接时注意各元件对应位置,确保无误后再进行焊接;按照先小后大顺序焊接,并将每种同一元件全部插入后再焊接(例如电阻 R 元件先全部插上后再焊,不易发生错误或丢失元件);根据工艺要求依次安装。焊接顺序如下。

(1) 安装电阻

将电阻的阻值选择好后根据两孔的距离弯曲电阻脚,可采用卧式紧贴电路板安装,也可以采用立式安装,高度要统一。

(2) 安装瓷片电容、三极管及电解电容

瓷片电容和三极管的脚剪的长度要适中,不要剪得太短,也不要留得太长,不要超过中周的高度。电解电容紧贴线路板立式安装焊接,太高会影响后盖安装。

(3) 安装中周(中频变压器)和输入变压器

分别将中周(中频变压器)振荡线圈(T2、磁帽为红色)、中频变压器(T3 磁帽为白色、T4 磁帽为黑色)和输入变压器(T5)插入印制电路板,注意中周(中频变压器)磁帽红色、白色、黑色磁帽不要乱调整以免影响 465Hz 频率,T5 输入变压器线圈骨架有一白凸塑料点,要与印制电路板输入变压器电子符号上白点对应。

(4) 安装双联可变电容器和磁棒线圈

将双联可变电容器 3 个引脚插入印制电路板对应的 3 个孔,再将固定磁棒的尼龙支架固定脚片垫入双联可变电容器与线路板之间(注意尼龙支架固定脚片的螺钉孔应与双联可变电容器螺钉孔对齐),然后用 M2.5×5 螺钉将双联可变电容器与尼龙支架紧固在电路板上,最后用焊锡将双联可变电容器的引脚焊在印制电路板对应点。最后穿入磁棒。套上天线线圈并使初级线圈(绕组多的一组,即 L1)靠磁棒的外侧,然后分别将已镀上焊锡的两个绕组的线头焊在线路板上。

(5) 电位器及导线

将电位器 5 个引脚(2 个引脚为电源开关引出脚)插入线路板中 5 个对应的孔,然后在松香的助焊下,将它们焊牢在印刷制电板上。

(6) 安装发光管和耳机插座

耳塞座处引脚应折弯和加引线。发光二极管先判断正负极,将发光二极管引脚预留 11mm,应折弯 180°,安装在印制电路板上并使发光二极管对准收音机塑料机壳前面板电源指示孔。耳机插座安装的速度要快,以免烫坏插座的塑料部分而导致接触不良。

(7) 导线和喇叭

四根导线的颜色分别为一红一黑两黄,红色线焊接在电源正极(印制电路板上的标注电子符号为 GB+ 的位置)、黑色线焊接在电源负极(印制电路板上的标注电子符号为 GB- 的位置),两根焊接在喇叭上。喇叭安装时,喇叭应与印制电路板喇叭连接端引线(喇叭连接端用两根黄色线)近一些,将喇叭装入收音机塑料机壳前面板将旁边三个凸起塑料点用烙铁加热折弯固定上喇叭。

4. 收音机的检测

学生通过对自己组装的收音机的通电检测调试,可以了解一般电子产品的生产调试过程,初步学习调试电子产品的方法。

(1)通电前的准备

首先进行自检、互检,使得焊接及印制板质量达到要求。特别需要注意各电阻阻值是否与图纸相同,各三极管、二极管是否有极性焊错、位置装错以及电路板断路或短路,焊接时有无焊锡造成的电路短路现象。接入电源前必须检查电源有无输出电压和引出线正负极性是否正确。

(2)试听

如果各元器件完好,安装正确,初测也正确,即可进行试听。试听时接通电源,慢慢转动频率盘,应能听到广播声。注意在此过程中不要调中周及微调电容。

5.调试常见问题及其解决方法

整机装配完毕后,一般会出现两种问题:一是可以收听到电台,但台少,或不清晰、失真,需要调试;二是收听不到电台,无声,那就需要进行检测,找出什么地方出的问题,是否需要更换元器件。现以中夏牌 S66E 型袖珍收音机为例(见图 15-27),对这两个问题做一些简单的分析,供参考。

1)可以收听到电台,但台少,或不清晰、失真,需要调试

进行三点统调,即中端、高端、低端三点。先调中端,一般是 729kHz 的中央台。指针刻度对应 729kHz,缓慢调节红色的中频变压器(中周),即调节磁心在线圈中的位置,使其能最清晰地收到江西电台的广播。然后再调高端,可先将收音机调到一个高端电台,即中央一台 981kHz,然后调节两个补偿电容。这两个高端频率补偿电容是并联在调谐电 Ca、Cb 两端的,直到能清晰地收听到高端的电台广播为止。最后调低端,一般是调 630kHz 的中央二台。指针刻度对应 630kHz,直接拨动天线线圈相对磁棒的位置,直到能清晰地收听到中央二台的广播为止。

2)收听不到电台,无声

此时需要进行检测,找出问题所在,是否需要更换元器件。一般情况下,按以下四个步骤依次进行。

(1)测 A 点电流:如电流 $I_1 \geqslant 0.3\text{mA}$,则进行(2)步骤。如测得电流为 0,则按下列步骤检测:①漆包线 c、d 两端是否刮好,否则易造成仍然是绝缘的现象;②两中周的线圈有无断路的情况,如有,则要进行更换;③三极管的型号是否选择正确(此处应选择高频管),以及引脚是否装反。

(2)测 B 点电流:如电流 $I_2 \geqslant 0.5\text{mA}$,则进行(3)步骤。如测得电流为 0,则按下列步骤检测:①两中周的线圈有无断路的情况,如有,则要进行更换;②三极管的型号是否选择正确,以及引脚是否装反。

(3)测 C 点电流:如电流 $I_4 \geqslant 2\text{mA}$,则进行(4)步骤。如测得电流为 0,则按下列步骤检测:①变压器的位置是否正确,即引脚的连接是否正确;②变压器绕组是否是通路,即测初级线圈电阻约 180Ω,次级线圈电阻约 90Ω。

(4)测 D 点电流:电流 $I_5 = 1.5\text{mA}$ 或 $I = 0$。用金属物体(如螺丝刀)触碰一下变压器初级或电位器输入端,看扬声器是否会发出声响。如不响,则按下列步骤检测:①看扬声器是否有问题;②测 R7～R10 阻值是否正确;③查 C9 端电位是否为 1.5V 左右;④看 C9 是否是 $100\mu\text{F}$。

在超外差式六管收音机的装配过程中出现问题的原因会很多,在此仅仅对常见的一般故障原因进行了分析。大部分问题通过上面的分析方法都能及时解决,提高学生成绩。

第16章

计算机组装、维护与 3D 打印

16.1　微型计算机系统的组成

16.1.1　微型计算机硬件系统的组成

计算机硬件系统是指构成计算机的所有实体部分的集合。大部分计算机都是根据冯·诺依曼计算机体系结构而设计的,因此计算机硬件主要包括运算器、控制器、存储器、输入设备和输出设备五个部分。

(1) 运算器和控制器统称为中央处理器(central processing unit,CPU)是计算机的核心部件,相当于人的大脑。

(2) 存储器是计算机存储数据的部件,分为内存储器和外存储器。内存储器包括只读存储器、随机存储器,外存储器包括硬盘、光盘、闪存等。

(3) 输入设备用于把原始数据和程序输入到计算机中。

(4) 输出设备用于把各种计算结果数据或信息以数字、字符、图像、声音等形式表示出来。

16.1.2　微型计算机软件系统的组成

软件系统就是各种程序或数据资料的组合。软件系统包括系统软件和应用软件两大类。

1. 系统软件

系统软件是指管理、监控和维护计算机资源的软件。它使计算机系统的各个部件、相关的程序和数据能够协调高效的工作。目前,主流的操作系统有 Windows、UNIX、Linux 和 OS/2 等。

2. 应用软件

应用软件是为满足用户不同领域、不同问题的应用需求而提供的那部分软件。目前常用的应用软件主要有 Office 办公软件、Photoshop 图像处理软件、360 安全卫士等。

16.1.3 各部件现市场主流类型

1. 主板

主板又叫主机板、系统板或母板。主板担负着操作和调度 CPU、内存、显卡等各个周边子系统，并使它们能协同工作的重要任务。主板主要有 ATX 和 BTX 两种板型。当前的主流品牌有华硕、微星、技嘉等。

2. 中央处理器

中央处理器包含着计算机的运算器和控制器，主要由 INTEL 和 AMD 公司生产。中国自主生产的"龙芯"，现主要应用在军事、银行等。

3. 内存

内存也被称为内存储器，其作用是用于暂时存放 CPU 中的运算数据，以及与外部存储器交换的数据。目前市场上的主流品牌有金士顿、三星等。

4. 硬盘

硬盘是计算机中最重要的外部数据存储设备。计算机的操作系统、驱动软件、应用软件、数据资料都是保存在硬盘中。目前硬盘的主流品牌有希捷、西部数据、三星、日立等。

5. 电源

电源是把 220V 交流电转换成直流电，并专门为计算机配件（如主板、驱动器、显卡等）供电的设备，是计算机的重要组成部分。

6. 显卡

显卡全称显示接口卡，其用途是对计算机系统所需要的显示信息进行转换，并向显示器提供行扫描信号。显卡图形芯片供应商主要有 AMD（超威半导体）和 NVIDIA（英伟达）。

7. 其他拓展设备

其他拓展设备是为了实现多媒体和网络功能等的拓展而增加的设备，如网卡、调制解调器、声卡等。这些拓展设备极大地丰富了多媒体计算机的各种功能。

16.2 微型计算机硬件组装

16.2.1 微型计算机硬件组装的注意事项

在正式装机前，用户必须要了解几个注意事项，避免在装机过程中损坏计算机。良好的作业意识及拆装规范可以帮助我们最大限度地降低不确定的负面因素。

（1）防止静电：在安装前，用手触摸一下接地的导电体或洗手以释放掉身上携带的静电荷。

（2）防止液体进入计算机内部：不要将水等液体摆放在实验平台附近，以免液体进入计算机内部而造成配件损坏。

（3）使用正常的安装方法，不可粗暴安装：注意正确的安装方法，对于不懂不会的地方要仔细查阅说明书，不要强行安装，稍微用力不当就可能使引脚折断或变形。

（4）把所有零件从盒子里拿出来，按照安装顺序排好，查看说明书是否有特殊的安装需求。

（5）测试前，建议只组装最小系统，即只安装主板、处理器与风扇、内存、电源，以及显卡和显示器，其他东西如 DVD、声卡、网卡等，在确定没问题的时候再装。

16.2.2　微型计算机硬件组装的流程

由于计算机配件的型号和规格较多，结构形式也相差较大，因此，不同结构的硬件安装方法有一定的差别，但大多数计算机都可按照下面介绍的流程进行组装，具体操作步骤如下：

（1）配件及安装工具的准备；

（2）安装 CPU 及风扇；

（3）安装内存条；

（4）安装主板；

（5）安装电源；

（6）安装显卡；

（7）机箱前面板上的开关和指示灯的连接；

（8）连接显示器、键盘和鼠标；

（9）加电测试最小系统的好坏；

（10）硬盘、光驱和软驱的安装与连接；

（11）安装声卡、网卡等拓展板卡；

（12）加电测试整机。

16.3　操作系统的安装、备份及还原

16.3.1　操作系统的安装

操作系统是方便用户管理和控制计算机软硬件资源的系统软件。目前针对个人计算机的操作系统主要有 Windows 操作系统和 Linux 操作系统。其中 Windows 操作系统是当下最流行的操作系统，是 Microsoft 公司为个人计算机开发的图形化界面的计算机系统软件，它使计算机的操作更简单，运行更快速，性能更可靠。

Windows 7 是当前最流行的操作系统，为了正确和快速地安装 Windows 7，在安装系统前应完成如下准备工作。

1. 系统的安装方式

共有以下 4 种方式可以安装 Windows 7：

（1）Windows 7 光盘启动计算机，自动选择安装程序安装。

（2）用虚拟光驱加载系统 ISO 文件，然后运行虚拟光驱的安装程序进行安装。

（3）用硬盘安装系统，把系统 ISO 文件解压到硬盘其他分区，运行解压目录下的 SETUP.EXE 文件进行安装。

（4）用 U 盘制作启动盘安装系统，再将系统 ISO 文件复制至 U 盘目录下，然后设置从 U 盘启动进入 PE 安装系统。

2. BIOS 参数设置

如果使用光盘安装系统，应在 BIOS 中将第一启动设备设置为光驱（CD/DVD/CD-RW Drive）；如果使用 U 盘装系统，则应将 USB 设备（USB Drive）设置为第一启动设备。

3. Windows 7 安装

安装 Windows 7 一般会经历以下几个阶段。

（1）载入安装程序，启动 Windows PE 环境。

（2）选择系统的语言类型、时间和货币的格式、键盘和输入方法。

（3）进入安装界面，选择"立即安装"。

（4）要求用户阅读并接受软件使用许可协议。

（5）选择安装类型，升级操作系统或者自定义安装（安装全新系统）。

（6）选择系统的安装位置。若硬盘尚未分区，用户可根据提示进行分区。

（7）安装程序将安装系统时所需的文件复制到本地硬盘上，并进行安装配置。

（8）设置用户名和计算机名、账户密码，输入产品密钥。

（9）设置更新方式、日期和时间，安装和配置网络。

（10）完成安装。

16.3.2　驱动软件和应用软件的安装

1. 驱动程序安装

在安装完 Windows 操作系统后，操作系统如果并不能很好地工作，比如显示器反应慢、没有声音等，这是因为没有为相关硬件安装驱动程序。驱动程序是一种专为硬件设计的让各个计算机硬件正常工作的程序。一般在安装完操作系统后就进行驱动程序的安装。

2. 应用软件安装

安装完驱动程序后，接着还需要安装应用软件，这样我们才能更好地使用计算机。如安装 WinRAR 解压缩软件，可以对文件进行压缩打包、解压的操作；安装 Office 软件，可以编辑文档、制作幻灯片和电子表格等。

16.3.3　操作系统的备份与还原

Ghost 软件是美国赛门铁克公司旗下的一款出色的硬盘备份还原工具。Ghost 可以实现 FAT16、FAT32、NTFS、OS2 等多种硬盘分区格式的分区及硬盘的备份还原。新版本的 Ghost 包括 DOS 版本和 Windows 版本。DOS 版本只能在 DOS 环境中运行，Windows 版本只能在 Windows 环境中运行。

Ghost 的复制、备份操作可分为硬盘(Disk)和硬盘分区(Partition)两种。硬盘操作可以选择 To Disk(硬盘复制)、To Image(建立硬盘映像)和 From Image(从映像文件恢复硬盘)。硬盘分区操作可以选择 To Partition(复制分区)、To Image(建立分区映像)和 From Image(从映像文件恢复分区)。

1. 硬盘备份

选择 To Disk 后，将显示本地计算上的所有硬盘的情况，如图 16-1 所示。然后选择源盘(见图 16-2)和目标盘，再单击 OK 按钮，即开始硬盘复制。

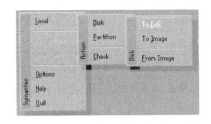

图 16-1　菜单选择

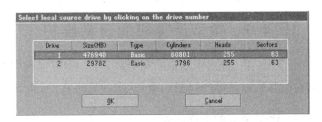

图 16-2　源盘

选择 To Image 后，将会对本地硬盘备份成映像文件。选择所要备份的硬盘后，再选择映像文件的保存路径以及为映像文件命名，单击 SAVE 按钮后，会询问选用何种压缩方式备份(不压缩、快速压缩、高压缩比压缩)，如图 16-3 所示。为了加快速度并减少占用磁盘空间，一般选择快速压缩。

选择 From Image 还原硬盘，将会使用映像文件来重建硬盘。首先选择备份的映像文件，然后选择目标硬盘，单击 OPEN 按钮后，开始还原硬盘。

2. 硬盘分区备份

选择 To Partition 后，将会显示本地硬盘的情况，选择要操作的硬盘后，单击 OK 按钮，将显示该硬盘的所有分区情况，如图 16-4 所示。再选择要备份的分区，然后将会再次出现硬盘选择界面，这时既可以覆盖源硬盘中的其他分区，也可以复制到另一个硬盘中的分区。

图 16-3　压缩方式

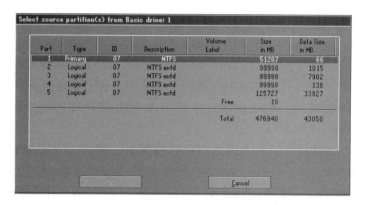

图 16-4　备份分区

To Image 和 From Image 的用法与建立硬盘的映像文件基本相同，这里就不再阐述了。

16.4　微型计算机日常维护与故障排除

16.4.1　微型计算机的日常维护

计算机是一种比较复杂的高科技产品，使用过程中应学会正确地使用并养成良好的操作习惯，对其做好日常的保养和维护，使计算机在最佳状态下工作。日常维护应注意以下几点。

1．保持良好的工作环境

过高或者过低的温度都会影响计算机的工作状态，缩短使用寿命。计算机最好的工作环境温度应在 10～25℃。湿度过低容易产生静电，损坏电子元器件；湿度过高则容易使电子元器件受潮而引起短路。计算机的工作环境湿度应在 30%～80%。计算机的电源电压应在 220V(1±10%)。计算机还应远离强电磁辐射的环境，以免造成数据丢失等故障。

2．定期清理灰尘

过多的灰尘会影响计算机的散热，还会影响元器件工作的灵敏度，甚至还有可能烧毁元器件。所以要定期清理计算机内部的灰尘，以减少灰尘对计算机的影响。

3．定期清理硬盘

文件在硬盘内并不是连续地存储。因此，计算机在使用一段时间后会产生很多不连续文件，这就是通常说的磁盘碎片。磁盘碎片会加长硬盘的寻道时间，影响系统效能。因此，进行磁盘的碎片清理可以提升计算机硬盘的使用效率。

16.4.2　硬件故障的检测与排除

计算机虽然是一种高智能化的机器，但由于元器件质量老化、使用环境恶劣、病毒攻击、使用不当等，计算机出故障成为一种必然现象。要解决计算机故障，首先要了解故障发生的原因,才能根据故障原因找到故障所在,最后才能找出解决故障的方法。通过本节的学习,读者可以掌握硬件故障的检测与排除的基本方法,掌握简单的板级维修技能。

1. 硬件故障产生的原因及分类

硬件故障是由于计算机系统部件中的电子元器件损坏或性能不良而造成的,主要分以下三类。

(1) 器件故障,这类故障主要是由板卡上的元器件、接插件和印制电路板引起的故障。

(2) 机械故障,机械故障主要发生在外部设备中,如键盘按键接触不良、打印机卡纸等。

(3) 存储介质故障,这类故障主要是由于硬盘存储介质损坏而造成系统文件丢失的故障。

2. 硬件故障检修的流程

(1) 由系统到设备,先确定系统中哪一部分出了问题,即先确定故障的大致范围。

(2) 由设备到部件,在确定是计算机哪一部分出了问题后,再对该部分的部件进行检查。

(3) 由部件到器件,判断某一部分出问题后,再对该部件中的各个具体的元器件或集成块芯片进行检查。

(4) 由器件到故障点,确定故障器件后,再进一步确定器件的具体的故障点。

3. 硬件故障的定位方法

(1) 直接观察法:采用耳听、眼看、鼻嗅、手摸等方式对计算机的故障进行排查。

(2) 拔插法:对初步判断为故障点的部件,将其"拔出",对部件的金手指①等进行擦拭后再"插入",进行通电测试。

(3) 替换法:将基本判断为故障点的部件拔出,然后替换插上好的部件(经过测试确定是好的部件),或将拔出的部件插入到别的机器上进行测试。

(4) 比较法:在维修计算机时,使用另一台相同型号配置的计算机,分别进行部件的逐一比较测试。

(5) 振动敲击法:用手轻轻敲击机箱外壳,有可能判断出因接触不良或虚焊造成的故障部位,可进一步检查故障点的位置,并排除之。

(6) 测量法:根据逻辑图,使用万用表等测量仪测量所需检查的电阻、电平、波形等,以此检测、判断出故障部位。

(7) 程序诊断法:使用专用程序诊断,这必须是在计算机还能运行的情况下进行。

16.4.3 软件故障的检测与排除

1. 软件故障原因

(1) 操作系统和应用软件方面的原因。

---

① 金手指(connecting finger)是计算机硬件,如内存条、显卡等上面的众多金黄色导电触片,这些导电触片因其表面镀金而且排列如手指状,所以称为"金手指"。

（2）设备驱动程序方面的原因。

（3）BIOS错误或者设置不当。

（4）软件与硬件设备不兼容。

（5）计算机病毒。

2．软件故障的解决方法

计算机的软件故障种类繁多。因此，即使是一名经验丰富的计算机专家，也不能保证真正了解故障产生的原因、解决软件方面的故障或者是恢复用户的重要资料。而对绝大多数用户来说，可以通过以下一些方法解决软件故障。

（1）重新启动操作系统：有一些软件故障并不是很严重，一般无须进行处理，只要重启操作系统就可以解决了。

（2）查杀病毒或安装病毒防火墙：如果操作系统突然出现运行慢或是经常出问题，说明计算机有可能已经感染了病毒，这时可以使用杀毒软件对系统进行病毒查杀，也可以安装病毒防火墙以防病毒危害。

（3）重新安装软件：有些软件无法正常运行，可能是因为该软件的某些文件缺失或者损坏。这种情况我们只要重新安装该软件就可以解决问题了。

（4）重新安装操作系统：如果操作系统由于使用不当或者受到病毒攻击，造成了系统文件缺失等严重问题时，则需要重新安装操作系统方能解决问题。

（5）升级软件或操作系统：有些软件在安装完成后使用起来经常出错，这有可能是软件自身的原因，如软件存在漏洞或者技术错误等。这种情况可以通过给软件安装补丁程序或者升级软件的版本来解决。

（6）使用工具软件优化操作系统：操作系统使用一段时间后会出现很多垃圾文件、缓存等，这会导致系统运行速度变慢，程序出错，这时可以使用一些系统优化工具软件（如360安全卫士、Windows优化大师等）对系统进行优化，以保障系统安全稳定运行。

（7）使用工具软件恢复丢失的数据：有些恶意的软件可能会破坏硬盘的分区表或删除用户数据（也有可能是用户误操作或其他人为因素造成的），这时可以使用一些工具软件来恢复数据，如easyrecovery数据恢复软件、数据救援大师等。

16.5　3D打印概述

3D打印是快速成型技术的一种，它是一种以数字模型文件为基础，运用粉末状金属或塑料等可粘合材料，通过逐层打印的方式来构造物体的技术。日常生活中使用的普通打印机可以打印计算机设计的平面物品，所谓的3D打印机与普通打印机工作原理基本相同，只是打印材料有些不同，普通打印机的打印材料是墨水和纸张，而3D打印机内装有金属、陶瓷、塑料、砂等材料，是实实在在的原材料。打印机与计算机连接后，通过计算机控制可以把打印材料一层层叠加起来，最终把计算机上的蓝图变成实物。

通俗地说，3D打印机是一种可以"打印"出真实的3D物体的设备。比如可以打印一个机器人、打印玩具车，打印各种模型，甚至是食物等。之所以通俗地称其为"打印机"是因为参照了普通打印机的技术原理，因为分层加工的过程与喷墨打印十分相似。这项打印技术称为 3D 立体打印技术。

16.5.1　3D 打印技术种类

3D 打印存在着许多不同的技术,它们的不同之处在于以可用的材料的方式,并以不同层构建部件。通常来说,3D 打印主流技术工艺主要有 SLA(立体光刻成型技术)、FDM(熔融沉积成型技术)、SLS(选择性激光烧结)等几种。

SLA 技术的工作原理是先由专业软件将 3D 数据模型切割成平面,形成很多剖面,一个具备升降功能的平台来回移动,槽中装有液体物质,在紫外线照射下迅速固化,最终将无数个平面粘结在一起成型。这种 3D 成型技术精度高,制成的物体表面光滑,每层厚度介于 0.05~0.15mm 之间。但是由于受到材料限制,往往不能多色成型。

FDM 技术的基本原理同样是将 3D 数据薄片化,具体是先利用高温液化打印耗材,然后通过喷嘴挤压出一个个很小的球状颗粒,被挤出后迅速固化相互粘结,形成一条线,打印头来回运动形成平面,层层堆积,最终呈现事物。这种工艺弥补了 SLA 技术的缺点,实现彩色成型,精度更高,强度更大,但是表面粗糙,往往需要进行打磨抛光处理。乐彩 3D 打印机采用的就是这种工艺,随着研究的深入,还将推出基于 SLA 技术的快速成型设备。

SLS 技术由美国一所大学研制成功,这种工艺主要通过在成型零件上喷洒粉末材料,采用高强度二氧化碳激光器扫描零件截面,高强度激光照射使粉末迅速烧结,并与下层成型的部分粘结,这层截面完成后,铺上新的材料粉末重新烧结,如此反复,最终成型。

16.5.2　3D 打印材料

3D 打印常用材料有尼龙玻纤、耐用性尼龙材料、石膏材料、铝材料、钛合金、不锈钢、镀银、镀金、橡胶类材料。下面介绍几种常见材料的性能和特点。

(1)尼龙系列材料

尼龙材料以固体粉末材料直接成型三维实体零件,不受零件形状复杂程度的限制,不需要任何的工装模具,直接将 CAD 三维模型转换为实体零件。尼龙材料具有杰出的机械性能和耐温性能,常用于功能原型的制作。其表面相对来讲比较粗糙,但都能充分满足设计师所要表达样件功能的验证效果。

(2)高性能复合石膏材料

复合石膏材料可提供丰富颜色选择项目,从 64 种基本色到无限延伸的颜色组合,以满足不同需求;其打印产品表面相对来讲比较粗糙,但都能满足设计所要表达效果。复合石膏材料非常适合制鞋、服装、手袋、建筑模型、玩具设计外观表现效果表达和 3D 照相馆人像和个性化定制。

(3)ABS 系列材料

ABS 稳定的材料特性,有助进行准确的功能性测试;优越的机械性能及热性能材料,能够制作贴近真实产品的 3D 原型;不同型号材料有不同性能指标。

(4)光敏树脂材料

性能和特点接近 ABS 材料的光敏树脂材料,表面细节光滑细腻;世界上唯一能够在一个单一的三维打印模型结合不同的成型材料添加剂层制造(软硬胶结合、透明与不透明材料结合）。

（5）蜡质材料

喷蜡立体打印产品的表面光滑。蜡模生产系统可用于精密铸造,超越以前纯模型制作与展示功能。蜡质材料可用于标准熔模材料和铸造工艺的熔模铸造应用,并广泛应用于珠宝、服饰、医疗器械、机械部件、雕塑、复制品、收藏品的石蜡模型铸造工艺。

常用 3D 打印材料的简介及其打印效果,见表 16-1。

表 16-1　3D 打印材料及简介

材料名称	简图	材　料　简　介
taulman 645		Taulman 3D 日前宣布推出一款采用 1.75mm 尼龙聚合物的名为 taulman 645 打印材料。taulman 645 具有非常高的强度、耐久性和优异的粘连性。Taulman3D 官方称目前该款 3D 打印材料的成型效果甚至与金属材料相媲美
高强度超耐用的注塑材料		3D Systems 发布了最新的注塑材料 VisiJet M3 Black,这种新材料主要提供给 ProJet 3500/3510 professional 工业级 3D 打印机使用。VisiJet M3 Black 是目前 3D Systems 推出的最结实和最耐用的材料。VisiJet M3 Black 非常适用于各种卡扣结构和强度要求非常高的应用场合
具有韧性可弯曲的新材料 BendLay		Orbi-Tech 是德国著名的 3D 打印丝材制造商,其发布了最新研发的打印丝材——BendLay。它是由著名的德国设计师 Kai Parthy 主持研发的。BendLay 是一种具有弹性的材料,该材料的特性就在于可弯曲并且有弹性。"当 ABS 太硬、PLA 又不够紧密的时候,BendLay 就有用武之地了。"
新型尼龙丝材		意大利 3NTR 公司推出了一种专门为 3D 打印机配备的新型尼龙丝材。这种直径为 3mm 的聚酰胺-6 丝材由 99.9% PA6 聚合物、无玻璃纤维和 0.1% 的肥皂缓和处理而成,且不含塑化剂。这种材料在灵活性上比不上 Taulman 的尼龙材料,但是在打印支撑结构时,其良好的抗腐蚀和动态负载的特性具有明显的优势
新型弹性材料 Elasto Plastic		知名 3D 打印服务商 Shapeways 近日发明一种名为 Elasto Plastic 的新型弹性 3D 打印材料。其最大特点是即使成型之后,仍然具有一定的柔韧性,支持外界用力挤压、扭曲甚至是拉扯等,并且弹性十足,回弹效果十分出色

续表

材料名称	简图	材料简介
新型生物降解材料		美国波特兰市的"潮流设计"建筑设计工作室里,已研究出一些持久并可生物降解的打印材料,这些材料使打印物具有独特纹理和光滑表面。盐、水泥、尼龙或者木浆和纸浆都是可能的材料。物体表面被涂了一层清漆或是使用了加固配件以保持物体的耐久性
Laywood-D3		德国 Laywood-D3 丝材是非常常用的打印材料,它主要是由 PLA 和木粉混合制成的。打印出来的物件材质手感很不错,还带有特殊的木质香气。但该材料硬度不高,容易变形,不适合需要承载高强度应力的应用场合
彩色 618 尼龙材料		Taulman 的"618"高强度尼龙聚合材料是专门为 3D 打印设计的材料。618 材料虽然非常轻巧,但具有高的强度和耐久性。高强度的"618"尼龙材料另一个优点是,它很容易通过使用标准的织物染料(纺织品和纸张类染料)进行染色。你可以非常简单地把材料染成任何你喜欢的颜色。染色后的材料可以正常地进行打印,唯一不同的是打印温度上升至 235℃
HIPS 可溶解支撑材料		HIPS 的意思是高抗冲聚苯乙烯,是全世界用于生产使用最多的高分子材料。因为它的强度、卫生、蓄热等特性,也被广泛地应用在食品包装上。它外表白色且光亮,并且被认为对人类和动物没有毒性。HIPS 在柠檬烯中是可溶的,柠檬烯是一种无色伴有橘子味道的液烃

16.5.3 3D 打印技术的应用

3D 打印技术应用日益广泛,常在模具制造、工业设计等领域被用于制造模型,后逐渐用于一些产品的直接制造,已经有使用这种技术打印而成的零部件。该技术在珠宝、鞋类、工业设计、建筑、工程和施工、汽车、航空航天、牙科和医疗产业、教育、地理信息系统、土木工程、枪支及其他领域都有所应用。

1. 医疗行业

目前 3D 打印技术在医疗行业已经出现了很多成功的应用案例。据海外媒体报道,美国麻省理工学院和宾夕法尼亚州大学的研究人员使用糖物质混合物和自制式 3D 打印机建立了一个完整的血管,并且血管可以生长出类似于肌肉的组织;美国一家儿科医学中心利用 3D 打印技术成功制造出全球第一颗人类心脏,这颗打印出的心脏可以像正常人类心脏一样正常跳动;维克森林大学的实验室,科学家利用 3D 打印机打印出鼻子支架,随后可借助支架利用患者自身细胞培育人造鼻,由于利用患者自身细胞,患者的身体不会对这个新鼻子产生排斥;最近,一位 83 岁的老人由于患有慢性的骨头感染,因此换上了由 3D 打印机"打印"出来的下颌骨,这是世界上首位使用 3D 打印产品做人体骨骼的案例。

2. 科学研究

美国德雷塞尔大学的研究人员通过对化石进行 3D 扫描,利用 3D 打印技术做出了适合研究的 3D 模型,不但保留了原化石所有的外在特征,同时还做了比例缩减,更适合研究。

3. 产品原型

比如微软的 3D 模型打印车间,在产品设计出来之后,通过 3D 打印机打印出来模型,能够让设计制造部门更好地改良产品,打造出更出色的产品。

4. 文物保护

博物馆里常常会用很多复杂的替代品来保护原始作品不受环境或意外事件的伤害,同时复制品也能将艺术或文物影响到更多、更远的人。最近史密森尼博物馆就因为原始的托马斯·杰弗孙要放在弗吉尼亚州展览,所以博物馆用了一个巨大的 3D 打印替代品放在了原来雕塑的位置。

5. 建筑设计

2015 年 2 月份,江苏苏州工业园区出现了一批由 3D 打印出来的建筑,这批建筑包括一栋面积 1100m² 的别墅和一栋 6 层居民楼。这些建筑的墙体由大型 3D 打印机层层叠加喷绘而成,而打印使用的"油墨"则由建筑垃圾制成。

6. 制造业

3D 打印技术作为一项新型的制造技术,对现存的传统制造业肯定会产生重大的影响。一次性的样品制造成本可能出奇地高,但 3D 打印技术可大幅度降低成本。制造业也需要很多 3D 打印产品,3D 打印无论是在成本、速度和精确度上都要比传统制造好很多。除此之外,3D 打印还能实现一些传统制造方式难以实现的复杂结构。

7. 食品产业

目前欧美已经出现了专门用于打印食物的 3D 食物打印机,它是一款可以把食物打印出来的机器。它使用的不是墨盒,而是把食物的材料和配料预先放入容器内,再输入食谱,按掣,余下的烹制程序会由它去做,输出来的不是一张又一张的文件,而是真正可以吃下肚的食物。

8. 汽车制造业

2014 年 9 月 8 日,国际制造技术展会开展的第一天,法国雷诺公司展示了一款名为

Strati 的 3D 打印汽车。此款汽车由 Local Motors、辛辛那提股份有限公司以及橡树岭国家实验室耗时 6 天打印并组装完成,除电动机、电池、电线、座椅、挡风玻璃、悬架、车轮、方向盘、车窗和头灯来自不同的供应商外,全身上下近 50 个不能移动、不用清洁和不导电的零部件全部使用 3D 打印技术制造。此外,其使用的直接数字化制造方式——整车一体打印,也是首次被用于汽车制造业。

9. 配件、饰品

这是 3D 打印技术最广阔的一个应用市场。在未来,不管是个性笔筒,还是半身浮雕的手机外壳,抑或是和爱人拥有的世界上独一无二的戒指,都有可能是通过 3D 打印机打印出来的。甚至不用等到未来,现在就可以实现。

16.6　3D 打印操作

本节以太尔时代 UP Plus 2 款 3D 打印机为例来介绍相关操作。太尔时代本部在北京,这款产品是目前世界上最受欢迎的桌面式 3D 打印机,也是中国在高校间开展工程训练大赛比赛时指定的 3D 打印使用品牌。

16.6.1　外观介绍

太尔时代 UP Plus 2 款 3D 打印机属于 FDM 的一种,设计理念是简易、便携,只需要几个按键,即使从来没有使用过 3D 打印机,也可以很容易地制造出自己喜欢的模型。该打印机的外形见图 16-5,工作原理是首先将 ABS 或者 PLA 材料高温熔化挤出,并在成型后迅速凝固,因而打印出的模型结实耐用。

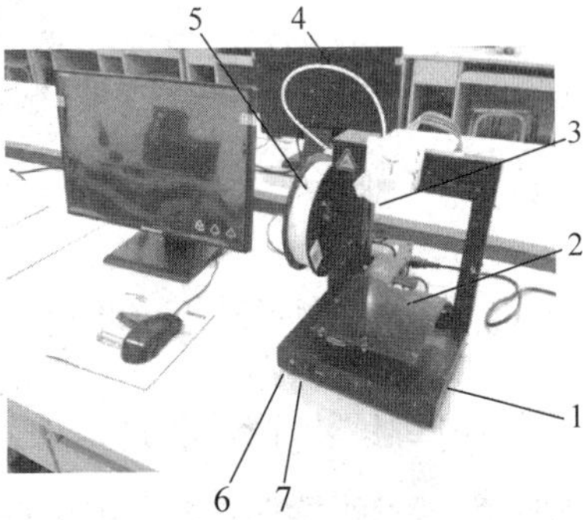

图 16-5　3D 打印机
1—基座；2—打印平台；3—喷嘴；
4—丝管；5—丝材；6—信号；7—初始化

16.6.2　准备工作

1. 打印材料的挤出

(1) 接通电源。

(2) 将打印材料插入送丝管。

(3) 启动 UP! 软件,在菜单的"维护"对话框内单击"挤出"按钮,如图 16-6 所示。

(4) 喷嘴加热至 260℃(ABS 材料)后,打印机会蜂鸣。将丝材插入喷头并轻微按住,直到喷头挤出细丝。

2. 装板

打印前,须将平台备好,才能保证模型稳固,不至于在打印过程中发生偏移。可借助平台自带的 8 个弹簧固定打印平板。在打印平台下方有 8 个小型弹簧,将平板按正确方向置于平台上,然后轻轻拨动弹簧以便卡住平板,如图 16-7 所示。

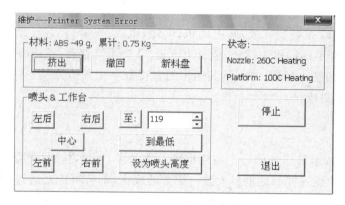

图 16-6　UP! 软件维护界面

图 16-7　固定打印平台

16.6.3　软件功能介绍

启动 UP! 软件程序,进入软件界面,图 16-8 为其启动界面的操作工具栏。

图 16-8　启动界面操作工具栏

以下进行工具栏的介绍。

1. 工具栏

"文件"菜单包括下面快捷按钮中的"打开""保存""卸载"和"自动布局"。打印前需要导入待打印的 3D 模型,可以通过工具栏"文件/打开"选项导入,也可直接通过下面快捷按钮"打开"进行导入。

如果需要把已经导入的 3D 模型删去,可先选中 3D 模型,再通过工具栏"文件/卸载"选项删除,也可直接通过下面快捷按钮"卸载"进行。

"自动布局"按钮是在打印前将 3D 模型自动靠近打印平台,软件会自动调整模型在平台上的位置。如果模型与打印平台相隔太远将会在模型与平台之间填充很厚的基底,不仅浪费材料,而且打印不牢靠,基底容易断裂。

2. 打印选项

"三维打印"菜单包含了"设置"、"校准喷嘴高度"、"打印"、"初始化"和"维护"等选项。单击"设置"选项后,会出现如图 16-9 所示的对话框。

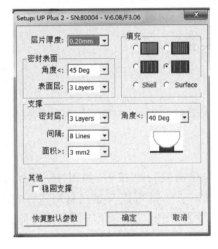

图 16-9 设定打印对话框

此对话框可设置层片厚度、密封表面、支撑和填充等参数或选项。其中"层片厚度"可设定打印层厚,根据模型的不同,每层厚度设定在 0.2～0.4mm。

"密封表面"选项的"表面层"参数将决定打印底层的层数,例如设置成"3",机器在打印实体模型之前会打印 3 层。但是这并不影响壁厚,所有的填充模式几乎是同一个厚度(接近 1.5mm)。"角度"参数是决定在什么时候添加支撑结构。如果角度小,系统自动添加支撑。

"支撑"选项的"密封层"是为了避免模型主材料凹陷入支撑网格内。在贴近主材料被支撑的部分要做数层密封层,而具体层数可在"支撑密封层"选项内进行选择(可选范围为 2～6)。支撑间隔取值越大,密封层数取值相应越大。"角度"是使用支撑材料时的角度,例如设置成 10°,在表面和水平面的成型角度大于 10°的时候,支撑材料才会被使用。如果设置成 50°,在表面和水平面的成型角度大于 50°的时候,支撑材料才会被使用。

"填充"部分为内部填充的细密程度,在制作不同模型时可自行选择,不过在制作工程部件时建议使用图 16-10 中左上角图片的模式。

为了确保打印模型与打印平台粘结正常,防止喷头与工作台碰撞对设备造成损害,需要在打印开始前进行校准,设置喷头高度。该高度以喷嘴距离打印平台 0.2mm 时喷头的高度为佳。

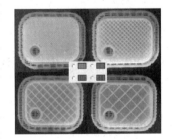

图 16-10 填充模式选项

在打印前需要初始化打印机。单击"三维打印"菜单下面的"初始化"选项,当打印机发出蜂鸣声,初始化开始。打印喷头和打印平台将再次返回到打印机的初始位置,当准备好后将再次发出蜂鸣声。

3．编辑菜单

"编辑"菜单包含了下面快捷按钮中的"移动""旋转""缩放"等工具,通过这些工具可对导入的 3D 模型进行编辑。

16.6.4　3D 打印实操

1．初始化打印机

启动 UP! 软件程序,进入软件界面。在打印前初始化打印机。

2．挤出材料

在菜单的"维护"对话框内单击"挤出"按钮,如图 16-11 所示,此时打印头就开始加热,当温度到达设定温度时,将"嘀"一声,就可以开始送材料进入打印头,等底部开始挤出丝料,表示完成。如果是换料,则先单击"撤回",等温度到达后,慢慢从顶部拉出材料,然后换料再单击"挤出"。

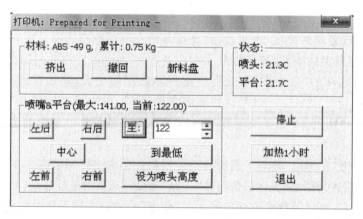

图 16-11　挤出材料

3．参数设置

在菜单单击"三维打印"选项内的"设置",根据实际情况设定填充。

4．模型调整

按照前面介绍加载模型,并通过缩放和旋转按钮进行设置,调整至合适大小和位置后,单击文件夹选项中的自动布局,然后单击打印按钮,开始打印。

5．后续处理

(1)当模型完成打印时,打印机会发出蜂鸣声,喷嘴和打印平台会停止加热。

(2)拧下平台底部的 2 个螺丝,从打印机上撤下打印平台。

（3）慢慢滑动铲刀，在模型下面把铲刀慢慢地滑动到模型下面，来回撬松模型。切记在撬模型时要佩戴手套，以防烫伤。

（4）移除支撑材料。模型由两部分组成，一部分是模型本身，另一部分是支撑材料。支撑材料和模型主材料的物理性能是一样的，只是支撑材料的密度小于主材料，所以很容易从主材料上移除，如图 16-12 所示。

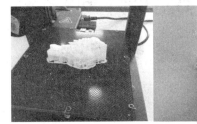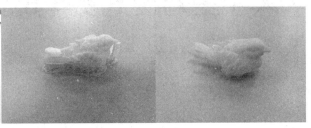

图 16-12　移除模型和支撑材料

16.6.5　常见故障排除

1．打印时出现边缘翘起情况

这是由于平台表面预热不均造成的。在进行大尺寸模型打印前，预热是必不可少的。此外，打印速度越快，边缘翘起现象越不容易发生。同时，以下几种方法也有助于提高打印质量：

（1）如果可能，尽可能避免打印过大尺寸的模型。

（2）尽可能将打印质量设为精。

（3）用快速打印模式打印模型。

另外，为了得到最好的结果，打印平台一定要和喷嘴平齐。当设置喷嘴高度的时候，它必须和平台的每个角距离一致。

2．喷头或平台未能达到工作温度

（1）检查打印机是否初始化，如果没有，初始化打印机。

（2）加热器损坏，更换加热器。

3．打印材料无法挤出

进行校准设置喷头高度。该高度以喷嘴距离打印平台 0.2mm 时的高度为佳。

第 17 章

大学生方程式赛车的设计制作

17.1 赛事简介

17.1.1 赛事概述

Formula SAE (FSAE)由国际汽车工程师学会(SAE International)于1978年开办,其概念源于一家虚拟制作工厂向所有大学生设计团队征集设计制造一辆小型的类似于标准方程式的赛车,要求赛车在加速、制动、操控性方面都有优异的表现并且足够稳定耐久。通过与来自世界各地的大学代表队的比较,能够给车队证明和展示其创造力和工程技术能力的机会。

该赛事的第一届比赛于1979年在美国休斯敦举行,比赛名为SAE迷你印地车赛(SAE Mini-Indy),至今已有三十多年。在整车设计方面上限制很少,给车队最大的设计弹性和自我表达创意和想象力的空间。

中国大学生方程式汽车大赛(Formula Student China,FSC)是一项由高等院校汽车工程或汽车相关专业在校学生组队参加的汽车设计与制造比赛。各参赛车队按照赛事规则和赛车制造标准,在接近一年的时间内自行设计和制造出一辆在加速、制动、操控性等方面具有优异表现的小型单座赛车,并能够完成全部或部分竞赛环节的比赛。

2010年第一届FSC由中国汽车工程学会、中国21所大学(专)汽车院系、易车(BITAUTO)联合发起举办,参赛车队照片见图17-1。FSC秉持"中国创造、擎动未来"的宗旨,立足于中国汽车工程教育和汽车产业的现状,吸收并借鉴其他国家FSAE赛事成功经验,打造一个新型的,以培养中国未来汽车产业领导者和工程师为目标的公共教育平台。

FSC通过全方位培训,提高学生们的设计、制造、成本控制、商业营销、沟通与协作等五方面的能力,全面提升汽车专业学生的综合素质,为中国汽车产业的发展积蓄人才,促进中国汽车工业从"制造大国"迈向"产业大国"。

厦门理工学院AMOY赛车俱乐部于2008年3月正式组建,目前拥有七代方程式赛车、五代节能车、十部创新车辆。队员主要来自机械与汽车工程学院、电气工程与自动化学院、商学院等院系,形成以高年级优秀学生为设计管理层、低年级学生主抓实践能力的梯队式团队结构。自建队以来,厦门理工学院AMOY赛车俱乐部共两次赴美国,一次赴德国参加世界大学生方程式汽车大赛,五次参加中国大学生方程式汽车大赛,并在2013年取得中

图 17-1　2010 年第一届 FSC 参赛车队

国大学生方程式汽车大赛总冠军,在 2014 年 7 月德国站世界大学生方程式汽车大赛获得燃油经济性单项冠军(见图 17-2)。

图 17-2　2014 年 7 月 AMOY 参加德国站世界大学生方程式汽车大赛

17.1.2　比赛规则与评定项目

1. 规则

为了确保中国大学生方程式汽车大赛作为一项工程技术赛事而非纯粹的竞速赛,只限在校全日制本科生和研究生参赛。指导教师可以指导车队一些常规的工程技术和工程项目经营管理的理论,而比赛的赛车必须由学生车队成员自行构思、设计、制造和维修。

比赛规则非常开放,给予参赛车队最大的设计灵活性和自由度以表达其创造力和想象力,赛事对于赛车的整体设计只有很少的限制,以鼓励学生的原创设计和各种形式的赛车的出现。同时,由参赛队伍设计制作的赛车也需满足赛事所规定的规则方能参加比赛。基本规则如下:

（1）通用技术规范：对油车和电车通用的技术规范，内容涉及赛车的设计和制造的要求及限制；

（2）其他技术规范：油车动力部分和电控部分的规则要求和限制；

（3）静态项目规则：内容涉及赛车的技术检查、成本、设计和营销报告等；

（4）动态项目规则：包括直线加速测试、8字绕环测试、高速避障测试、耐久测试及效率测试等。

2．评定项目

比赛前每一辆车都需要根据规定进行技术检查，比赛通过一系列静态和动态的项目来评判汽车的优劣，这些项目包括①静态项目：成本分析、商业陈述、工程设计答辩；②动态项目：8字环绕与直线加速单项性能测试、高速避障测试、耐久测试、燃油经济性。通过给这些项目打分来评判汽车的性能。

评定项目分值分配如图 17-3 所示。

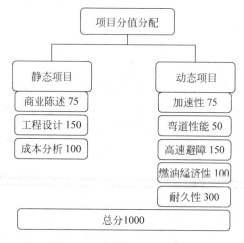

图 17-3　比赛评定项目分值

17.2　车架与车身设计及制造

17.2.1　车架

1．简介

车架也称大梁。汽车的基体一般由两根纵梁和几根横梁组成，经由悬挂装置、前桥、后桥支撑在车轮上，要求具有足够的强度和刚度以承受汽车的载荷和从车轮传来的冲击。

2．车架的分类

汽车界现有的车架种类有大梁式、承载式、钢管式及特殊材料一体成型式等。目前大学生方程式赛车主要采用钢管式车架和一体式碳纤维车架。因此重点介绍这两种车架。

（1）钢管桁架式车架

顾名思义，钢管桁架式车架就是用钢管焊接成一个框架，再将零部件装在这个框架上。它的生产工艺简单，很适合小规模的作坊作业，20 世纪 50—70 年代英国有很多小规模的车厂生产各式各样的汽车，都是用自行开发制造的钢管车架，那是钢管车架的全盛时期。时至今日，仍采用钢管车架的都是一些产量较少的跑车厂，如 Lambghini 和 TVR，原因是可以省去冲压设备的巨大投资。由于对钢管车架进行局部加强十分容易（只须加焊钢管），在质量相等的情况下，往往可以得到比承载式车架更强的刚度，这也是很多跑车厂仍使用它的原因。典型的钢管车架如图 17-4 所示。

（2）一体式碳纤维车架

一体式碳纤维车架是通过一个物体的表面来承载，而不是使用内部框架来承载。mono 来源于希腊，指单一的意思，coque 来源于法语，壳的意思，所以 monocoque 就算是承载式车身的一种。但现代大多数乘用车的白车身并不是完整意义上的单体壳，而是箱体、管件和舱壁的组合，并不强调表面的刚度和强度，主要通过凹凸形成的箱体和管件来承载。FSAE 界的单体壳也绝大多数是碳纤维增强树脂（简称碳纤维）的单体壳，采用金属单体壳的学校仅有英国的 Oxford Brookes University。近几年的赛车也使用铝合金来制造单体壳。另外，在超跑和 F1 赛车领域，也几乎都是碳纤维单体壳。典型的一体式碳纤维车架如图 17-5 所示。

图 17-4 钢管桁架式车架

图 17-5 一体式碳纤维车架

钢管桁架式车架和一体式碳纤维车架的优缺点对比，见表 17-1。

表 17-1 钢管桁架式车架和一体式碳纤维车架优缺点对比

车 架 分 类	优 点	缺 点
钢架桁架式车架	加工制造方便，造价低廉，具有较好的容错性，强度较高	不利于空间布置和车身造型，需要覆盖车身，因而不利于轻量化
碳纤维一体式车架	高强度，轻量化，易于车身造型，安装一步到位，精度容易保证	制造加工困难，造价高昂，结构强度难控制，基本没有容错性，寿命短，修复困难，不可回收

3. 车架设计

本节主要以厦门理工学院 AMOY 赛车俱乐部的大学生方程式赛车为例，介绍钢管桁架式车架的设计与制造。

1）钢管桁架式车架的设计流程

（1）根据总布置要求结合规则确定外廓尺寸。

（2）根据布置要求确定人机。

（3）根据悬架硬点、转向、制动、发动机悬置等要求确定车架结构。

（4）车架结构性分析、优化。

（5）完成建模。

2）名词解释

（1）主环——位于车手旁边或是身后的一个防滚架。

（2）前环——位于车手双腿之上，接近方向盘的防滚架。

（3）防滚架——主环、前环均被归为防滚架。

（4）防滚架斜撑的支撑结构——从主、前环斜撑的底端引出到主、前环上的结构。

（5）车架单元——最短的未切割的、连续的单个管件。

（6）车架——用来支撑所有赛车功能系统的结构总成。该部件可以是单个焊接结构，也可以是复杂的焊接结构，或是复合材料与焊接结构的组合。

（7）基本结构——基本结构包括以下车架部件：主环、前环、防滚架斜撑及其支撑结构、侧边防撞结构、前隔板、前隔板支撑系统、所有能将车手束缚系统的负荷传递到基本结构的车架单元。

（8）车架主体结构——已定义的车架基本结构所包围的车架部分，主环上部和主环斜撑不包括在该定义中。

（9）前隔板——车架主体结构前端的一个平面结构，其功能是保护车手双脚。

（10）前端缓冲结构——位于前隔板前方的可变形的吸能装置。

（11）侧边防撞区域——从座舱底板上表面到离地350mm，从前环到主环间的车辆侧面区域。

（12）点对点三角结构——将车架结构投影到一个面上，在此平面内施加一个任意方向的载荷到任意节点，只会导致车架管件受到拉伸力或是压缩力，该结构也称为"正确三角结构"。

3）车架设计

厦门理工学院AMOY赛车俱乐部在车架的设计方面具有一套较为完善的流程，大致秉承上一代赛车的优秀设计并且结合赛车在训练、比赛中所发现的问题，总结经验，根据新车的总布置及人机布置需求，并且遵循以下结构的相关规则要求。

（1）赛车的结构必须包括两个带有支撑的防滚架、有支撑系统和缓冲结构的前隔板以及侧边防撞结构。

（2）赛车的基本结构为以下材料制作：低碳钢或合金钢（碳的质量分数至少为0.1%）圆管。

（3）除主环和主环斜撑必须使用钢材外，其他构建件可使用替代材料及尺寸规格，即铝制或钛制的管件以及复合材料在主环和主环斜撑上禁止使用。

车架布置示例见图17-6，利用三维建模软件初步设计出来的车架三维图见图17-7。

根据总布置的要求和轻量化的需求，对初步设计的车架进行反复的调整和修改，增添和移除部分管件，更改防滚架斜撑的支撑结构，完成如图17-8所示的最终车架三维图。

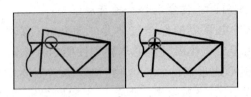

图 17-6　车架布置示例

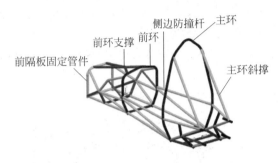

图 17-7　初步设计车架三维图

图 17-8　最终设计车架三维图

4．车架管件的加工制造

1）材料选择

大学生方程式赛车的设计与选材都必须遵循轻量化的设计原则，质量较轻的赛车能够获得较好的燃油经济性、加速性、操纵稳定性。所谓轻量化，就是在保证汽车强度和安全性能的前提下，尽可能地降低汽车的整车质量，从而提高汽车的动力性，减少燃料消耗。方程式赛车车架质量占整车质量的很大部分（约 20%），所以车架轻量化对于整车轻量化有重要意义。以下是几种大学生方程式赛车车架比较常用的材料。

（1）Q235 普通碳素结构钢：由于含碳适中，综合性能较好，强度、塑性和焊接等性能得到较好配合，用途最广泛。

（2）Q345 普通碳素结构钢：Q345 综合力学性能良好，低温性能亦可，塑性和焊接性良好，可用作中低压容器、油罐、车辆、起重机、矿山机械、电站、桥梁等承受动荷的结构、机械零件、建筑结构、一般金属结构件，热轧或正火状态使用，可用于－40℃以上寒冷地区的各种结构。

（3）30CrMo：30CrMo 又称 4130 钢，此钢具有高的强度和韧性，淬透性较高，在油中临界淬透直径 15～70mm；钢的热强度性也较好，在 500℃ 以下具有足够的高温强度，但 550℃ 时其强度显著下降；当合金元素在下限时焊接相当好，但接近上限时焊接性中等，并在焊前需预热到 175℃ 以上；钢的可切削性良好，冷变形时塑性中等；热处理时在 300～350℃ 的范围有第一类回火脆性；有形成白点的倾向。

通过以上比较，既要轻量化又要达到足够的强度从而获得性能优异的车架，我们选择 4130 钢作为材料。

2）焊接方式选择

（1）氩弧焊技术是在普通电弧焊原理的基础上，利用氩气对金属焊材的保护，通过高电流使焊材在被焊基材上融化成液态形成熔池，使被焊金属和焊材达到冶金结合的一种焊接技术。由于在高温熔融焊接中不断送上氩气，使焊材不能和空气中的氧气接触，从而防止了焊材的氧化,因此可以焊接铜、铝、合金钢等有色金属。

(2)二氧化碳气体保护电弧焊的保护气体是二氧化碳(有时采用 CO_2+Ar 的混合气体),主要用于手工焊。由于二氧化碳气体的热物理性能的特殊影响,使用常规焊接电源时,焊丝端头熔化金属不可能形成平衡的轴向自由过渡,通常需要采用短路和熔滴缩颈爆断。因此,与 MIG 焊自由过渡相比,飞溅较多。但如采用优质焊机,参数选择合适,可以得到很稳定的焊接过程,使飞溅降低到最小的程度。由于所用保护气体价格低廉,采用短路过渡时焊缝成型良好,加上使用含脱氧剂的焊丝,即可获得无内部缺陷的高质量焊接接头。因此这种焊接方法目前已成为黑色金属材料最重要的焊接方法之一。

由于 4130 钢的焊接特性较差,焊接后容易出现冷裂,可选择氩弧焊进行车架的焊接。

3)车架制造过程

(1)对选用的管材进行切割、剖口、弯曲处理,如图 17-9 和图 17-10 所示。

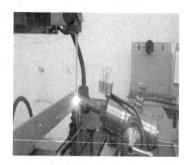

图 17-9 管材的切割、剖口

图 17-10 管材的弯曲

(2)在平台上进行管件定位、搭架、焊接前准备,如图 17-11 所示。

图 17-11 搭管、焊接前准备

(3)经过焊接、打磨、烤漆处理,得到最后的车架。

17.2.2 车身

1. 简介

车身指的是车辆用来载人装货的部分,也指车辆整体。车身的材料一般有钢板、碳纤维、铝、强化塑料等,不同用途的汽车外壳、不同部位的材料不同。汽车车身应对驾驶员提供便利的工作条件,对乘员提供舒适的乘坐条件,保护他们免受汽车行驶时的振动、噪声、废气的侵袭,以及外界恶劣天气的影响,并保证完好无损地运载货物且装卸方便。汽车车身上的一些结构措施和设备还有助于安全行车和减轻事故的后果。

车身应保证汽车具有合理的外部形状,在汽车行驶时能有效地引导周围的气流,以减少空气阻力和燃料消耗。此外,车身还应有助于提高汽车行驶稳定性和改善发动机的冷却条件,并保证车身内部良好的通风。

汽车车身是一件精致的综合艺术品,应以其明晰的雕塑形体、优雅的装饰件和内部覆饰材料以及悦目的色彩使人获得美的感受,点缀人们的生活环境。

2. 车身设计

本节主要以厦门理工学院 AMOY 赛车俱乐部的大学生方程式赛车为例,介绍车身的设计与制造。

1) 车身的设计要求(规则要求)

(1) 禁止车身前部有锐边或其他凸出部件。

(2) 车身前部所有可能触碰车外人员身体的边缘(如车鼻等),都必须为半径至少为 38mm 的圆角。该圆角的圆心角必须至少 45°(从正前方向顶部、底部和侧面等全部有影响的方向测量)。

(3) 具有良好的空气动力学效应,造型美观、灵巧。

2) 车身设计过程

(1) 根据总布置要求及车架的设计、规则要求,以覆盖车架、贴合车架为基本目标,应用三维建模软件 CATIA 进行建模。初步完成车身的三维图如图 17-12 所示。

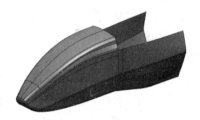

图 17-12　车身三维图

(2) 利用相应分析软件 ANSYS 对初步完成的车身三维图进行流体分析,对车身的外形进行优化,使车身造型能够呈现流线型,具有较好的空气动力效应。流体分析结果如图 17-13 所示。

(3) 根据流体分析的结果,再利用三维建模对车身进行造型优化,达到造型美观、灵巧的效果。优化设计结果如图 17-14 所示。

图 17-13　车身流体分析图

图 17-14　最终设计的车身三维图

3．车身制造

1）车身材料的选择

大学生方程式赛车的设计与选材都必须遵循轻量化的设计原则，即使像车身这种在整车质量中占比较小的部件也不例外。以下是几种大学生方程式赛车车身比较常用的材料。

（1）玻璃纤维复合材料（以下简称玻璃纤维）

玻璃纤维又称玻璃钢，是一种性能优异的无机非金属材料，成分为二氧化硅、氧化铝、氧化钙、氧化硼、氧化镁、氧化钠等。它是以玻璃球或废旧玻璃为原料经高温熔制、拉丝、络纱、织布等工艺，最后形成各类产品。玻璃纤维单丝的直径从几个微米到二十几个微米，相当于一根头发丝的 $1/20\sim1/5$。每束纤维原丝都由数百根甚至上千根单丝组成，通常作为复合材料中的增强材料、电绝缘材料和绝热保温材料、电路基板等，广泛应用于国民经济各个领域。

（2）碳纤维复合材料（以下简称碳纤维）

碳纤维是碳的质量分数高于90%的无机高分子纤维，由聚丙烯腈纤维、沥青纤维、粘胶丝或酚醛纤维等经氧化、碳化等过程制得的纤维。其中碳的质量分数高于99%的称石墨纤维。碳纤维的轴向强度和模量高，无蠕变，耐疲劳性好，比热容及导电性介于非金属和金属之间，热膨胀系数小，耐腐蚀性好，纤维的密度低，X射线透过性好。但其耐冲击性较差，容易损伤，在强酸作用下发生氧化，与金属复合时会发生金属碳化、渗碳及电化学腐蚀现象。因此，碳纤维在使用前须进行表面处理。

碳纤维按状态分为长丝、短纤维和短切纤维；按力学性能分为通用型和高性能型。通用型碳纤维强度为1000MPa、模量约为100GPa。高性能型碳纤维又分为高强型（强度2000MPa、模量250GPa）和高模型（模量300GPa以上）。强度大于4000MPa的又称为超高强型，模量大于450GPa的称为超高模型。随着航天和航空工业的发展，还出现了高强高伸型碳纤维，其伸长率大于2%。用量最大的是聚丙烯腈基碳纤维。

碳纤维可加工成织物、毡、席、带、纸及其他材料。碳纤维除用作绝热保温材料外，一般不单独使用，多作为增强材料加入到树脂、金属、陶瓷、混凝土等材料中，构成复合材料。碳纤维增强的复合材料可用作飞机结构材料、电磁屏蔽除电材料、人工韧带等身体代用材料以及用于制造火箭外壳、机动船、工业机器人、汽车板簧和驱动轴等。

通过以上比较，既要轻量化又要达到足够的强度从而获得性能优异的车身，我们选择碳纤维复合材料。

2）碳纤维加工工艺

目前用于制作车身结构的制造工艺主要有以下三种。

（1）预浸料袋压/热压罐

该工艺是将纤维预先用树脂浸润，制成半固化态材料。加工过程中纤维和树脂含量是可控的，采用手工积层，干法操作，易于施工，环境友好。成型制品表面精度高，孔隙率低，品质高，由于采用热压罐加压固化，层间结合紧密，机械强度优，是目前应用最广泛的工艺，也是高端复合材料必备工艺，其材料需要低温运输和储存。

工艺流程：根据铺层设计和工艺规范在模具上手工逐层干法铺贴；制袋密封，使其内部处于真空并产生负压，消除气泡；送入热压罐，在一定的温度、压力、时间下固化成型。

（2）树脂传递模塑

该工艺是将纤维经预成型、预编织处理。纤维铺放可设计，制品受力合理。预成型纤维体预先铺放在模具型腔内，合模后通过设备用压力将树脂注入模腔，浸润纤维，固化成型。该工艺闭模操作，不污染环境，采用多模、多工位机械注射模式，生产效率高。但需要树脂灌注设备及多套模具，适于中等至大批量生产方式。制品双面光，尺寸精度高，可做结构复杂零件及镶件。

（3）真空灌注/固化炉

在该工艺中，树脂在真空负压的作用下被吸入型腔，浸润纤维，比手糊树脂用量可减少20%，可精确控制制品的含胶量，产品性能得到改善（如无气泡，孔隙率降低），力学性能得到保证，厚度均匀，质量小等。该工艺均匀施压，产品性能一致，加快积层速率，提高生产效率，特别适于制作底盘、顶板、门板、发罩等部件。产品在封闭状态下成型，减少挥发物对人体的伤害，降低劳动量及劳动强度。

通过以上三种碳纤维加工工艺的对比，结合自身制造条件，一般情况下，FSAE赛车队都会选择使用真空灌注，这种方法所使用的设备比较简单，操作容易。

3）车身的制造过程

（1）根据已完成的车身三维图进行模具制作

基础的车身模具主要使用木板与原子灰等材料，经过切割木板制成模具大致轮廓，木模大体修整后再使用原子灰并打磨出最终的形状。制作好的模具如图17-15所示。

（2）进行碳纤维真空灌注工艺流程

① 制作车身阴模。在基础的车身模具上，先对模具整体进行布局，为后面的合模做准备。使

图17-15 车身模具

用玻璃纤维与胶衣等材料，经过敷、涂等工序，制作出密封性较好、耐高温且不易变形的阴模，如图17-16所示。

② 处理阴模。刚制作出来的阴模并不能直接使用，需要经过表面处理，将模具的表面粗糙程度降低。在敷碳纤布之前，需要在阴模表面打蜡、涂脱模水，反复几次，如图17-17所示。

图17-16 制作车身阴模

图17-17 处理阴模

③ 裁剪碳纤维布。根据阴模的尺寸，裁剪出相同尺寸的碳纤维布，并将裁剪好的布平整地铺在阴模上，如图17-18所示。

④ 贴真空袋。按照阴模的尺寸裁剪真空袋，并预留部分，将其铺在已经贴好的碳纤布和脱模布上，如图 17-19 所示。

⑤ 真空灌注。在贴好的碳纤布周围粘上密封胶条，并贴在预留出来的真空袋上，将真空管插进真空袋中。开启真空机进行真空灌注，如图 17-20 所示。

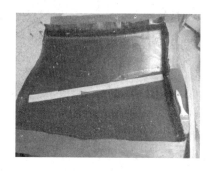

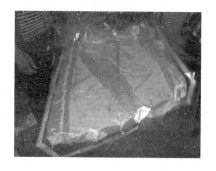

图 17-18　裁剪碳纤维布　　　　　　　　　图 17-19　贴真空袋

⑥ 表面处理。成型后的碳纤维需要进行表面处理，降低表面的粗糙程度以及残留的脱模剂。表面处理完成后进行车身的合模，如图 17-21 所示。

（3）车身外型处理

完成车身的制作后，对车身表面进行烤漆、喷绘处理，使车身更加绚丽、美观。车身的实际效果如图 17-22 所示。

图 17-20　真空灌注　　　　　　　　　　图 17-21　表面处理

图 17-22　车身实际效果

（4）整车修配

将制作好的车身安装至赛车上，并根据所出现的一些干涉、整体连接问题进行小范围修整，以达到整体装配稳固效果，同时符合赛事规则要求。

17.3　关键零部件的设计与制造

17.3.1　轮毂

1．简介

轮毂，也叫轮芯，是连接轮胎与立柱的重要零部件。轮毂在外形上基本保持回转体的特征，如图 17-23 所示。轮毂的质量影响到整车的质量和性能。

2．轮毂设计

下面介绍厦门理工学院 AMOY 赛车俱乐部的大学生方程式赛车轮毂的设计与制造。

轮毂的设计流程如下：

（1）根据悬架布置要求及传动要求确定外廓尺寸；

（2）利用 UG 进行数模的造型设计，利用分析软件进行分析优化；

（3）对数模进行校核，完成最后数模造型。

图 17-23　轮毂

3．轮毂制造

（1）材料的选择

质量较小的赛车能够获得较好的燃油经济性、加速性和操纵稳定性，为此应尽可能地降低汽车的整车质量，从而提高汽车的动力性和降低燃料消耗。轮毂的质量对赛车簧下质量影响较明显，更轻的簧下质量意味着悬挂系统拥有更好的动态响应能力和车辆的操控性。

早期的轮毂采用 Q235 普通碳素结构钢。随着各院校参赛车队对轻量化的重视与推进，现在大多数参赛车队均采用 7075 T6 航空铝作为轮毂材料。

7075 T6 铝是一种冷处理锻压合金，强度高，硬度高，远胜于软钢。7075 T6 铝是商用最强力合金之一，具有普通抗腐蚀性能、良好机械性能及阳极反应。细小晶粒使得深度钻孔性能更好、工具耐磨性增强、螺纹滚制与众不同。7075 T6 铝是密度要求较小、硬度要求较高时的首选金属材料，其力学性能指标为：抗拉强度 $\sigma_b \geqslant 560\mathrm{MPa}$，伸长应力 $\sigma_{p0.2} \geqslant 495\mathrm{MPa}$，伸长率 $\sigma_5 \geqslant 6\%$。

（2）加工方式选择

随着轮毂形状的变化，轮毂的加工工艺也在逐年改变。早期的轮毂加工比较简单，可以使用普通车床进行加工。随着轮毂结构的设计更完善以及功能更多等，传统的加工方式已无法满足轮毂的加工要求。因此针对目前轮毂的加工，厦门理工学院 AMOY 俱乐部采用数控设备，即采用"数控车＋数控铣"的方式。

将毛坯原料(即铝锭)装夹到数控车床上,然后平端面,粗、精车台阶面,钻孔,扩孔,车削螺纹,形成半成品后,重新装夹到数控铣床上,加工异型面和减重孔。完成后如图 17-24 所示。

图 17-24　轮毂和立柱

17.3.2　立柱

1. 简介

立柱是连接轮毂与悬架的重要中间部件,其外形如图 17-25 所示。由于立柱承受轮胎传递给车架的力,因此立柱的加工质量高低影响到悬架的性能好坏。本节主要以厦门理工学院 AMOY 赛车俱乐部的大学生方程式赛车为例,介绍立柱的设计与制造。

2. 立柱设计

由于立柱结构关系到车轮的定位参数(如主销内倾角、主销后倾角、车轮外倾角和前束等),影响赛车的性能,因此必须保证立柱设计的可行性和加工质量。

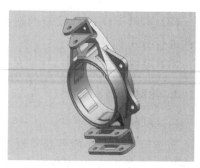

图 17-25　立柱

在设计之初,就要满足总布置给出的定位参数,且整体结构要满足高强度的要求。

立柱的设计流程如下:

(1) 根据悬架布置要求确定外廓尺寸;

(2) 利用 NX-UG 进行数模的造型设计;

(3) 对数模进行校核,检查是否产生干涉,设计参数是否满足;

(4) 完成最后数模造型,并通过 ANSYS 受力分析确认薄弱点,并局部加强。

3. 立柱制造

(1) 材料选择

立柱的质量大小影响赛车簧下质量的大小,较小的簧下质量意味着悬挂系统拥有较好的动态响应能力和车辆的操控性。

一般大学生方程式赛车的立柱均采用了 7075 T6 铝作为主要材料,既能满足高强度要求,又能减轻质量,使得赛车立柱结构更为合理,质量更小。

(2) 加工方式选择

由于立柱的形状复杂,有许多减重孔、制动盘安装位和高精度轴承孔等,故较早就使用数控设备加工。早期采用线切割及数控铣床配合加工,较为费时,且工件重新定位容易产生定位误差,造成精度下降。目前厦门理工学院 AMOY 赛车俱乐部赛车立柱的加工通过改变加工工艺,使加工更加便捷,且全程使用数控铣(见图 17-26),减少了加工时间,提高了精度。

图 17-26　数控铣加工立柱

17.4　赛车零部件与总成装配

大学生方程式赛车的装配分部件装配和总装配。将若干个零件接合成部件的过程称为部件装配,将若干个零件和部件接合成产品的过程称为总装配,其释义为将零件按规定的技术要求组装起来,并经过调试、检验使之成为合格产品的过程。装配是赛车零件制作的最后阶段,整车质量最终由总装配来保证。如果装配不当,即使所有零件的加工质量都合格也难以使整车质量达到符合要求;反之,零件的加工质量不高,却可通过合理的装配方法使产品质量合格。在传统部门制及串行工程的产品开发模式中,产品设计过程与制造加工过程脱节,会使产品的可制造性、可装配性和可维护性较差,从而导致设计的改动量大、产品的开发周期长、产品成本高、产品质量难以保证,甚至大量的设计无法投入生产,造成了人力和物力的巨大浪费。

由于大学生方程式赛车是非批量生产制作产品,几乎是纯手工生产。装配几乎全部由人工来完成,装配工艺起到决定性作用。本节主要讲解厦门理工学院第七代大学生方程式赛车(桁架式)各个系统的装配及整车总装配、调整和路试。图 17-27 所示为整车(不含车身)的主要系统以及部件总成。赛事规则与工程实践相结合,任何细节都需要理性对待。设计与装配相对应。严格按照合理的装配顺序及装配要求,会大大缩短装配所用时间,延长零部件的使用寿命。本节着重讲解该车重要部件的装配和检测。

图 17-27　整车的主要系统以及部件总成

17.4.1　部件总成与整车装配

总装配以车架为基础,通过安装各个零件和部件来实现。

(1) 车架结构与连接

厦门理工学院第七代赛车车架由 4130 钢管桁架式主车架和 7075 T6 铝制副车架构成。主车架与副车架配合采用副车架 4 个槽孔镶嵌主车架尾部 4 处管螺纹,采用过盈配合方式安装。装配安装副车架时使用 M10 普通螺栓将副车架压进去,并松开换用 4 根 12.9 级 M10 螺栓紧固,其紧固力矩为 75~100N·m。由于车架焊接变形的不可避免因素,必须采用合理的方法安装。再者是校核副车架位置,记录变形引起偏移的数值,再通过其他零件来抵消变形后的差值。按照安装点优先原则,即零件制作过程中的误差及装配不可消除的误差,使点不变而改变零件的规格尺寸来消除变形影响。

(2) 紧固件防松

车上所有不防松螺栓都要加装防松装置。为防止螺栓松动,推荐使用铁丝锁紧防松。图 17-28 为一款常见的螺栓防松铁丝和专用铁丝钳,以及为铁丝锁紧步骤方法。

螺栓螺母拧紧力矩有一套严格的标准,它关系到整辆赛车的安全性和零部件的使用寿命。表 17-2 为本赛事赛车普遍使用的螺栓(标准牙距拧紧)的紧固力矩。规则要求的螺母等级为 8.8 级及以上,其紧固力矩与螺栓相对应。合理地选择和使用螺栓的种类与规格能使螺栓达到真正的使用率以及装配的准确性。譬如,悬架杆端轴承孔使用塞打螺栓(铰制孔螺栓),不推荐使用光杆螺栓和全牙螺栓。普通光杆螺栓的光杆直径都不一样且偏差较大,全牙螺栓的外径都小于该螺栓的规格,以上两种螺栓安装虽然较塞打螺栓简便,但容易导致固定件的晃动以及径向接触面积过小,从而使零部件的位置偏移或晃动而偏离设计要求,影响零部件的使用寿命。为了使塞打螺栓安装简便,可在塞打螺栓的光杆端头倒角,利用倒角导引安装插入安装孔。

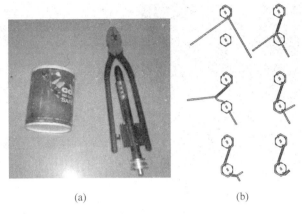

图 17-28 一款常见螺栓防松铁丝和铁丝钳及固定方法

(a) 防松铁丝及铁线钳; (b) 锁紧

表 17-2 粗牙距螺栓拧紧力矩表

螺栓公称直径	螺栓强度级别		
	8.8	10.9	12.9
	拧紧力矩/(N·m)		
M5	5～8	—	—
M6	9～12	13～16	16～21
M8	22～30	30～36	38～51
M10	45～59	65～78	75～100
M12	78～104	110～130	131～175

注: (1) 适用于粗牙螺栓;

(2) 拧紧力允许偏差±5%;

(3) 数值均为有润滑剂的螺栓,对于没有润滑剂螺栓的拧紧力矩为所给数值的133%。

经验工程装配师可以不用借助相关扭力扳手等工具紧固螺栓螺母,根据经验使用普通工具依然能符合要求。鉴于学生的工程实践经验,赛车重要部件建议使用精密测量工具紧固。图 17-29 所示为常见普通紧固工具,以及 3 款常见的扭力扳手。紧固的螺栓和螺母应该与扭力扳手的扭值范围相配应以及正确使用扳手,才能防止失准和减小磨损。

17.4.2 动力传动系统装配

1. 发动机的改造与固定

厦门理工学院第七代大学生方程式赛车选用亚翔 LD450 发动机,并自主完成了电子喷射的喷油改造。厦门理工学院第七代方程式赛车发动机改装有以下部分:飞轮改装、安装曲轴传感器、改造传感齿、加装水温传感器、启动相关零件等。发动机悬置采用两线式固定,即前下孔和后孔。前下孔两端装配规格为 10mm×20mm×20mm 的减震衬套,后孔装配规格为 17mm×41mm×20mm 减震衬套,如图 17-30 所示,旨在降低发动机的振动及方便发动机安装等。由于赛车工况对衬套的冲击损坏很大,可能会引起发动机振动过大,或者出现断轴销的后果等,因此需要定期更换减震衬套。

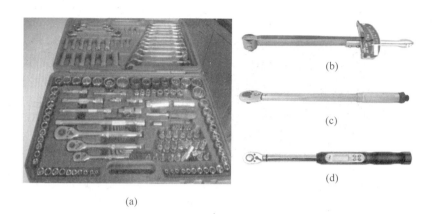

(a)

图 17-29　世达工具箱与扭力扳手

（a）工具箱；（b）指针式扭力扳手；（c）预置式扭力扳手；（d）数显式扭力扳手

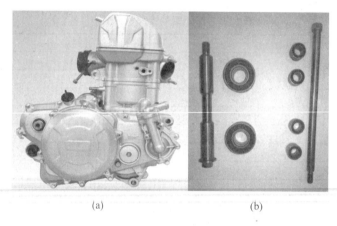

(a)　　　　　　　　　　(b)

图 17-30　发动机与减震衬套

（a）发动机；（b）减震衬套

2. 电气系统布置

电气系统的线路外包有热缩管或波纹管保护，利用带 3M 胶的线管固定座固定线路。隔离线路与车架，避免线路与车架等固定位置的直接接触。制动管路和油门拉线线管等亦采用此固定支座，图 17-31 所示为在车架上的固定制动管路（不推荐使用扎带或胶布等）。

合理的布置线路管路能减少线路和管路的使用量。将电路板等电气元件合理集中安装固定在一个耐高温且绝缘的塑料盒子里予以保护，前提是避免电气元件互相干扰。置塑料盒于座椅后下方且与发动机热源件、座椅和供油系统保持一定的安全距离。与发动机传感器等相连的线必须避开发动机热源、转动部件等，且保持一定的安全距离。

3. 传动系统装配

厦门理工学院第七代方程式赛车采用 Drexler LSD-V3 款限滑差速器，有 3 个挡位可供选择，即 40°/50°、30°/45° 和 45°/60° 3 挡。图 17-32 所示为拆解的此款差速器。拆解后首先清洗差速器的配件，若拆解过程没有污染则可不清洗。安装时观察锁紧环外围刻有相应角

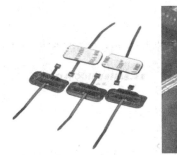

图 17-31 线管固定座及车架上固定制动管路防止线路与车架摩擦

度的凹槽,找到需要的角度凹槽安装两根锥齿轮销和锥齿轮,再安装摩擦片、弹簧膜片及壳体、内球笼。每个过程零件都要在表面涂一层差速器油油膜。壳体的 12 颗螺栓必须分多次对称锁紧,最后施加 15N·m 的扭矩紧固。安装完毕后,按照差速器的说明书的要求在每颗螺栓孔中注入 8ml 差速器油,并定期进行润滑油更换。

图 17-32 差速器的拆解

安装差速器总成:将左右轴承安装到差速器上,最好使用相关设备在轴承套圈端面的圆周上施加均等的压力压进去,否则可能会损坏轴承,从而降低轴承的效率和降低使用寿命。在使用液压等机器压入时,压入轴承座之前可在配合处涂抹润滑脂,利于轴承安装。轴承安装后应进行测试,若无异常即可。

安装差速器总成至副车架后,应检验大链轮与小链轮中心面的重合度。如果重合度差,则说明加工制作或者焊接等原因导致变形过大,要通过大链轮或小链轮轴线移动调节至允许范围内。

17.4.3 簧下质量装配

簧下质量的组装顺序:安装制动盘→安装轮毂外轴承→轮速齿圈胶接→安装立柱和制动器→安装轮毂内轴承→紧固轮毂螺母→紧固制动器→安装主销上下耳片和转向节臂等。

1. 制动盘安装

制动盘采用浮动式悬置,使用 4 根销钉定位和连接,并用波纹垫片回位制动盘及 e 型卡簧紧固,如图 17-33 所示。沿轴线和周向、径向晃动制动盘,制动盘不晃动即可。销钉过长会导致制动盘晃动过大而不利于制动,过短则可能导致销钉安装不了或者起不到浮动作用。至于轮毂轴线的垂直度与水平度,可测量制动盘高度,检查是否由于加工或者装配过程引起变形,允许微量变形,同时检查其偏心程度,允许少量偏心。

图 17-33　制动盘与制动盘销钉

2. 轮毂外轴承安装

轮毂轴承使用双深沟球薄壁轴承。装配轴承应尽量在无尘、无腐蚀的环境下涂抹润滑脂,用小刀或者扁小片状工具小心地拆开轴承两端的油封,清洗轴承上少量的润滑脂,再涂上润滑脂并抹匀至滚珠旋转范围,再安装封圈。另外,轮毂轴承安装位及轴承配合面都要涂抹一层润滑脂油膜。如果选用单列角接触球轴承或双列角接触球轴承、圆锥滚子轴承等,轴承必须按照正确的方式安装。目前厦门理工学院第七代方程式赛车轮毂轴承配合形式如图 17-34 所示。

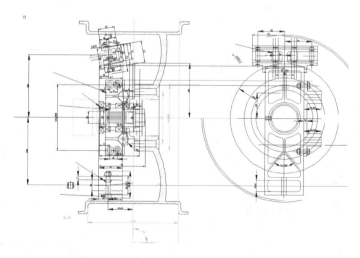

图 17-34　单列角接触球轴承的安装形式

3. 立柱总成装配

厦门理工学院第七代方程式赛车立柱总成安装由于条件限制,轴承的安装采用轴销敲打式将轴承压入,轮毂底部必须放置缓冲物(如橡胶或者纸皮等)以防冲击对轮毂底部的破坏,如图 17-35(a)所示。轴承压入轮毂,轴销垂直轴承端面且接触轴承内套圈,对称且等力敲击轴销,直到敲击时有强烈的冲击回弹和响亮的声音为止,检验其是否完全压入,可用游标卡尺测量轴承相对位置是否与图纸一致。

(1) 立柱的安装:由于设计上以及选型上选用 Wilwood PS-1 型号的制动器,安装立柱需同时安装制动器,且注意制动器排油口的方向为其工作时向上。安装立柱如图 17-35(b)所示。由于结构的限制,装配上考虑到拆卸难度,立柱外轴承安装位与轴承外套圈配合设计为微量过盈配合,所以安装时只要用手均匀套入,用橡胶锤对称并均匀轻敲立柱即可,检查其是否完全压入,可用游标卡尺测量轮毂端面等到立柱的距离是否与图纸一致,此时可先不锁紧制动器。

(2) 轮毂内轴承的安装:图 17-35(c)所示,立柱和轮毂内轴承安装位与轴承配合方式为少量过盈配合,采用轴销同时敲击轴承内、外套圈,以防敲击时破坏轮毂和轴承。检验轴承套圈外端面是否与立柱外端面齐平。安装完成后可旋转轮毂,检查其是否有异常声音和晃动。

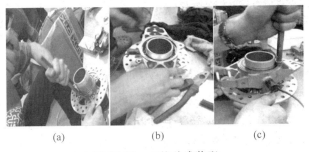

(a)　　　　　　(b)　　　　　　(c)

图 17-35　立柱总成装配

(3) 轮毂螺母的紧固:使用双螺母防松方式。首先需要清理掉残留在轮毂螺纹上的润滑脂,固定住轮毂紧固第一个螺母,然后紧固第二个螺母,使用力矩为 $60\sim80\text{N}\cdot\text{m}$。拧紧的同时检查立柱旋转阻力,如明显变大必须停止,松开并调节第一个螺母。

(4) 制动器紧固:鉴于制动器工作温度,选用高等级金属防松螺母紧固,力矩为 $30\text{N}\cdot\text{m}$。旋转轮毂,观察制动盘是否由于装配过程磕碰引起径向摆动,允许微量摆动。并检查中心面是否在两制动片中心。

(5) 安装主销上下耳片和转向节臂等。

装配完 4 个立柱总成如图 17-36 所示。

图 17-36　立柱总成

17.4.4 悬架装配、安装及立柱总成的安装

1. 悬架杆件装配

厦门理工学院学院第七代方程式赛车悬架由碳纤维杆件、A 头、铝制管接头和杆端轴承等组成，如图 17-37 所示。碳纤管规格有 $\phi20mm\times2mm$ 和 $\phi20mm\times4mm$ 两种规格，根据受力大小选择碳纤管壁厚。碳纤管与接头配合为间隙配合，为了充分胶接，其间隙范围为 $0.2\sim0.3mm$，胶水型号为 909AB 胶，接头配合长度为 25mm 和 30mm。胶接步骤：碳纤管、管接头和 A 头的喷砂处理→清洗→烘干→胶接→定位悬架→烘烤。

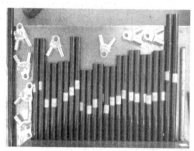

图 17-37　碳纤维杆件、A 头和铝制管接头

胶接定位和装配依靠一块 10mm 后平钢板完成，钢板上钻有位置孔。悬架 A 臂的胶接定位如图 17-38 所示，其装配定位依然使用图 17-38 所示方法定位。杆端轴承孔为 $\phi6$，螺栓头的螺母紧固力矩为 13N·m。A 头轴承孔使用 $\phi16mm\times8mm\times9mm$ 的向心关节轴承，其安装可利用台虎钳压入，再安装卡簧防止脱落。

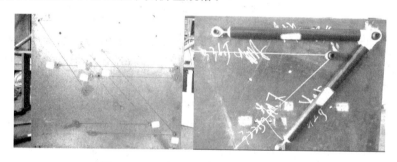

图 17-38　悬架定位板及悬架胶接定位

2. 悬架装配

首先需要检验车架悬架孔位置的变形量，如果偏差较大，则按照车架具体尺寸制作悬架（当然这需要在悬架制作前完成设计修改）。车架一般不可矫正，不推荐修改车架的方案，除非偏移量过大。另一方面，检查 A 臂悬架两杆端轴承孔位置变形量，两者距离偏差在 0.5mm 范围内允许，选用 $\phi6$ 光杆长 25.4mm 的塞打螺栓和等级为 8 级的 M5 尼龙防松螺母紧固，紧固力矩为 8N·m。车架悬架接头已焊有锥形垫，所以安装悬架比较简单且精确。安装时发现孔偏移过大不可硬掰杆件安装，也不可以靠调节杆端轴承来装配。

3．立柱总成安装

主销上下关节选用 $\phi 8$ 光杆长 25.4mm 的塞打螺栓以及 M6 尼龙防松螺母紧固。A 头的向心关节轴承上下各有厚度为 5mm 厚的锥形垫片。安装时必须测量检查卡扣耳片中间距离，以及向心关节轴承所加两个配合锥形垫片的厚度必须相等或偏差在 ±0.1mm 范围内。安装完毕必须在同等情况下检查立柱的倾角（或主销、径向平面轮毂），允许偏差在 ±0.3°内。根据设计，在立柱上下卡扣耳片增减 E 型垫片来调节，调至需要的角度。调试赛车时，调节轮胎倾角也使用此垫片调节。鉴于条件限制以及赛车特性，很难用相关工具和仪器进行四轮定位。厦门理工学院学院第七代方程式赛车四轮定位利用相对较为水平的车架制作焊接平台，根据打点划线找到赛车的 X、Y、Z 轴线，在平台上找到需要二维平面的投影点，利用高度尺找到赛车三维点，再通过相关工具测量调节。

第18章

CHAPTER 18

无碳小车项目创新实践

18.1 无碳小车项目概述

无碳小车项目来自全国大学生工程训练综合能力竞赛题目,要求设计一种由重力势能驱动且具有方向控制功能的小车。其行走及转向的能量是由给定重力势能转换而得到的。给定重力势能由竞赛时统一使用质量为1kg的标准砝码(ϕ50mm×65mm,碳钢材料)来获得,要求砝码的可下降高度为(400±2)mm。标准砝码始终由小车承载,不允许从小车上掉落。图18-1所示为小车示意图,要求小车为三轮结构,具体设计、材料选用及加工制作均由参赛学生自主完成。所设计与制造的小车具有转向控制机构,且此转向控制机构具有可调节功能,以适应放有不同间距障碍物的绕S形避障或绕8形避障的竞赛场地。

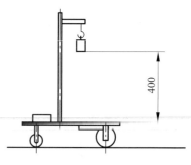

图 18-1 无碳小车示意图

如图18-2所示,小车以有限的重力势能驱动并自行控制方向,绕过以700~1300mm的某个数值等距摆放的多个障碍物行走,其轨迹显S形。成功绕过障碍物个数越多、终点与起跑线距离越远者胜。在2013年第三届全国大学生工程训练综合能力竞赛中,较好成绩为小车成功绕过18个障碍物,运行的直线距离为23.59m。

如图18-3所示,小车以有限的重力势能驱动并自行控制方向绕过以300~500mm的某个数值摆放的两个障碍物行走,其运行轨迹显循环的8字形。成功绕过障碍物次数越多、8字形轨迹个数越多者胜。在2013年第三届全国大学生工程训练综合能力竞赛中,较好成绩为小车成功走成21个8字形,避过的障碍物106个。

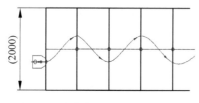

图 18-2 小车绕 S 形避障行走示意

图 18-3 小车绕 8 形避障行走示意

该项目要求 3 个学生组队,在半年时间内设计与制造的小车,一方面要按上述要求跑得好,另一方面也要模拟批量化生产,进行结构设计、工艺分析、成本分析和工程管理。

18.2　无碳小车的创新设计

18.2.1　无碳小车转向原理

如图 18-4 所示,该小车为三轮结构,假设两后轮中间安装有差速器,若以车身中线为参考点,转弯半径 R 与车身长度 L_1 和前轮与车身的夹角 α 相关,其关系为:$R=\dfrac{L_1}{\tan\alpha}$。若前轮保持 α 角运行,则小车后轮中心线的运行轨迹将为一个圆心在 O 点的圆。因此,只要规划小车的运行轨迹,只要在小车运转过程中控制好小车前轮转角变化规律,就可让小车按"S"或"8"字形运行。

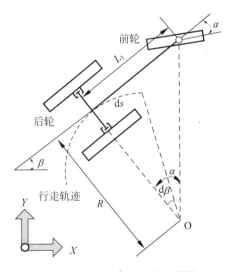

图 18-4　无碳小车转弯示意图

对于绕 S 形的小车,设其前轮与车身最大夹角为 α_1(并假设偏向某侧为正),则运行过程转向角 α 的规律为:$\alpha_1, 0, -\alpha_1, \alpha_1, -\alpha_1, \cdots$ 转角连续变化。

对于绕 8 形的小车,设其前轮与车身最大夹角为 α_1(并假设偏向某侧为正),则转向角 α 的规律为:α_1 保持不变(圆轨迹),逐渐变化(过渡曲线),$-\alpha_1$(圆轨迹),逐渐变化(过渡曲线),α_1(圆轨迹)$\cdots$

18.2.2　无碳小车转向机构介绍

无碳小车结构设计主要是要进行传动机构、行走机构与转向机构的设计。传动机构主要将重物的下降运动转换成小车驱动轮的旋转,并借助转向机构实现小车前进同时的转向。转向机构控制前轮的摆角变化,是实现小车 8 字和 S 轨迹的关键部分,设计上要能够将旋转运动转化为满足要求的来回摆动,带动转向轮左右转动从而实现拐弯避障的功能。能实现该功能的机构有凸轮机构加摇杆、正弦机构加摇杆、槽轮机构、不完全齿轮等。

1．凸轮机构加摇杆

凸轮是具有一定曲线轮廓或凹槽的机构，其优点为只需设计适当的凸轮轮廓便可实现从动件任意规律的运动，可用于实现小车绕 S 或绕 8 的转向控制。且凸轮结构简单、紧凑、运动精确，但凸轮轮廓设计绘制困难，且若凸轮凹槽设计不当或加工精度不高就容易卡住。用凸轮机构加摇杆实现小车任意规律转向的机构示意如图 18-5 所示。

2．正弦机构加摇杆

正弦机构加摇杆结构简单直观，制造方便，能实现前轮的连续转向，机构运动规律对制造和安装的误差敏感度较强，因无碳小车一般低速运行，该机构比较适用于绕 S 形小车的转向控制。正弦机构加摇杆实现小车绕 S 转向的机构示意如图 18-6 所示。

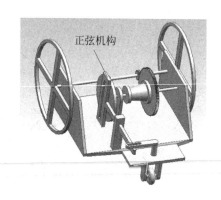

图 18-5　凸轮机构实现小车任意规律的转向　　　图 18-6　正弦机构实现小车绕 S 转向

3．槽轮机构

槽轮机构是由槽轮和圆柱销组成，能将主动件的连续转动转换成从动件的带有停歇的单向周期性转动。该结构能实现前轮转角保持不变，且前轮转角在短时间内转动的功能，适用于绕 8 形结构。实践应用时，槽轮机构的两个双拨销相互垂直可获得较好的绕 8 形轨迹，该机构如图 18-7 所示。

4．不完全齿轮机构

两个不完全的齿轮相互啮合，当两个齿轮有齿啮合时，可将运动传动到相关转向机构上，实现前轮转角的连续变化；当两个齿轮无齿接触时，前轮转角保持不变，即该机构也能实现前轮转角保持不变，且前轮转角在某范围内连续变化的功能，适用于绕 8 形。其优点在于齿轮传动可靠，结构紧凑，容易制造，不足在于无齿接触时如何保持前轮转角的自锁，避免前轮转角自由转动。该结构应用实例如图 18-8 所示。

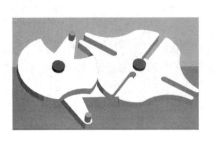

图 18-7 槽轮机构

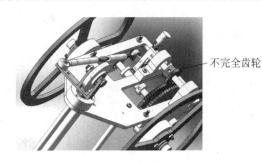

不完全齿轮

图 18-8 不完全齿轮传动实现小车绕 8 转向

18.2.3 无碳小车行走机构介绍

无碳小车常用行走机构介绍如下。

1. 双轮驱动,单轮随转(见图 18-6)

该结构直观简单,行走比较稳定,但在转弯时双轮的外轮会与地面产生滑动,而滑动摩擦远比滚动摩擦更加损耗能量,同时小车前进受到过多的约束,无法准确确定其轨迹。

2. 两轮导向,一轮驱动(见图 18-10)

由于小车是沿着曲线前进的,按常规设计,两个后轮驱动必定会产生差速。若将一个大轮作为驱动轮,两个小轮作为随动的转向轮,则两个自由转动的小轮可避免差速问题。

3. 双轮差速驱动

在双轮驱动轴中间安装差速器实现差速,可以避免双轮同步驱动出现的打滑问题。差速器涉及最小能耗原理,能较好地减少摩擦损耗,同时能够实现满足要求的运动。

差速器工作原理如图 18-9 所示,两个驱动轴上的齿轮通过行星轮传递运动。当小车走直线时,行星齿轮跟着壳体公转同时不会产生自转,如图 18-9(a)所示;当小车转弯时,比如朝左转,左驱动轴的左侧驱动轮行驶的距离短,左驱动轴齿轮会比差速器壳体转得慢,行星齿轮产生自转,由于行星齿轮的公转外加自身的自转可使得右驱动轴齿轮在差速器壳体转速的基础上增速,导致右车轮比左车轮转得快,实现车辆不打滑的转弯。

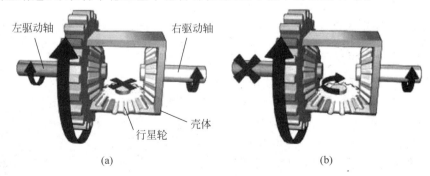

左驱动轴 右驱动轴

壳体

行星轮

(a) (b)

图 18-9 差速器工作原理

(a) 小车走直线时差速器状态;(b) 小车转弯时差速器状态

4．单轮驱动

即两个后轮中只利用一个轮子作为驱动轮,另一个后轮作为从动轮,前轮作为导向轮。从动轮与驱动轮间的差速依靠与地面的运动约束确定,其效率比利用差速器高,但前进速度不如差速器稳定。

18.2.4　绕 S 小车的创新设计

小车结构示意如图 18-10 所示。该方案采用曲柄滑块机构与齿轮组合作为转向机构,两轮导向,一轮驱动作为行走机构。运动过程为:重物沿着立柱下降带动大齿轮,大齿轮带动小齿轮从而带动"驱动前轮";大齿轮同轴的偏心圆盘带动曲柄转动,从而使得转向齿条滑动,带动转向齿轮,实现转向后轮的转动。

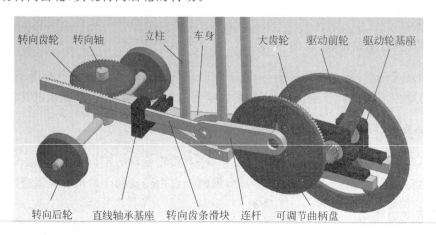

图 18-10　小车结构简图

小车几个主要结构的设计介绍如下。

1．车架与车身

为了避免重物下落时因为小车的行走而摆动,影响小车行进的轨迹,甚至使小车倾翻,因此在小车上设计了限定重物下落的 3 根竖杆。车身连接各部件,在其上设计了相应的安装孔或基座,并为了降低小车质量把非功能区域挖空。

2．绕绳轮与滑轮的设计

小车的原动机构采用滑轮悬挂。当重块下落时,通过棉线拉动动滑轮转动,带动绕线筒旋转,从而通过传动机构带动小车后轮旋转,驱动小车向前行驶,滑轮结构如图 18-11 所示。如图 18-12(a)所示,在重物提供的拉力固定情况下,不同力臂产生的驱动力矩不一样,因此将绕绳轮轴上的带轮设计成锥形,如图 18-12(b)所示。在起始时原动轮的转动半径较大,启动转矩大,有

图 18-11　小车的滑轮

利启动；启动后，原动轮半径变小，转速提高，转矩变小，和阻力平衡后小车作匀速运动；当重物块距小车很近时，原动轮的半径再次变小，绳子的拉力不足以使原动轮匀速转动，但是由于物块的惯性，仍会减速下降，原动轮的半径变小，总转速比提高，小车缓慢减速直到停止，物块停止下落，正好接触小车。

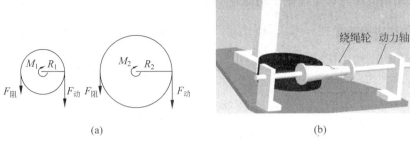

图 18-12　小车绕绳轮的设计

（a）不同力臂时力矩示意图；（b）绕绳轮形状示意图

3．齿轮与驱动轮的设计

在绕绳轮直径不变的情况下，理论上驱动轮的直径或传动比越大，小车的前进距离越长。但过大的传动比或驱动轮直径会导致小车运动所需的力矩较大，即小车容易卡死或重物拉不动小车，因此一方面要提高小车的制造精度，降低小车摩擦阻力，另一方面也要合理设计传动比和驱动轮直径。本方案的传动取 1∶6，齿轮模数取 1，大齿轮齿数为 90，小齿轮齿数为 15。绕线轮驱动大齿轮转 1 圈，可实现带动驱动轮转 6 圈。齿轮通过轴套与轴配合，这样可以保证齿轮的轴向和径向定位，相关结构如图 18-13 所示。齿轮加工可以采用数控铣或线切割方法。

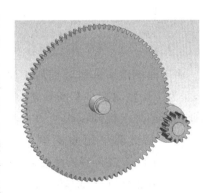

图 18-13　齿轮的三维模型

4．驱动轮的设计

所设计小车的前进路线可近似地看成正弦函数 $y = A\sin\omega x$，其中 A 为振幅，ω 为角频率。为了能顺利避开障碍，且一个周期的行走距离尽量短，振幅 A 取 181.4mm（也可取不同的值，并最后根据实验进行修正），障碍物距离取 1000mm，因此 $\omega = \pi/1000$。可利用三维软件（如 UG）绘制小车正弦函数一个周期的轨迹图，并求得该轨迹长度 2153.63mm。而小车的传动比为 1∶6，因此可以计算小车后轮直径 $d = S/(6\pi) = 114.3$mm。

5．转向机构的设计

已知小车运动轨迹 $y = 181.4\sin\dfrac{\pi x}{1000}$，根据曲线的曲率半径 $\rho = \dfrac{(1 + y'^2)^{\frac{3}{2}}}{y''}$，该曲线的最小曲率半径在波峰或波谷处，因此可得小车的最小转弯半径 $\rho = 558.55$mm。根据 $\tan\alpha =$

$\dfrac{L_1}{\rho}$，式中 L_1 是车身长度，$L_1 = 262.5\text{mm}$，可求得小车最大转向角 $\alpha = 25.17°$。

　　该方案的小车转向机构为曲柄滑块机构与齿轮齿条组合。经过制造和实验，现曲柄长度取 14mm，连杆中心距取 82mm，转向齿轮模数取 1，齿数取 61，车长 262.5mm，如图 18-14 所示。根据曲柄滑块与齿轮齿条传动原理 $\tan\alpha = \dfrac{e}{r}$，式中 α 为小车转向角，曲柄盘的偏心距 $e = 14\text{mm}$，转向齿轮的半径 $r = 30.5\text{mm}$，可得实际最大 $\alpha = 24.65°$，与理论值相差 $0.52°$。

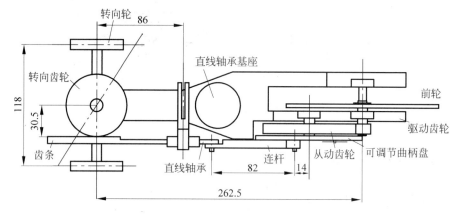

图 18-14　小车结构尺寸简图

　　由于曲柄滑块机构对于加工误差和装配误差很敏感，且为了调整无碳小车的轨迹（幅值、周期、方向等），因此就必须加上微调机构使得曲柄长度可变。该方案的曲柄长度微调采用曲柄盘的形式实现，曲柄盘如图 18-15 所示。该曲柄长度在 $0\sim15.5\text{mm}$ 内可无级调节。曲柄越长，转向轮的转角越大，当车轮固定时小车所走出的正弦轨迹周期越短，适合障碍物变短时用；曲柄变短，则小车所走出的正弦线越扁平，可以绕过的障碍物距离就变长了。

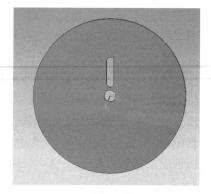

图 18-15　可无级调节曲柄盘

18.2.5　绕 8 小车的创新设计

　　小车需要实现重力势能的转换，驱动自身行走并实现不断循环绕 8 字形的功能。为实现小车绕 8 字形运行，相关传动机构应使前轮转角 α 的变化具有保持不变和逐渐变化的功能。现采用凹槽凸轮加摇杆的转动机构来实现小车绕 8 转向，方案如图 18-16 所示。该方案原理为：重物拉动缠绕在锥形"绕线轮"（锥形有利于重物缓慢下降）的绳子驱动"凸轮轴"，进而带动"凸轮"；一方面"凸轮"通过齿轮传动带动后轮轴，后轮轴上装有差速器，从而实现小车前行；另一方面，"凸轮"通过"凸轮滚子"与"滚子连接块"驱动"凸轮推杆"沿着"直线轴承"导轨前后运动，并进一步通过"推杆连接块"和"摇杆滚子"转动"摇杆"，进而转动"前轮支架"，实现小车前轮的转向。

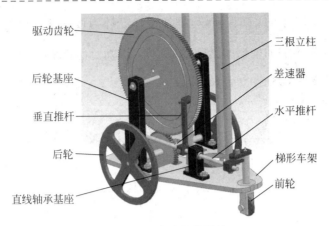

图 18-16　车身整体结构

小车主要的结构设计介绍如下。

1. 传动机构

传动机构由主驱动齿轮通过一级齿轮传动,速比 1:6,取齿轮模数 1,小齿轮齿数 25,大齿轮齿数 150。齿轮将动能传递到后驱动轮,也通过垂直推杆和水平推杆将凸轮的周期变化传递到转向机构。

2. 行走机构

行走机构为带差速器的两个后轮驱动,并由转向前轮提供转向。所设计的小车绕 8 轨迹如图 18-17 所示,该轨迹长度为 2043.6mm,因小车传动比为 6,可计算后轮直径 $D = 2043.6/6\pi = 108.4$(mm)。

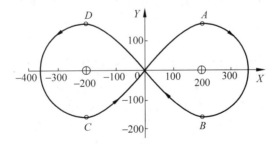

图 18-17　小车绕 8 字形轨迹(单位:mm)

3. 转向机构

转向机构需要将齿轮的旋转运动转化为前轮带停歇的周期性来回摆动,从而实现拐弯避障的功能。该方案采用凸轮摇杆组合的形式实现绕 8 转向,其机构运动原理简图如图 18-18 所示,规定凸轮推杆前推位移为正,与摇杆垂直时为 0。设计的凸轮推程规律曲线由直线、摆线组合而成。当小车走圆时推杆的位移为 $S_1 = \dfrac{L_1 L_2}{R} = \dfrac{130 \times 15}{160}$(mm),其中 L_1 为车长;小车走图 18-17 中的 DC 圆轨迹时,凸轮的转角 q 为 $q_1 = \pi \times \dfrac{L_{AB}}{L_{AB} + L_{CA}} = 1.55$(弧度);小车走渐变曲线,如图 18-17 中的 CA 段所示,推杆位移设计为按摆线规律变化,其形成过程可看作半径为 $\dfrac{S_1}{\pi}$ 的圆沿 $S(q)$ 曲线图的纵轴 S_1 滚动一周到 $-S_1$ 所形成的正弦线,据此可求得相应的凸轮推杆位移运动规律 $S(q)$ 表达式:

$$S(q) = \begin{cases} S_1, & 0 < q \leqslant q_1 \\ S_1 - \dfrac{S_1}{\pi}\left[\dfrac{2\pi(q-q_1)}{\pi-q_1} - \sin\dfrac{2\pi(q-q_1)}{\pi-q_1}\right], & q_1 < q \leqslant \pi \\ -S_1, & \pi < q \leqslant \pi + q_1 \\ -S_1 + \dfrac{S_1}{\pi}\left[\dfrac{2\pi(q-\pi-q_1)}{\pi-q_1} - \sin\dfrac{2\pi(q-\pi-q_1)}{\pi-q_1}\right], & \pi + q_1 < q \leqslant 2\pi \end{cases}$$

式中,q 为凸轮转角变量。

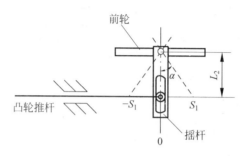

图 18-18　水平推出距离计算

现取凸轮滚子半径 5mm,凸轮基圆 ϕ50mm,根据凸轮相关设计公式,利用 MATLAB 软件计算可求出凸轮内外轮廓线的各点数据,将轮廓点数据输入到相关计算机辅助设计软件(如 CAD),利用样条曲线功能可实现凸轮轮廓的 CAD 建模。该方案采用四形封闭凸轮机构,可以采用数控铣加工,尽量通过加工精度和有效润滑提高转向精度。

4. 微调机构

转向机构采用凸轮与摇杆组合的形式。因摇杆机构对于加工误差和装配误差很敏感,因此必须加上微调机构,对误差进行修正。此外,为了调整小车的轨迹(幅值、周期、方向等),使小车走最优的轨迹也需要有微调机构。微调机构如图 18-19 所示,可在凸轮推程一定的情况下调整前轮转向角的大小。

图 18-19　微调螺母位置

5. 小车调试

小车的调试是个很重要的过程,该过程涉及很多的内容,如车速、绕过障碍物、小车整体的协调性、小车前进的距离等。

（1）小车速度的调试：通过小车在指定的赛道上行走测量通过指定点的时间，得到多组数据，从而得出小车行驶的速度。一般来说，小车运行的后半程速度较快，整体协调性能不是太好，因此需要将绕绳驱动轴的直径车小，减小过大的驱动力。

（2）小车避障的调试：由于设计时采用了多组微调机构，通过观察小车在指定赛道上行走时避障的特点，并做好标记，通过微调螺母以改善小车的避障性能。

18.3　无碳小车制造

18.3.1　无碳小车制造概述

零件是机械设备最小的功能单元，要制造机器首先要制造出合乎要求的零件。无碳小车所用毛坯大多是可直接采购的，如铝板、铝棒等；对毛坯经过一定的加工如车、铣、齿轮加工、线切割等，形成各种零件；制造的零件与采购来的标准件经装配和调试就构成最终的无碳小车产品。无碳小车竞赛需制定典型零件的工艺路线报告，下面介绍些基本概念。

毛坯到最终零件的全部加工过程称为该零件制造的工艺路线。将零件的工艺路线制成一定格式化的文件，称为该零件的工艺规程。实践中工艺规程通常表现为工艺卡片的形式，简明表述了该零件的工艺路线、所用设备、刀具和工装等信息，以用于指导生产。下面介绍工艺路线制定中的几个基本概念。

（1）工序：指一个（或一组）工人在一个工作地点对一个（或同时对几个）工件连续完成的那一部分加工过程。同一个工件可以有不同的工序安排。

（2）安装：指在同一个工序中，工件定位和夹紧一次并完成的部分加工。

（3）工位：在工件的一次安装中，每一个加工位置上所完成的工艺过程。

（4）工步：在一个工位中，加工表面、切削刀具、切削速度和进给量都不变的情况下所完成的加工，称为一个工步。

（5）走刀：切削刀具在加工表面上切削一次所完成的工步内容，称为一次走刀。走刀是构成工艺过程的最小单元。一个工步可包括一次或数次走刀。当需要切去的金属层较厚时，不能在一次走刀下切完，需分几次走刀。

18.3.2　典型零件工艺分析

无碳小车的前轮支架是重要零件，其作用为将小车前轮、车身和转向机构进行连接，在配合处 $\phi10$ 的外圆表面及 $\phi20$ 的轴肩和端面上有同轴度、垂直度的精度要求。相关零件图如图 18-20 所示，下面以其为例，分析相关工艺过程。

（1）确定生产纲领

假设该产品生产 500 件/年，批量生产为 42 件/月，采用毛坯为 1050 铝，直径 $\phi20\text{mm}\times500\text{mm}$ 的铝棒，每毛坯可制 4 件。

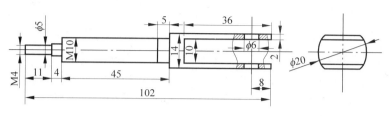

图 18-20　前轮支架

（2）确定主要表面加工方法和加工方案

该轴主要采用普通车削、铣削和钳工的方法加工而成。该轴加工可划分为 4 个加工阶段，即粗车（$\phi20$、$\phi10$ 外圆）、精车（$\phi5$ 外圆、$\phi20$ 外圆及其轴肩和端面）、铣削、钳工加工。其中该轴的主要精加工表面是与轴承配合的 $\phi10$、$\phi5$ 外圆和 $\phi20$ 的轴肩和端面，需要精车。加工顺序安排应遵循先粗后精、先主后次工艺原则，外圆表面加工顺序应先加工大直径外圆，然后再加工小直径外圆。

（3）选择定位基准

加工时应以中心孔轴线为基准，加工各外圆和端面，从而保证同轴度和垂直度。其他的加工部位，如铣侧面、钻孔等，则可以已加工表面为基准。该典型零件的工艺规程见表 18-1。

表 18-1　工艺流程表

序号	工序	工序内容	工序简图	机床夹具	刀具、量具	工时/min
1	下料	下料 $\phi20 \times 125$ 的铝棒		切割机夹具	直尺	5
2	车削	三爪卡盘装夹，伸出 115mm，平端面，钻中心孔		三爪卡盘	外圆车刀、直尺	5
3	车削	顶尖安装，粗车 $\phi10$、$\phi5$、$\phi4$ 外圆至图纸要求长度；精车 $\phi10$ 外圆及轴肩，精车 $\phi5$ 外圆及轴肩，精车 $\phi4$ 外圆		三爪卡盘、顶尖	外圆车刀、游标卡尺	20
		切断，保证总长		三爪卡盘	外圆车刀、游标卡尺、千分尺	20

序号	工序	工序内容	工序简图	机床夹具	刀具、量具	工时/min
4	铣削	铣 $\phi 20$ 外圆两侧面至 14mm		铣床、V形夹具	铣刀、游标卡尺	10
		在距离大端端面 8mm 处钻 $\phi 6$ 的中心孔		铣床、V形夹具	$\phi 6$ 铣刀	5
		从大端铣除宽度为 10mm、深度为 36mm 的中间部分		铣床	$\phi 10$ 铣刀、游标卡尺	15
5	攻螺纹	攻 M10 螺纹		钳工台	牙攻	5
6	攻螺纹	攻 M4 螺纹		钳工台	牙攻	5

18.4 无碳小车成本分析报告

无碳小车的成分分析旨在批量化生产计算出每台小车所需成本,包括毛坯、外购件、人工费和制造费用等。以某绕 8 小车为例,相关成本分析计算如下。

1. 无碳小车的主要材料成本

生产每台小车材料毛坯的种类、规格、件数及费用,见表 18-2。

表 18-2   小车材料成本表

编号	材料	毛坯种类	毛坯规格	件数/毛坯	每台件数	费用/元
1	导向轮	铝板	45mm×45mm×8mm	1/1	1	1.2
2	后轮	铝板	200mm×200mm×4mm	1/1	2	22.4
3	转向轴	铝棒	ϕ20mm×100mm	1/1	1	3
4	驱动轴	铝棒	ϕ20mm×250mm	1/1	1	7.5
5	支架	不锈钢管	ϕ10mm×60mm	1/1	1	5
6	导线轮	铝棒	ϕ40mm×50mm	1/1	1	5
7	齿轮	铝板	90mm×90mm×4mm	1/1	1	2.4
8	车身	铝板	250mm×250mm×4mm	1/1	1	18.2
9	转向杆	钢棒	ϕ6mm×150mm	1/1	1	7
10	支撑座	铝板	100mm×100mm×4mm	1/1	8	23.3
合计						95

2. 无碳小车主要的人工费和制造费分析

根据市场一般情况,各加工方法的主要费用为:线切割人工费约 12 元/h,线切割机床使用费约 15 元/h;钳工人工费约 18 元/h,钻床使用费约 12 元/h;铣削人工费约 11 元/h,数控铣床使用费约 80 元/h;普车/铣人工费约 12 元/h,普通车/铣床使用费约 24 元/h。相关人工费和制造费分析见表 18-3。

表 18-3   小车人工及制作费

编号	零件名称	工艺内容	工时/min		
			机动时间	辅助时间	终准时间
1	导向轮	(1) 线切割 (2) 钳工	20	5	25
	工艺成本计算与分析		线切割费用:(12+15)×20/60=9.0(元) 钳工费:(18+12)×5/60=2.5(元) 总计 11.5 元		
2	后轮	(1) 数控铣 (2) 钳工	30	15	75
	工艺成本计算与分析		铣削费用:(11+80)×30/60=45.5(元) 钳工费用:18×15/60=4.5(元) 总计 50 元		
3	导向轴	(1) 普车 (2) 普铣 (3) 钳工	10 12	2 3	12 15
	工艺成本计算与分析		普车/铣费用:(12+24)×(10+12)/60=13.2(元) 钳工费用:18×5/60=1.5(元) 总计 14.7 元		

续表

编号	零件名称	工艺内容	工时/min		
			机动时间	辅助时间	终准时间
4	驱动轴	普车	30	0	30
	工艺成本计算与分析		普车费用：(24+12)×30/60=18(元)		
			总计 18 元		
5	导线轮	普车	15	0	15
	工艺成本计算与分析		普车费用：(12+24)×15/60=9(元)		
			总计 9 元		
6	齿轮	数控铣	45	0	45
	工艺成本计算与分析		数控铣费用：(80+12)×45/60=69(元)		
			总计 69 元		
7	车身	数控铣	40	0	40
	工艺成本计算与分析		数控铣费用：(80+12)×40/60=61.3(元)		
			总计 61.3 元		
8	支撑座	数控铣	30	0	30
	工艺成本计算与分析		数控铣费用：(80+12)×30/60=46(元)		
			总计 46 元		

3. 总成本

无碳小车在设计时充分考虑到环保和降低成本的要求,在材料及加工设备的选择、零件的工艺安排和加工精度、生产过程组织等各个环节,力求把小车的总成本控制到最合理。总成本主要包含以下几部分:

(1) 无碳小车主要零件的材料费=95 元/台;

(2) 无碳小车主要零件的人工费和制造费=11.5+50+14.7+18+9+69+61.3+46=279.5(元/台);

(3) 无碳小车外购零件费:每台小车需要外购 3 个螺钉螺帽、3 个轴承、2 个垫片、3 根不锈钢管,合计 50 元/台;

(4) 每台无碳小车总成本=95+279.5+50=424.5(元/台)。

18.5　无碳小车工程管理报告

工程管理的目标为按期供货、保证质量、降低成本、提高经济效益,主要内容为生产过程组织、人力与设备资源配置、生产进度计划与控制和质量管理等。根据生产纲领要求,无碳小车的生产计划为 500 台/年,属于小批量生产。分析生产纲领和现有设备资源,根据小车设计时的加工工艺卡片分配加工所需的设备并决定生产形式,无碳小车的生产应选用组成布置原则中的多机组成布置原则。小车上相关的标准件(如轴承、螺丝等)应按照生产计划来确定购买的数量,在保证其质量的同时尽量减小购买所需的价格。

18.5.1　生产过程组织

1. 生产过程的空间组织

为了满足无碳小车小批量生产的要求,车间布置为混合式布置,依加工设备工艺联系紧密程度性在空间上进行相应的布置。在制造上采用平行顺序移动方式。首先组织不同的人加工不同的零件;先完成的零件送到装配车间,将能装配的部分先进行装配;最后将全部零件加工完以后进行总体装配,再进行产品的调试。

2. 生产过程的时间组织

各车间周末与晚上均开放,供制作使用,安排学生轮流值班。在零件加工中,合理利用各个车间,指定小组成员在不同的车间完成指定的零件加工。

18.5.2　人力资源与主要设备配置

(1) 确定生产节拍

无碳小车月产 42 台,按照一个月工作 22 天,每天一班工作 8h,时间利用率设为 90%,计算该零件的生产节拍为:$r=Fa/N=(F0\times g)/N=22\times8\times90\%\times60/42=226(\min/台)$;式中,$r$ 为节拍;Fa 为计划期有效工作时间;N 为计划期制品产量;$F0$ 为制度工作时间;g 为时间有效利用系数。

(2) 确定设备数量

针对无碳小车的主要加工工作,由中批量生产工艺过程卡片得知,普通车床 CD6140 加工工时 $T_1=74.3\min$,普通铣床 TK3510 加工工时 $T_2=70.5\min$,数控铣床 XK713 加工工时 $T_3=25.5\min$,钻床 Z3025 加工工时 $T_4=52.5\min$,线切割 DK7732 机加工工时 $T_5=50\min$。则需至少配备的生产设备数为:

$$H_{普车}=T_1/r=74.3/226=0.33(台)$$

$$H_{普铣}=T_2/r=70.5/226=0.31(台)$$

$$H_{数铣}=T_3/r=25.5/226=0.11(台)$$

$$H_{钻}=T_4/r=52.5/226=0.23(台)$$

$$H_{钻}=T_5/r=50/226=0.22(台)$$

因此,无碳小车零件加工主要设备需要 CD6140 普通车床、TK3510 普通铣床、XK713 数控铣床和 Z3025 钻床、线切割 DK7732 各一台。

为使生产时间、工作量达到平衡,可以确定整个生产过程由 7 名工人完成:车工组 1 人、普通铣床操作组 1 人、线切割组 1 人、数控铣组 1 人、钳工组 1 人(负责下料、部分加工与小车的装配)、管理人员 1 人、采购人员 1 人。

18.5.3　生产进度计划与控制

编制生产计划的内容包括无碳小车各零部件的工艺路线、生产原材料的外购计划、生产数据等。生产的控制主要通过以下 3 方面完成。

（1）控制生产计划：除根据每批的生产任务进行排产派工外，还应结合实际生产情况控制生产计划，安排生产资源，确定作业顺序及时间。

（2）控制生产偏差：生产要求为 42 台/月，选择一个月的 4 个时间点对进度进行控制，每个周末对进度跟踪，检查统计实际生产计划的执行情况，掌握计划与实际之间的偏差。分析偏差产生的原因和严重程度，及时处理并调整计划，并汇总成统计分析报告。可采取的措施包括对机器的检修升级、增加工人的人数或工作时间等。

（3）控制整车装配调试：小车在生产完成后，需要对其进行组装和调试，校验其运行状态是否满足设计要求。这个阶段是对小车进行调试—校正—调试的过程。调试阶段的不确定性较大，因此需要着重控制。如若发现小车运行轨迹产生较大偏差，则需要检查设计书是否合理，或者采取提高产品质量的措施，直至小车实现设计要求并达到产品功能需求。

18.5.4　质量管理

本方案的质量管理师基于全面质量管理思想和 ISO 9000 标准对产品质量进行管理，集中于制造过程中的质量控制按照 PDCA 循环的方法来规范化管理。

1. 采购过程质量控制

对全部采购活动进行计划并对其进行控制，对购买的铝合金和铝棒、钢棒抽样检验强度和刚度，对于特殊零件（如齿轮）需用塞规检验其中心孔尺寸是否超差。

2. 制造过程质量控制

严格贯彻设计意图和执行技术标准，使产品达到质量标准。对于有特殊要求的工序，要建立以下重点工序质量控制点：

（1）底板、前轮和齿轮架上的各个孔径公差的质量控制点；

（2）底板、前轮叉架和齿轮架上相对应孔同轴度的质量控制点；

（3）前轮外圆和后轮外圆跳动度的质量控制点；

（4）齿轮架表面平面度的质量控制点。

例如支座轴承孔，需用塞规检验其尺寸是否超差，用专用工具检测两轴承孔的中心距是否超差。

3. 成品质量检验

因为无碳小车有严格的轨迹要求，所以装配后应对小车进行全数检验，检测小车的运行是否满足以下设计要求：

（1）小车绕桩桩距在 350～450mm 内无级可调；

（2）小车严格按照 S 形轨迹运行，运行轴线偏差<0.5°；

（3）小车运行时每周期振幅偏差 Φ<5mm；

（4）随机抽查小车，要求正确运行 20 个桩距。

统计检验数据，然后进行分析，找出影响生产质量的因素。

4. 现场管理

为了提高效率,安全生产采用"7S"现场管理法,其作用是现场管理规范化、日常工作部署化、物资摆放标识化、厂区管理整洁化、人员素养整齐化、安全管理常态化。

开工前,确保机器处于良好的工作状态,准备好所需的工器具。

加工时,各台机器按照各自的作业顺序有条不紊地进行,工件各道工序衔接紧密,尽量减少机床的等待时间,协调各零件的工序。

完工时,及时清扫机床、夹具、量具的油污、灰尘等;整理三爪自定心卡盘、铣床通用夹具、外圆车刀、中心钻、键槽铣刀、游标卡尺;确保作业指导书放入柜中,以及工作台面、作业场所、通道的干净和清洁;定期进行现场检查,保证现场的规范化,并养成习惯。

参 考 文 献

[1] 傅水根.探索工程实践教育[M].北京：清华大学出版社,2007.
[2] 王银玲.工程技术概论[M].北京：清华大学出版社,2013.
[3] 王浩程.工程认知实践教程[M].北京：清华大学出版社,2013.
[4] 韩鸿鸾.数控铣工/加工中心操作工全技师培训教程[M].2版.北京：化学工业出版社,2014.
[5] 王兵.数控机床结构与使用维护[M].北京：化学工业出版社,2012.
[6] 何宏伟.数控铣床加工中心编程与操作（FANUC 系统）习题册[M].北京：中国劳动社会保障出版社,2012.
[7] 王兵,等.数控铣床和加工中心操作工入门[M].北京：化学工业出版社,2012.
[8] 姚斌,等.机械工程实践与训练[M].北京：清华大学出版社,2012.
[9] 林有希,黄捷,郑爱珠.认识制造[M].北京：清华大学出版社,2013.
[10] 刘元义.机械工程训练[M].北京：清华大学出版社,2011.
[11] 王志海,舒敬萍,马晋.机械制造工程实训及创新教育[M].北京：清华大学出版社,2014.
[12] 金捷,缪建成,陈静刚.机械加工技能训练[M].北京：清华大学出版社,2009.
[13] 宋昭祥.现代制造工程技术实践[M].北京：机械工业出版社,2008.
[14] 杨宗强.高速走丝电火花线切割机床维修技术[M].北京：化学工业出版社,2007.
[15] 杨建新.电切削工[M].北京：机械工业出版社,2013.
[16] 左丽霞,李丽.实用电工技能训练[M].北京：中国水利水电出版社,2006.
[17] 姚融融,张帆,周争鸣.电气控制技术及实训教程[M].北京：中国电力出版社,2009.
[18] 肖顺梅.电工电子实习教程[M].南京：东南大学出版社,2010.
[19] 韩鸿鸾,邹玉杰.数控车工全技师培训教程[M].北京：化学工业出版社,2009.
[20] 黄华.数控车削编程与加工技术[M].北京：机械工业出版社,2008.
[21] 高进.工程技能训练和创新制作实践辅导手册[M].北京：化学工业出版社,2012.
[22] 刘燕.现代制造技术实训教程[M].北京：中国劳动社会保障出版社,2001.
[23] 王运赣,王宣.3D 打印技术[M].武汉：华中科技大学出版社,2014.
[24] 曹凤国.激光加工技术[M].北京：北京科学技术出版社,2006.
[25] 林圣武.焊工操作技术[M].上海：上海科学技术文献出版社,2009.
[26] [日]三浦宏文.电焊工技术实用手册[M].上海：科学出版社,2011.
[27] 刘新.工程训练通识教程[M].北京：清华大学出版社,2011.
[28] 胡宝良.焊工快速掌握精要问答[M].上海：上海科学技术出版社,2010.